全国建设行业中等职业教育规划推荐教材

中外建筑史

（第二版）

（建筑设计技术　城镇建设　建筑装饰技术专业适用）

黑龙江建筑职业技术学院　李　宏　主编
黑龙江建筑职业技术学院　田立臣　李志伟　编
黑龙江建筑职业技术学院　裴　杭　主审

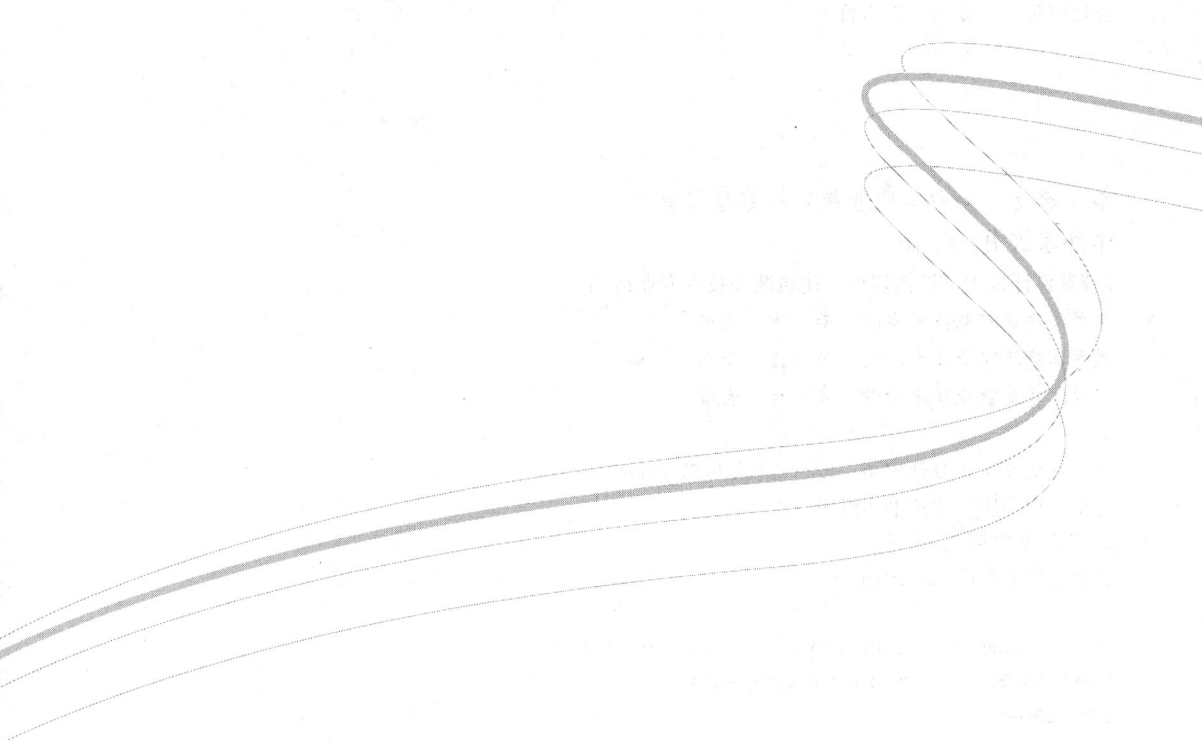

中国建筑工业出版社

图书在版编目(CIP)数据

中外建筑史/李宏主编. —2版. —北京：中国建筑工业出版社，2009（2021.6重印）
全国建设行业中等职业教育规划推荐教材(建筑设计技术　城镇建设　建筑装饰技术专业适用)
ISBN 978-7-112-10558-8

Ⅰ.中…　Ⅱ.李…　Ⅲ.建筑史-世界-专业学校-教材
Ⅳ.TU-091

中国版本图书馆CIP数据核字(2008)第198362号

本书将中外建筑历史按时间顺序加以论述，重点介绍了每个时期最具代表性的建筑，并介绍了一些有代表性的建筑大师及其设计理论和设计观点。

本书可作为全国建设行业中等职业教育教材，也可作为注册建筑师资格考试、自学考试复习参考用书，同时也可作为一本介绍中外建筑史的普及性读物。

责任编辑：时咏梅　陈　桦
责任设计：赵明霞
责任校对：兰曼利　王雪竹

全国建设行业中等职业教育规划推荐教材
中外建筑史(第二版)
(建筑设计技术　城镇建设　建筑装饰技术专业适用)
黑龙江建筑职业技术学院　李　宏　主编
黑龙江建筑职业技术学院　田立臣　李志伟　编
黑龙江建筑职业技术学院　裴　杭　主审
*
中国建筑工业出版社出版、发行(北京西郊百万庄)
各地新华书店、建筑书店经销
北京天成排版公司制版
北京建筑工业印刷厂印刷
*
开本：787×1092毫米　1/16　印张：16¾　字数：418千字
2009年3月第二版　2021年6月第四十次印刷
定价：28.00元
ISBN 978-7-112-10558-8
(17483)

第二版前言

学习建筑历史是人们了解城市建设、建筑发展、地方文化的主要知识途径。本教材较系统地讲述了中国建筑史及外国建筑史的概貌和各重要历史时期的建筑特点及优秀建筑实例，通过学习能较全面地了解中外建筑发展的一般规律，使学生基本掌握各历史阶段的建筑特点，吸取传统建筑的文化的精华，从而提高建筑文化及理论素养，并能熟悉了解其设计技巧和方法，丰富创作思维，理解不同文化，不同社会的内在规律，为设计课程打下基础。

《中外建筑史》一书主要是以社会发展史为主线来讲解建筑发展的历史。中国建筑史一般分为古代与近代两大部分，中国古代建筑在长期的历史演进中，逐步形成了一种成熟的、独特的建筑体系，在世界建筑史上占有重要的地位。中国近代建筑的发展具有多元化的特征，是中国建筑史不可分割的组成部分。外国建筑史部分系统地阐述世界建筑的沿革，介绍各时期建筑的艺术风格和设计处理手法，主要内容有世界古代建筑的特色与成就，信仰与宗教对建筑的影响；西方近现代建筑的特色与成就，现代材料与现代技术对建筑的影响等；介绍了代表性建筑师、建筑学派及建筑物等对国际影响较大的知识内容。

本教材的编写方法突出了职业教学特点，尤其在介绍国外现代建筑方面突出时效性，文字叙述简洁，重点突出建筑师及其实例，对设计师考虑设计更有实际意义。

本教材第 7 章～第 15 章由黑龙江建筑职业技术学院李宏教授编写，第 1 章～第 5 章由黑龙江建筑职业技术学院田立臣副教授编写，第 6 章由黑龙江建筑职业技术学院李志伟副教授编写。全书由黑龙江建筑职业技术学院裴杭副教授主审，并提出了宝贵的意见，在此表示真诚的感谢！

出 版 说 明

为适应全国建设类中等专业学校教学改革和满足建筑技术进步的要求，由建设部中等专业学校建筑与城镇规划专业指导委员会组织编写，推荐出版了中等专业学校系列教材，由中国建筑工业出版社出版。

这套教材采用了国家颁发的现行标准、规范和规定，内容符合建设部制定的中等专业学校建筑设计技术专业教育标准、专业培养方案和课程教学大纲的要求，符合全国注册建筑师管理委员会制定的“二级注册建筑师教育标准”的要求，并且理论联系实际，取材适当，反映了目前建筑科学技术的先进水平。

这套教材适用于中等专业学校建筑设计技术专业教学，也是二级注册建筑师资格考试复习参考资料的辅助用书，同时也适用于建筑装饰等专业相应课程的教学使用。为使这套教材日臻完善，望各校师生和广大读者在教学过程中提出宝贵意见，并告我司职业技术教育处或建设部中等专业学校建筑与城镇规划专业指导委员会，以便进一步修订。

建设部人事教育劳动司

1997 年 6 月

目　录

第2篇　外国建筑史

绪　论

根据文字记载，人类从事建筑活动大概已有7000多年的历史。原始社会在人类历史上占了相当长的一段时间，但真正从事大规模的建筑活动，是从奴隶社会建立以后才开始的。这其中建筑形式的演变过程是经过无数人的艰苦努力，同时又受到社会政治、经济、文化、科学技术等条件的制约，并经过不断变革才发展过来的。

学习建筑史，可以了解到建筑始终围绕着满足人们使用功能和物质技术、建筑艺术等方面的要求而发展。公元前1世纪罗马一位名叫维特鲁威的建筑师曾经称实用、坚固、美观为构成建筑的三要素，他用最简洁的语言概括了建筑所包含的基本内容。

在学习19世纪末以前的建筑史中，可以发现建筑的艺术发展远远比功能、技术等的发展变化丰富得多，因此占着比较主导的地位。而且，建筑艺术的水平并不和技术的高低、功能的繁简相一致。建筑创作的卓越成就，有许多主要是艺术上的。但是我们决不能以为建筑的艺术形象一成不变地是建筑创作的主要内容。随着社会的发展，各类大型公共建筑和住宅建筑的建设，使建筑的使用功能、物质技术条件等被摆到了非常重要的地位上。

在社会的历史发展进程中，皇帝和贵族曾长期统治着物质世界，僧侣和教会则统治着精神世界。因此，在19世纪以前的建筑中，宫殿、府邸、庙宇、教堂甚至陵墓建筑，垄断了当时最好的工匠和最好的材料，使用了当时最先进的建筑技术，成为建筑成就的主要代表。它们相当灵敏地反映着社会的各种变动和生产力的进步，经历了复杂的发展过程，因而成了建筑历史的主要内容。而建筑的创造者劳动人民，他们自己的住宅建筑功能身份简单，技术手段和艺术手段也十分有限，因而不能代表一个时期的建筑技术和艺术的最高成就。但这并不能抹杀劳动人民为建筑的发展所作出的伟大贡献。正是由于劳动人民的聪明才智在宫殿、庙宇、教堂、陵墓之类的建筑物上的充分表现，才使得建筑材料、结构、设备、形制、艺术手法得以完善发展，为后人留下了丰富的建筑文化遗产。

随着经济的快速发展，网络时代的来临，当代建筑又迎来了发展的好时机。尤其以中国为代表的发展中国家经济的不断发展，给当代建筑带来了活力。如我国近些年建成的金茂大厦、中央电视台新址、国家大剧院、中国国家体育场（鸟巢）、国家游泳中心（水立方）等。所以说，一个国家或地区的建筑发展是与当地经济发展密不可分的。随着国际化的日益加强，今后建筑设计师的流动性会更大，建筑的国际化趋势会更加明显，通过国际竞赛选择建筑方案的机会越来越多，这样许多优秀的建筑师以及他们的作品就会在世界各地出现，这也是在学习当代建筑时要注意的一个现象。

总之，在学习建筑史中，要结合建筑所处时代政治、经济、物质条件等历史背景去学习。建筑处在社会这个大环境中，社会政治、自然环境、地方经济的发展快慢直接影响着建筑的发展，但建筑本身的不断变革、发展，也从一个侧面促进了社会经济的发展，带动社会的进步。

第1篇

中国建筑史

中国是一个土地辽阔、资源丰富、人口众多的国家，也是一个具有悠久历史和灿烂文化的国家。中国建筑是中国灿烂文化的一个重要组成部分，并创造了中国木构建筑这种独具特色的建筑体系。

在原始社会，人们逐步掌握了营建地面建筑的技术，由此中国木构建筑有了萌芽。进入奴隶社会，由于奴隶的劳动和青铜器的使用，促进了生产力的提高，推动了建筑的发展，出现了都城、宫殿、宗庙、陵墓等建筑，此时木构建筑已初步形成。而后经过长期的封建社会，中国建筑逐步形成了一种成熟的、完整的、独特的建筑体系，在城市建设、个体建筑、群体建筑、园林造景、建筑材料、建筑技术、建筑艺术及设计方法等方面，具有卓越的创造和贡献。中国进入半殖民地半封建社会后，西方建筑如雨后春笋在中国大地不断出现，改变了中国建筑的发展方向，打破了中国建筑的固有格局，从而使中国建筑转入近代时期。

学习中国建筑史可以了解建筑背后的历史背景；了解中国古建筑体系的成因、发展以及衰落这一系列过程；了解中国各个时期建筑的材料、技术、艺术的发展状况。所以，学习中国建筑史对于我们建设现代建筑具有参考和借鉴的价值。

第1章　原始社会的建筑

（六七千年前～公元前21世纪）

原始人类的出现，距今有200～300万年，考古发现表明，当时他们生活在热带、亚热带的森林之中，以后经过一段漫长的历史时期，基本适应了地面生活，能够粗制一些石器，也能引用天然火，而后依靠群体的力量向温带拓展他们的生活领域。我国是世界上历史悠久，文化发展最早的国家之一。在近些年发现的古人类遗址中，我国境内最早的是距今100万年前的北京周口店中国猿人——北京人居住的天然山洞，可见天然洞穴是当时被利用作为住所的一种较普遍方式。在距今四五万年左右，中国原始社会进入了氏族公社阶段。到六七千年前，母系氏族公社达到鼎盛，建筑的幼苗得以发展，产生了两种十分重要的建筑形式——干阑式和木骨泥墙房屋。在原始社会晚期，黄河流域又先后出现了仰韶文化和龙山文化。由于黄河流域所处的有利自然条件，原始氏族部落大量出现，居住方式由穴居发展到木骨泥墙建筑，这充分展示出我们祖先在建筑方面的创造才能。所以说仰韶文化和龙山文化是我国古建筑的开端，是我国古代木构建筑的基础。

1.1　原始人群的居住方式

我国在大约六七千年前逐渐进入氏族社会，房屋遗址已大量出现。但由于各地气候、地理、材料等条件的不同，营建方式也多种多样，其中具有代表性的主要有两种：一种是长江流域多水地区所建的干阑式建筑，另一种是黄河流域的木骨泥墙房屋。干阑式建筑最具代表性的遗址是位于长江流域的浙江余姚河姆渡村遗址，距今大约有六七千年，已发掘的部分长约23m，进深约8m，推测是一座长条形的干阑式建筑，其木构件遗物有柱、梁、枋、板等，且许多构件上都带有榫卯(图1-1*a*、图1-1*b*)，这是我国已知的最早使用榫卯技术的一个实例。这个实例说明，当时长江中下游一带木结构建筑的技术水平高于黄河流域。

(*a*)

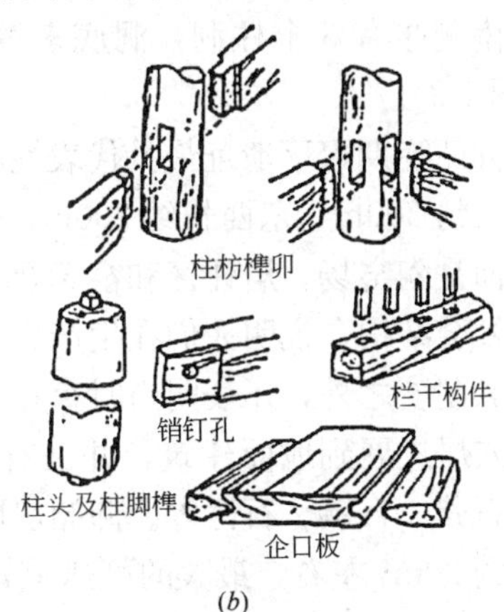

(*b*)

图1-1　榫卯构件

(*a*)河姆渡遗址中出土的榫卯构件；(*b*)榫卯构件的用法

黄河流域有广阔而丰富的黄土层，土质均匀，便于挖洞，因此在原始社会晚期，穴居成为这一区域氏族部落广泛采用的一种居住方式。穴居经历了竖穴、半穴居，最后到地面建筑三个阶段。由于不同文化、不同生活方式的影响，在同一地区还存在着竖穴、半穴居及地面建筑交错出现的现象，但地面建筑更具有它的使用性，最终取代竖穴、半穴居，成为建筑的主流。但总的来说，黄河流域建筑的发展基本遵循了从穴居到地面建筑这一过程，可以说穴居的构造孕育着墙体和屋顶，木骨泥墙建筑的产生也就是原始人群经验积累和技术提高的充分体现。

1.2 仰韶文化和龙山文化建筑遗址

在公元前5000～前3000年这段历史时期中，黄河流域分布着许多大大小小的氏族部落。其中仰韶文化的氏族在黄河中游肥美的土地上劳作生息，他们以农业为主，同时从事渔猎和采集，过着定居生活，逐步发展成为母系氏族公社的繁荣阶段。仰韶文化之后是龙山文化，母系氏族社会进入父系氏族社会，从此私有制得以萌芽和发展，产生了阶级分化，中国原始社会逐步走向解体。

仰韶文化时期，由于过着定居生活，出现了房屋和部落。这些氏族部落多位于河流两岸的阶梯状台地上或两河交汇处比较高而平坦的地带。地势高，免受河水泛滥之苦，土地肥美 近河，利于农业、渔猎、畜牧，交通也比较便利，所以原始部落选择这里作为基址。

仰韶初期聚落遗址主要是东贾柏村遗址，它位于山东汶上县城东南约2.5km处，为一突出的台地，遗址北侧地势较低洼，这里曾是一条东西向的河流。遗址东西较长，南北略短，中心部分及西侧为居住区，东侧为墓地，南侧有大小壕沟贯穿其间。居住区房址均为半地穴式，有瓢形、椭圆形、圆形数种。瓢形房址，其居室呈椭圆形，东北侧有阶梯状门道，由两块大而坚硬，表面经平整的红烧土块铺垫而成，坑壁较直，近底处缓慢内收，室内地面较平，残留有较硬的青灰色居住面，残存3个柱洞，室外南侧亦有3个柱洞，洞底多填有夯实的红烧土渣(图1-2)。

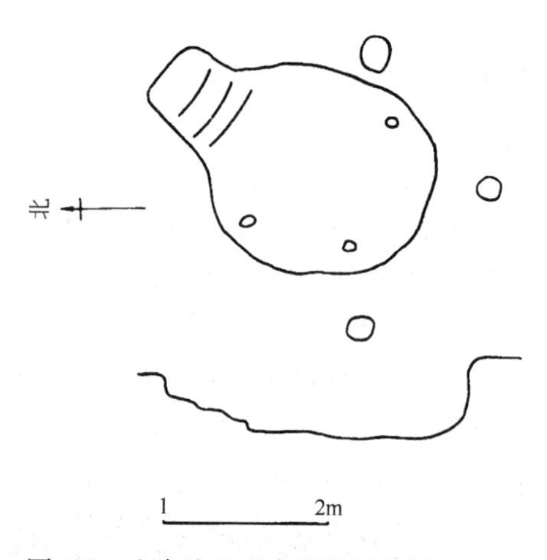

图1-2 山东汶上县东贾柏村房屋遗址

仰韶晚期聚落遗址最具代表性的应为渭水流域西安半坡村遗址(图1-3)。已发掘面积南北长约300m，东西长约200m，分为三个区域：南面是居住区，北端为墓葬区，居住区的东面是陶窑场。居住区和窑场及墓地之间有一道壕沟隔开。这种布局充分反映了氏族社会的社会结构，说明人们在生产生活中的集体性质和成员之间的平等关系。公共墓地除反映氏族制度之外，还表明当时存在着原始的宗教信仰。从营造技术上看，仰韶后期建筑已从半穴居进展到地面建筑，并已有了分隔几个房间的房屋，所用材料加工的工具，有石刀、石斧、石锛、石凿等。仰韶房屋的平面有长方形和圆形两种。长方形的多为浅穴，其面积约20m^{2}左右，最大的可达40m^2(图1-4*a*、图1-4*b*)；圆形的一般建造在地面上，直径约4～6m(图1-5*a*、图1-5*b*)。仰韶房屋墙体和屋顶多采用木骨架经扎结后涂泥的做法。为了承托屋顶中部的重量，常在室内用木柱支撑，柱子与屋顶承重构件的连接，推测是采用绑扎法。室内地面、墙面往往有细泥抹面或烧烤表面使之陶化，以避潮湿，也有铺设木材、芦苇等作为地面防火层的。室内备有烧火的坑穴，屋顶设有排烟口。窑穴形制多为袋形和长方形，口径最小者为1m左右，最大者为3m左右，底径2～3m。

图1-3　渭水流域西安半坡村遗址

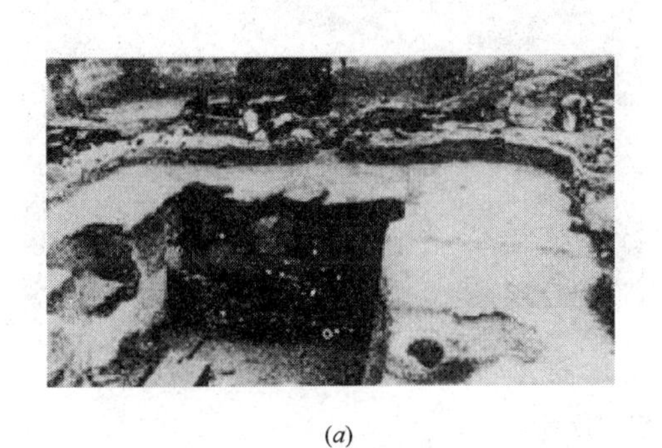

(*a*)

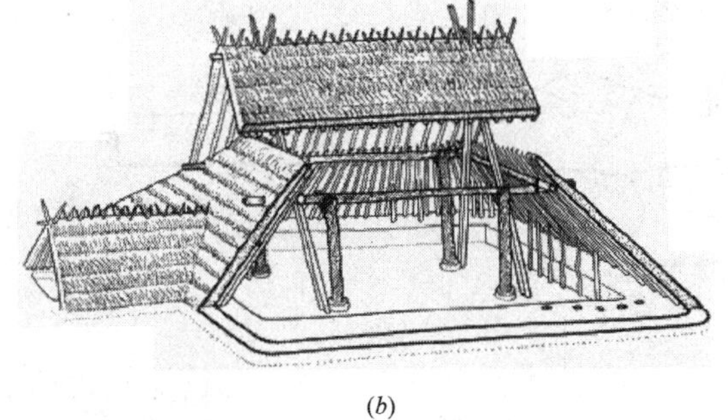

(*b*)

图1-4　半坡村方形房屋遗址

(*a*)半坡村方形房屋遗址；(*b*)方形房屋遗址复原想象图

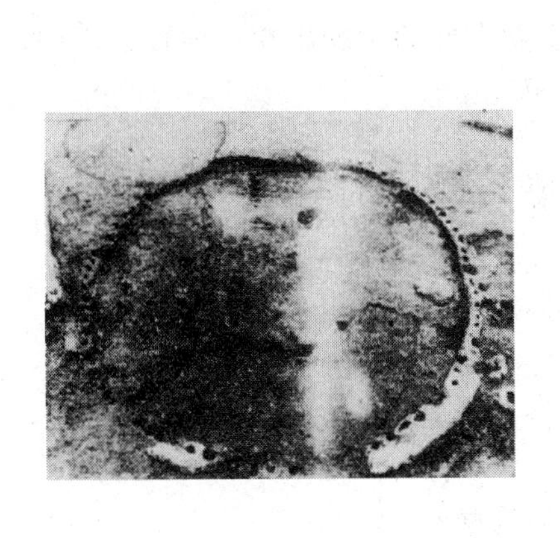

(*a*)

(*b*)

图1-5　半坡村圆形房屋遗址

(*a*)半坡村圆形房屋遗址；(*b*)圆形房屋遗址复原想象图

龙山文化包括多种不同的文化类型，它们有着共同的文化特征。村落是那时龙山文化的特征之一。从出土的遗址来看，龙山文化的村落大小不一，小的只有几百平方米，最大的可达 36 万 m^2，这些大村落是经过长期的发展逐渐形成的。龙山文化的居住遗址，多数为圆形平面的半地穴式房屋，室内多为白灰面的居住面。但早期遗址的平面形状不限于圆形，有大有小，时间稍晚的遗址则多是圆形平面。龙山文化的住房遗址留有家庭私有的痕迹，既有圆形单室，也有前后二室均作方形，中间连以狭窄的门道，整个建筑平面成吕字形(图 1-6*a*、图 1-6*b*)。室内与外室均有烧火面，是煮食与烧火的地方，外室墙中往往挖一个小龛作灶，有的灶旁还放置小型窑穴，无疑内外二室在功能上具有分工作用。据最新考古发现，陕西渭水流域庙底沟二期文化类型遗址，其房基均为白灰面地面，平坦而光滑，墙壁上也涂有白灰面。墙壁与地面垂直或成近似直角，在白灰面下涂有草泥土，在遗址中发现的灰坑经火烧烤后极为坚硬，其形制多为袋形或不规则形，口径 1～2m 左右，最大的约 3～4m 左右。

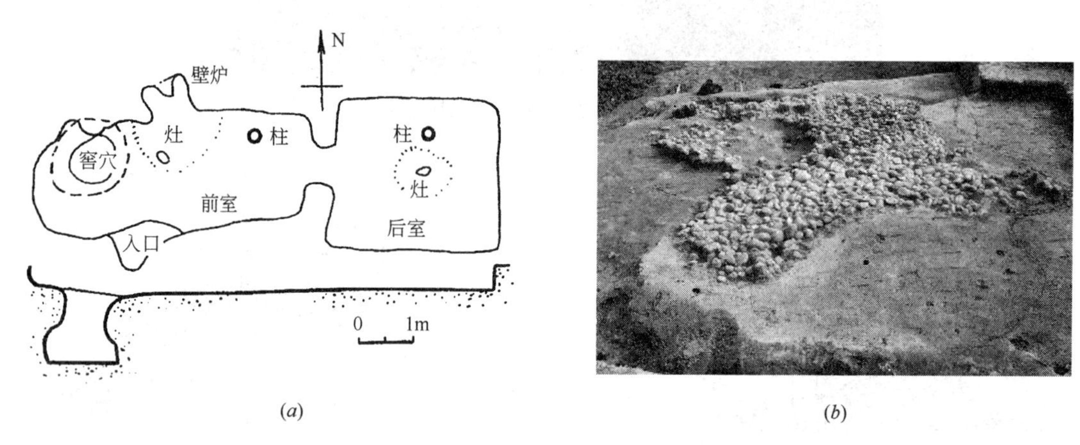

(*a*) (*b*)

图 1-6 龙山文化房屋遗址

(*a*)西安客省庄龙山文化房屋遗址平面；(*b*)龙山文化房屋遗址

龙山文化时期与仰韶文化时期的住房相比较是多数房屋的面积有所缩小，这是和个体小家庭生活的需要相适应的。在建筑技术方面，龙山文化时期是广泛地使用光洁坚硬的白灰面层，使地面收到防潮、清洁和明亮的效果。白灰面在仰韶中期出现，但普遍采用是在龙山时期，另外在龙山文化的遗址中，还发现了土坯砖。

思 考 题

1. 原始社会时期，我国长江流域与黄河流域的建筑有什么不同？
2. 仰韶文化时期和龙山文化时期建筑布局各有什么特点？
3. 龙山文化时期，房屋的平面和构造各有什么特点？
4. 中国古建筑的产生对后期建筑有怎样的影响？
5. 原始社会时期，在建筑材料和建筑技术上有何发展？

第2章　奴隶社会的建筑
（公元前21世纪～前476年）

从公元前21世纪～前476年，前后经历了约1600年。从夏朝开始中国进入了财产私有、王位世袭、大量使用奴隶劳动的阶级社会。目前，考古工作者正在对可能属于夏朝的几处建筑遗址进行发掘，进一步探索夏朝文化。公元前17世纪的商朝已经进入奴隶社会的成熟阶段，创造了灿烂的青铜文化。商朝国都筑有高大的城墙，城内修建了大规模的宫室建筑群以及苑囿、台池等。从河南偃师二里头商宫殿遗址等实例中，表现出建筑技术水平有了很大提高，设计出了具有规整结构系统的大建筑物。夯土及版筑技术是当时的一项创造，广泛用来筑城墙、高台及建筑物的台基。土和木两种材料成为中国古代建筑工程的主要材料。公元前11世纪建立的周朝，实行分封制度，建立了许多诸侯国，建筑活动比以前更多。从陕西岐山西周早期建筑遗址的发掘中，可以看出当时宫殿建筑已经形成了"前朝后寝"以及门廊形制。陶瓦已用于屋面上。公元前770年的春秋时期，对建筑提出了更高的使用要求。开始使用彩绘及雕刻等手段进行装饰美化建筑。

2.1　夏、商时期的建筑（公元前21～前11世纪）

2.1.1　夏朝（公元前21～前16世纪）

原始社会晚期，黄河流域私有制已开始萌芽，从而促进了阶级分化和奴隶社会的形成。在公元前21世纪，中国历史上第一个朝代——夏朝的建立，标志着奴隶制国家的诞生，从此中国进入了阶级社会。据文献记载，夏朝活动的区域主要是黄河中下游一带，统治中心区是在嵩山附近的豫西一带。夏朝已开始使用铜器，且有规则地使用土地，同时人们学会了适应自然，夏代创始者——禹率领人们整治河道，防治洪水，挖掘沟洫，进行灌溉，使人们生命得以保障，农业得以丰收。为了加强奴隶主阶级的统治，夏朝还修建城郭、沟池和宫室。据考古发现，在河南登封告成镇北嵩山南麓五城岗发现的4000年前的城址，可能是夏朝初期的遗址，其中包括东西紧靠在一起的两座城堡。东城已被洪水冲去，西城平面呈方形（约900m见方）。筑城方法比较原始，是用卵石夯土筑成的。在山西夏县，也曾发现了一座时代上相当于夏朝的城址，规模为140m见方，这座城的地理位置和传说中的夏都安邑相吻合。

2.1.2　商朝（公元前16～前11世纪）

公元前16世纪建立的商朝是我国奴隶社会的大发展时期，它以河南中部及北部的黄河两岸一带为中心，东达山东，南达湖北，北达河北，西达陕西，建立了一个具有相当文化的奴隶制国家。商朝使用青铜器，后期已达到相当纯熟的程度，手工业专业化分工已很明显，同时产生了中国最早的文字——甲骨文。随着手工业的发展，生产工具的进步及大量奴隶劳动的集中，使建筑技术水平也有了明显的提高。夯土技术已趋向成熟，同时木构技术也有鲜明的发展与进步，这些甲骨文字足以看出。

1) 宫室

商代建筑正处于我国古代木构建筑体系初具形态的阶段，宫室建筑是奴隶主居住的场所，得以优先发展。在考古发掘中使我们得到了一些商朝宫室建筑的遗址。

河南偃师二里头遗址被认为可能是商初成汤都城——西亳的宫殿遗址(图 2-1*a*、图 2-1*b*)。夯土台高约 0.80m，东西长约 108m，南北长约 100m，台上有面阔 8 间、进深 3 间的殿堂一座，周围有回廊环绕，南面有门。殿堂面积约 350m^2，柱径达 40cm，柱列整齐，前后左右互相对应，开间较统一，可见木构技术已有了较大提高。这所建筑遗址是至今发现的我国最早的规模较大的木构夯土建筑和庭院的实例。

(*a*)

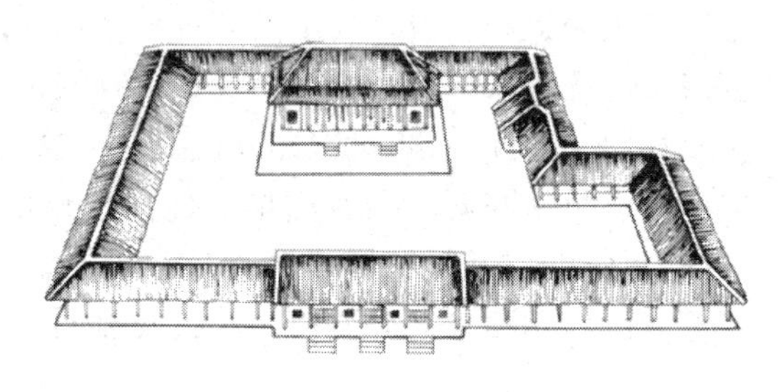

(*b*)

图 2-1　河南偃师二里头遗址

(*a*)河南偃师二里头遗址；(*b*)宫殿遗址复原图

商代中期的城址已发现了两座。一座是郑州商城，有人认为这是商中叶仲丁时的隞都(图 2-2)，平面呈方形，城周长 7100m，面积 320hm^2，城墙为夯土墙，外沿陡峻，内沿平缓，城基最宽处达 36m，是目前发现的建造年代最早的夯土城墙。城内中部偏北高地上有大面积的夯土台基，可能是宫殿、宗庙的遗址。城外散布着酿酒、冶铜、制陶等作坊，还有许多奴隶们居住的半穴居的窝棚。其中一处冶铜的作坊面积达 1000m^2 以上；一处包括 14 座窑的陶器作坊，面积达 1100m^2 以上。在手工业作坊附近的住所，多为长方形的半地穴，地面敷有白灰面，是手工业奴隶的住所。

另一座是湖北武汉附近黄陂县盘龙城遗址。位于长江北岸，其筑城技术与郑州商城相同，这足以证明两地有政治、经济、文化的密切联系。城址选在高地上，城南临近注入长江的府河，水路交通便利。盘龙城规模较郑州商城小，城垣平面近方形，南北长约 290m，东西长约 260m，四面各一门，城外有宽约 10m 的壕沟。城内东北高、西北低，东北隅有大面积夯土台基，三座建筑物平行列于其上，属宫殿建筑群。最北的一座为四周回廊，中间有 4 个房间的宫殿，面阔 38.2m，进深 11m。殿的檐柱根部深埋于殿基中，墙壁为木骨泥墙(图 2-3*a*、图 2-3*b*)。

商朝的首都曾数次迁移，最后迁都于殷，在距今河南安阳西北 2km 的小屯村一带，遗址范围 24km^2，中部紧靠洹水，曲折处为宫殿区，西面、南面有制骨、冶铜作坊区，北面、东面有墓葬区。居民则散布在西南、东南与洹水以东的地段。宫殿区东面、北面临洹水，西南有壕沟防御。遗址大体分北、中、南三区。北区基址 15 处。大体作东西向平行

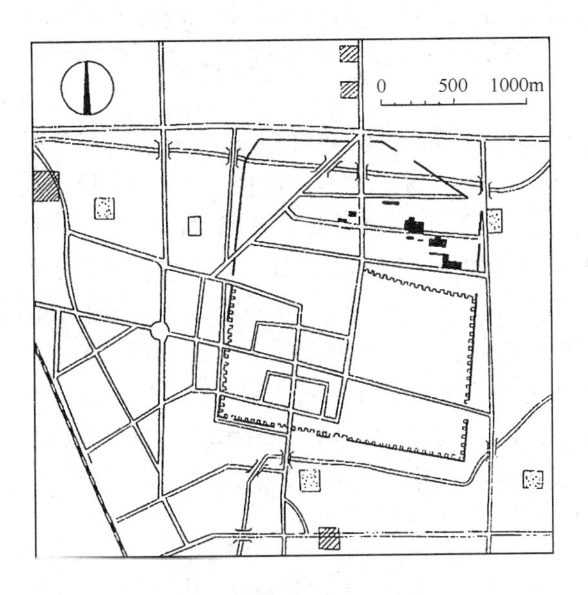

图 2-2　河南郑州商城平面

(*a*)

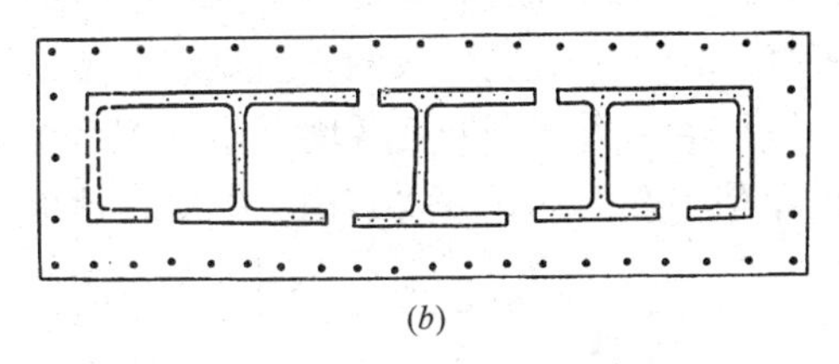

(*b*)

图 2-3　黄陂县盘龙城遗址

(*a*)武汉黄陂县盘龙城复原图；

(*b*)盘龙城商代宫殿最北一殿遗址平面

布置，基址下无人畜葬坑，推测是王宫居住区。中区基址作庭院式布置，轴线上有门址三道，轴线最后有一座中心建筑，基础和门址下有人畜葬坑，推测这里是商王朝廷、宗庙部分(图 2-4*a*)。南区规模较小，大小遗址 17 处，作轴线对称布置，牲人埋于西侧房基之下，牲畜则埋于东侧，整齐不紊，无疑是商王祭祀场所(图 2-4*b*)。但其建造年代比北区和中区晚，由此可见殷的宫室是陆续建造的，并且用单体建筑，沿着与子午线大体一致的纵轴线，有主有从地组合较大的建筑群。后来中国封建时代的宫室常用的前殿后寝和纵深的对称式布局方法，在奴隶制的商朝后期宫室中已略具雏形了。

(*a*)

(*b*)

图 2-4　河南安阳殷墟遗址

(*a*)河南安阳殷墟中区宗庙遗址；(*b*)河南安阳殷墟南区祭祀场所遗址

2) 陵墓

丧葬制度在我国古代是一项很重要的礼制。在远古时代，人死后弃之荒野，叫天葬，后改为埋葬，同时还随葬一些生活用品。自商朝起，统治阶级厚葬之风盛行，大修陵墓，且愈演愈烈。陵墓分地下和地上两部分。地下是安置棺柩的墓室，由开始时的木椁室发展到后来的砖石墓室；地上部分则为环绕陵体而形成的一组设施，是为影响后人而设的。

商朝陵墓大都集中于殷墟附近洹水北岸侯家庄一带以及西北岗、武官村、后岗一带(图 2-5)。现已发现 20 余处，墓的形状有“亚”字形和接近正方形两种。“亚”字形陵墓在土层中有一方形深坑为墓穴，墓穴向地面掘有斜坡形羡道。羡道是埋葬棺木和殉葬物时，上、下运输用的通道，南羡道做成斜坡状，其他各羡道多成台阶状。小型墓仅有南羡道，中型墓有南、北二羡道(图 2-6)，大型墓则具有东、西、南、北四羡道。穴深一般在 8m 以上，最深的达 13m，小墓的墓穴面积约 $50m^2$ 左右，最大的墓面积达 $460m^2$，羡道各长 32m，穴中央用巨大的木料砍成长方形断面互相重叠构成井干式墓室，称为椁。武官村大墓椁室为方形，四面各用巨木 9 根作壁，底面及上面各用巨木 30 根作底和盖，木料在转角处咬合形成井干式结构。椁中置棺柩，其外表雕刻花纹，饰以彩绘。

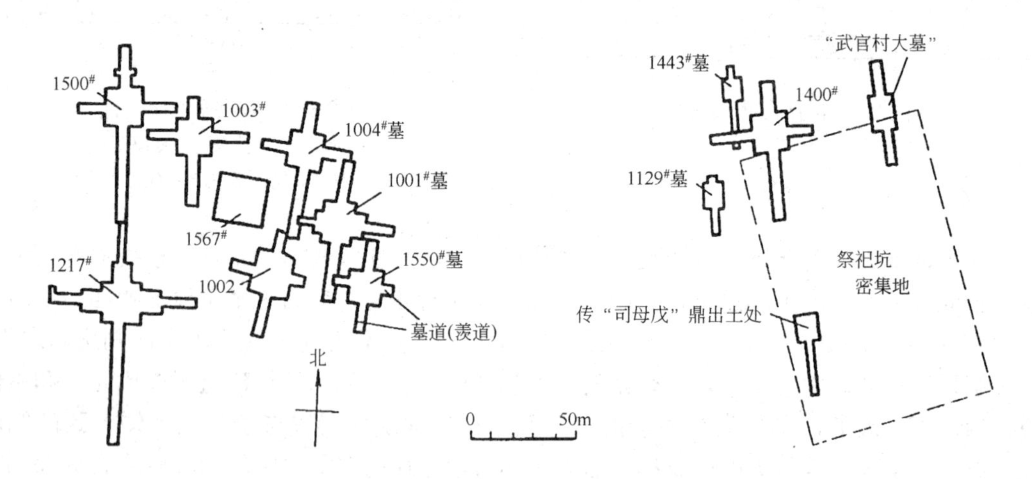

图 2-5 南安阳殷墟侯家庄、武官村陵墓分布图

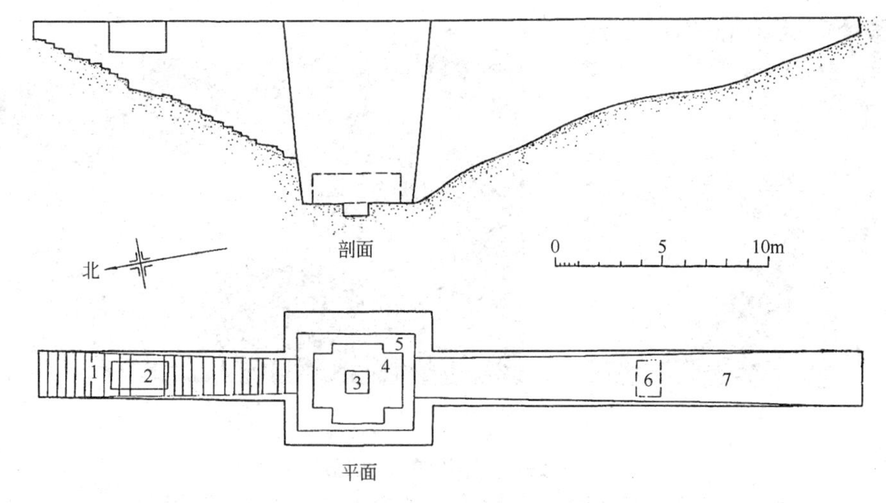

图 2-6 安阳后岗殷代墓平、剖面图

1—北道；2—战国墓；3—腰坑；4—亚型墓室；5—墓室；6—放车处；7—南道

2.1.3　夏、商时期建筑材料、技术和艺术

奴隶制初期，继承原始社会遗产，土、木、砂、石等天然产品仍作为建筑材料得到广泛应用。随着生产力的发展和营造技术的提高，一些高大的宫室建筑中使用一些人工材料。这一时期陶质材料和青铜制品在建筑上开始使用。在二里头遗址和殷墟中已发现用作排水的陶管，这是我国卫生防护工程的一项创举。殷墟宫殿的擎檐柱，为防止雨水侵蚀柱脚，在石础和柱之间，置一铜锧，既起取平、防护作用，又具装饰效果，青铜锧是目前所知我国最早用于建筑上的金属材料。同时，建筑工具已有了青铜制的斧、凿、钻、铲等。

图 2-7　二里头商城遗址铺垫了石块的排水沟图

在建筑技术上，夏商时期较原始社会有了相当的进步。夯土技术逐步应用到建筑中去，它不仅在功能上解决了地面防潮问题，而且在形式上使宫室显得高大威严。在宫室建筑中木柱的稳定有自己的特点，它是将木桩栽埋在夯土基内，柱底铺垫卵石，防止柱下沉，埋深50～200cm，在商朝遗址中还发现排水的水沟(图 2-7)。

在建筑艺术上，商墓中发现有白玉雕琢的鸟兽，棺外表雕以花纹，这是我国已知最早的石雕作品。

2.2　西周、春秋时期的建筑(公元前 11 世纪～前 476 年)

周族原来生活在陕西西部的周原及甘肃一带，其发展水平和商代相比，农业发展水平较高，手工业发展水平较低。后来，周沿渭河向东发展，其政治、军事势力已达到长江流域，在经济、文化上与商发生了不断的联系。公元前 11 世纪周灭商，建立西周，这是我国历史上更大范围的文化大融合，对建筑的发展具有一定的促进作用。周的疆域，西至甘肃，东北至辽宁，东至山东，南至长江以南，超过了商朝。周初由于政治斗争的需要，都城从丰京迁到镐京，同时还建立了东都洛邑，加强了对东方的控制。周朝经历了 300 余年后，由于阶级矛盾的发展，国内的变乱和异族的侵扰，迁都洛邑，历称东周。东周的春秋时期是中国奴隶社会瓦解和封建制度萌芽阶段，私有大量出现，井田制日益瓦解，随着农业的进步和封建生产关系的发生和发展，手工业和商业也相应发展，从而又推动和促进了建筑的发展。

2.2.1　西周时期的建筑(公元前 11 世纪～前 771 年)

1) 城市建设

西周开国之初，曾掀起一次城市建设高潮。它是以周公营洛邑为代表，建造了一系列奴隶主实行政治、军事统治的城市，而城市建设的体制则按宗法分封制度，所以城市的规模按等级来定：诸侯的城大的不超过王都的 1/3，中等的不超过 1/5，小的不超过 1/9；城墙高度、道路宽度以及各种重要建筑物都必须按等级来建造。周朝的都城镐京由于年代久

远，已无从确切知道，但史书《考工记》中记载了周朝都城制度："匠人营国，方九里，旁三门，国中九经九纬，经涂九轨，左祖右社，面朝后市，市朝一夫(图 2-8)。"这种以宫室为中心的都城布局突出表现了奴隶主贵族至高无上的地位和尊严，同时也便于统治的需要，王宫位于城中心，围墙高筑，既便于防守，也有利于对全城的控制。可见周朝在城市总体布局上已形成了理论和制度，规划井井有条，这对我国城市建设传统的形成和发展，具有深远的影响，在世界城市建设史上也有一定地位。

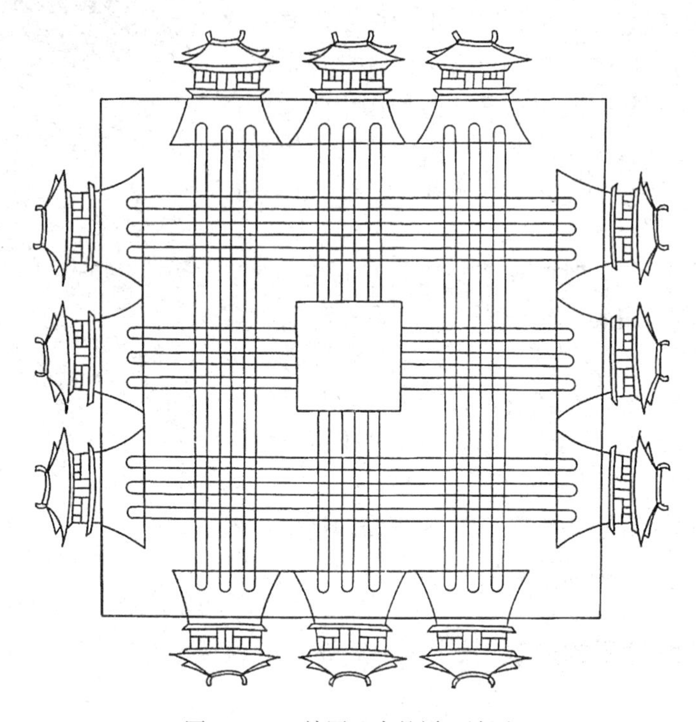

图 2-8 《三礼图》中的周王城图

2）**建筑遗址**

西周代表性建筑遗址有早周时期的陕西岐山凤雏、召陈、云塘、齐镇四处建筑基址(图 2-9)和湖北蕲春的干阑式木架建筑。

陕西岐山凤雏遗址是一座相当严整的四合院式建筑，这是我国已知的四合院最早实例(图 2-10*a*、图 2-10*b*)。建筑规模不大，南北长约 45.2m，东西长约 32.5m。它由二进院落组成，中轴线上依次为影壁、大门、前堂、后室。前堂与后室之间用廊子连接。前堂、后室的两侧为通长的厢房，将庭院围成封闭空间，院落四周有檐廊可环绕。基址下设有陶管和卵石叠筑的暗沟。墙体全部采用版筑形式，并有木桩加固，这是目前所知有壁柱加固的版筑墙的最早实例。根据西厢出土的 17000 余片甲骨，推测此处是一座宗庙遗址。

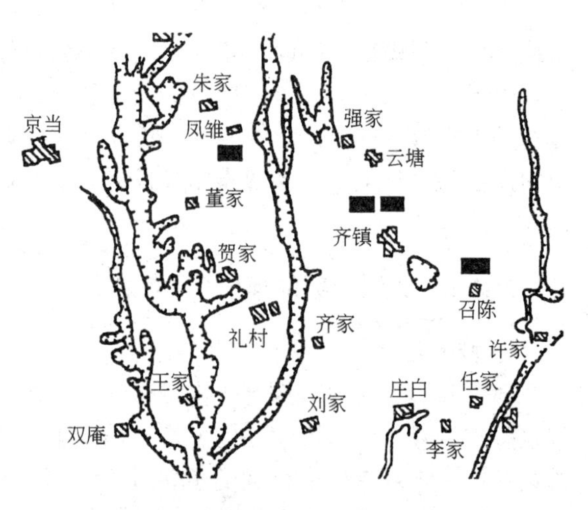

图 2-9 西周时期宫殿建筑基址

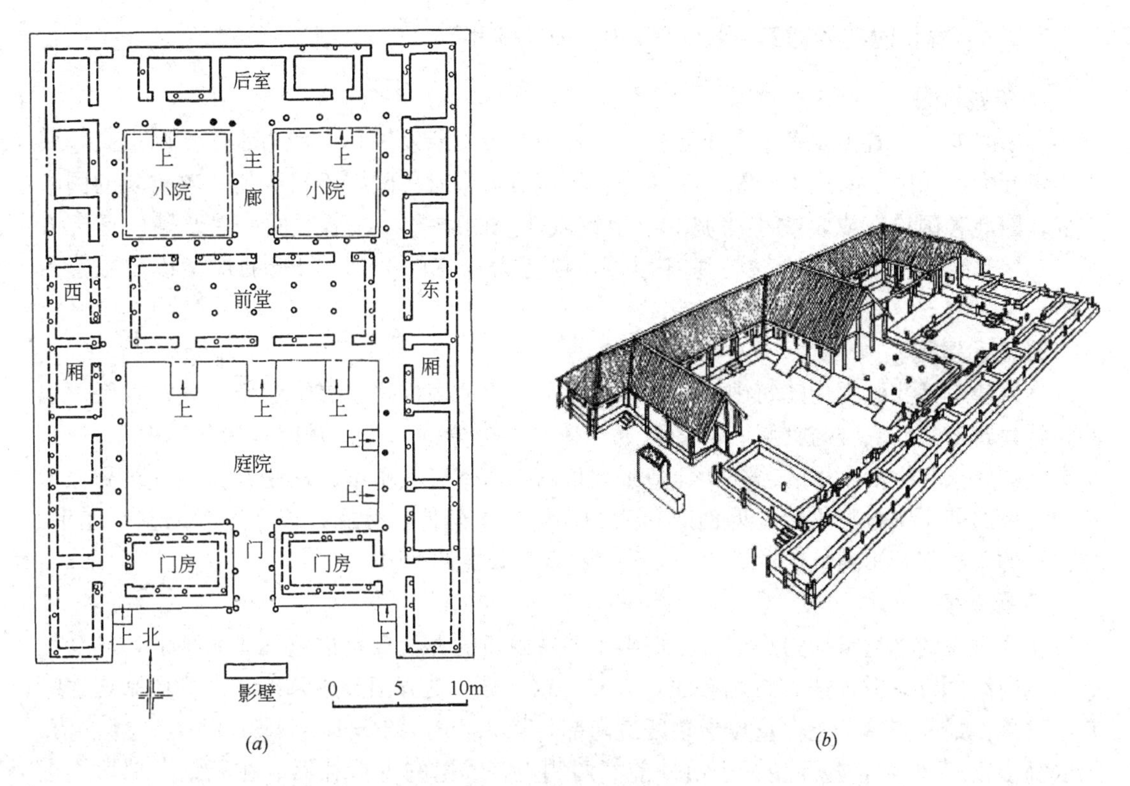

图2-10　陕西岐山凤雏建筑遗址

(*a*)陕西岐山凤雏建筑遗址平面示意图；(*b*)陕西岐山凤雏建筑遗址复原图

湖北蕲春西周木架建筑遗址散布在约5000m^{2}的范围内(图2-11*a*、图2-11*b*)。建筑密度很高，遗址留有大量木板、木柱、方木及木楼梯残迹，故推测是干阑式建筑。类似的建筑遗址在附近地区及荆门县也有发现，因此干阑式木架结构建筑可能是西周时期长江中下游一种常见的居住建筑类型。

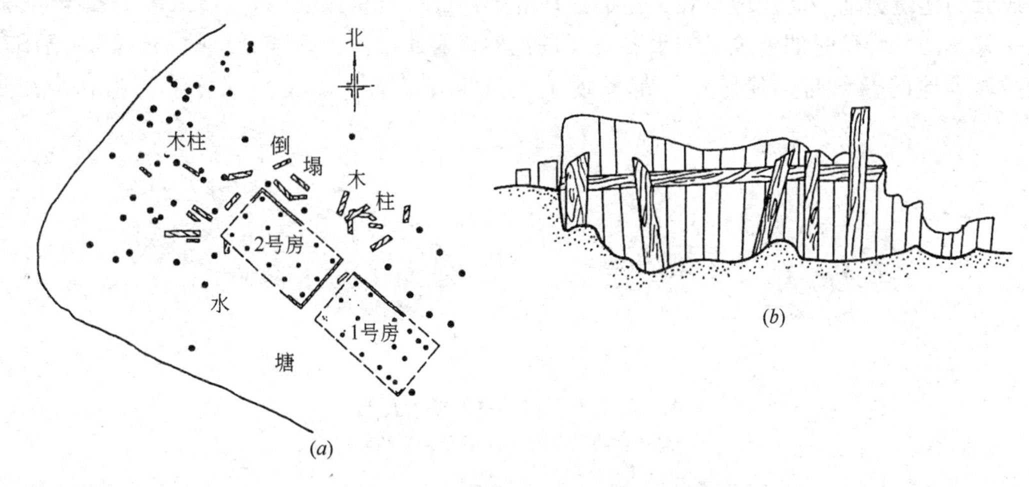

图2-11　湖北蕲春西周干阑建筑遗址

(*a*)水塘中木构建筑遗存；(*b*)部分木外墙遗物示意图

2.2.2 春秋时期的建筑(公元前770～前476年)

1)筑城方法

春秋时期存在着100多个大小诸侯国，各国经济不断发展，生产力水平不断提高，城市不断壮大，各国之间战争频繁，于是夯土筑城成为当时各国必不可少的一项重要的国防工程，因此各国均有或大或小的城。由于筑城活动的增多，逐渐形成一套筑墙的标准方法。《考工记》中记载，墙高与基宽相等，顶宽为基宽的2/3，门墙的尺度以“版”为基数。

2)高台建筑

高台建筑是我国古代建筑中的一种历史悠久，生命力极强，贯穿于整个建筑发展过程的独特建筑形式，它常与宫殿、楼阁融为一体，不可分割。春秋时期各诸侯国由于政治、军事上的要求和生活享乐的需要，建造了大量高台宫室，其基本方法是在城内夯筑高数米至十几米的若干座方形土台，四面有很大的侧脚向下延伸，然后在高台上建殿堂、屋宇。如侯马的晋故都新田遗址中的夯土台，高7m多，长宽约75m。

3)春秋墓

至今发现的春秋墓均为小型墓。如山东淄博磁村的春秋墓是最近几年发现的，此墓距磁村西南约1km，共4座，排列有序，方向一致，是一处齐国贵族墓地，古墓形制均为竖穴土坑墓。最完整的一座古墓位于墓区最南部，长3.5m，宽2.1m，深1.2m，一椁一棺，棺底高出墓底20cm，随葬品置于棺外前部两侧，有成组的青铜礼器。在墓室东部填土中有殉葬的牲畜。

2.2.3 西周、春秋时期的建筑材料、技术和艺术

西周已出现板瓦、筒瓦、人字形断面的脊瓦和圆柱形瓦钉。这种瓦嵌固在屋面泥层上，解决了屋顶防火问题。瓦的出现上中国古代建筑的一个重要进步。制瓦技术是从陶器发展而来的，西周早期瓦还比较少，到西周中期，瓦的数量就多了，并且出现了半瓦当。在凤雏的建筑遗址中还发现了在夯土墙或坯墙上用的三合土抹面(石灰+细砂+黄土)，表面平整光洁。春秋时期建筑上的重要发展是瓦的普遍使用。山西侯马晋故都、河南洛阳东周故城等地的春秋时期遗址中，都发现了大量板瓦、筒瓦以及一部分半瓦当和全瓦当(图2-12*a*、图2-12*b*)。

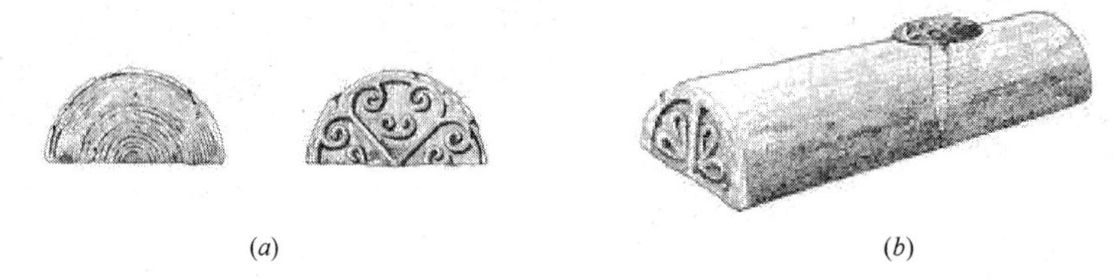

(*a*) (*b*)

图2-12 春秋时期遗址中的瓦当

(*a*)春秋半圆瓦当图；(*b*)春秋瓦当和瓦钉

春秋时期筑城活动十分频繁，技术已十分完善，并形成了一套完备的方法。建筑装饰及色彩随着各诸侯国追求宫室的壮丽豪华，而日益向多样化发展。在建筑色彩上，西周十分丰富，但却有着严格的等级观念。如木构设色：“天子丹，诸侯黝垩，大夫苍，士

黈。”墙面、地面色彩，一般内墙作白色粉刷，宫室地面敷朱红色涂料。在春秋时，木构架建筑施彩画。在建筑雕饰上出现了木雕和石雕，木雕主要是在门窗、栏杆、梁、柱之类上作雕塑并施彩绘；石雕是在宫殿椽头上雕有玉珰。在金饰上，发现春秋时期的金釭，釭在西周时曾是加固木构节点的构件，发展至春秋时期已蜕变为壁柱、门窗上的装饰品(图 2-13*a*、图 2-13*b*)。

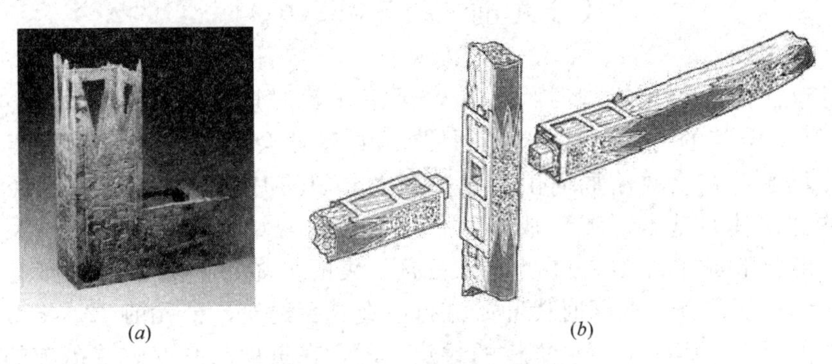

(*a*)　　(*b*)

图 2-13　春秋时期釭的用法

(*a*)春秋转角釭；(*b*)装饰性釭的用法

思　考　题

1. 商朝宫室的布局形式对后世有什么影响?
2. 商朝陵墓的内部结构有何特点?
3. 西周时期居住建筑的类型是什么?
4. 春秋时期筑城的方法是什么?
5. 西周、春秋时期出现哪些建筑材料?

第 3 章　封建社会前期的建筑

（公元前 475～589 年）

早期封建社会大约自战国时代开始，至南北朝时期结束，即公元前 475～589 年，约经 1000 余年的历史。这个时期是中国封建社会逐步确立新的生产关系的时期，也是中国封建社会政治局面由大统一到大分裂的时期。生产工具已经进入铁器时代，木构建筑体系基本形成。战国时代，各国重视城市建设，都城以及商业城市空前繁荣，由此形成了许多人口众多、工商云集的大城市。城市内分布有宫殿、官署、手工业作坊及市场。战国时代开始流行建造高台建筑。公元前 221 年秦始皇灭六国，建立中国历史上第一个中央集权的封建帝国，在贯彻一系列政治措施的同时，也开始了更大规模的建筑活动。修驰道，开鸿沟，凿灵渠，筑长城。继秦而起统一中国的西汉和东汉进一步发展的第一高潮，建筑的技术与艺术也呈现着划时代的变化。木构技术进一步提高，开始建造楼阁建筑。建筑屋顶形式多样化。砖、石及石灰的用量较前增多。三国、两晋、南北朝时期是我国社会历史上动乱时期，自东汉以来传入中国的佛教逐渐兴盛，建寺立塔，成为当时建筑活动的主要内容，同时还建造了大量的石窟寺。

3.1　战国时期的建筑（公元前 475～前 211 年）

在我国春秋时期末期，开始奴隶社会向封建社会的转变，至公元前 475 年，各诸侯国地主阶级在国内已相继夺取政权，奴隶制社会宣告结束，封建社会逐步确立，国家由春秋时的 140 多个诸侯国，变成战国时的 7 个大国——秦、楚、齐、燕、韩、赵、魏。由于铁器的产生和应用，生产力和生产关系又相应地发生了改变，促进了农业和手工业的发展，商业和城市经济逐渐繁荣起来。在建筑上的反映是：大城市的大量涌现，大规模宫室和高台建筑的兴建，瓦的发展，砖的出现以及装饰图案的丰富多彩。同时，斧、锯、凿、锥在建筑上的应用提高了木构建筑的艺术和加工质量，加快了施工进程。在工程构筑物方面，各国竞筑长城，兴修水利，如秦开郑国渠 150km，李冰父子兴修都江堰，规模巨大。

3.1.1　城市建设

从春秋末期到战国中叶，随着封建土地所有制的确立和手工业、商业的发展，城市日益扩大，日益繁荣，出现了一个城市建设的高潮，如齐临淄、赵邯郸、燕下都等都是当时的大城市。上述三座城市遗址保存比较完整。

齐临淄南北长约 5km，东西长约 4km，分大城和小城两部分。大城内散布着冶铁、铸铁、制骨等作坊以及纵横街道的遗址，是手工业作坊区和居住区。小城位于西南角，夯土台高达 14m，周围有多处作坊，推测此处是齐国宫殿（图 3-1）。

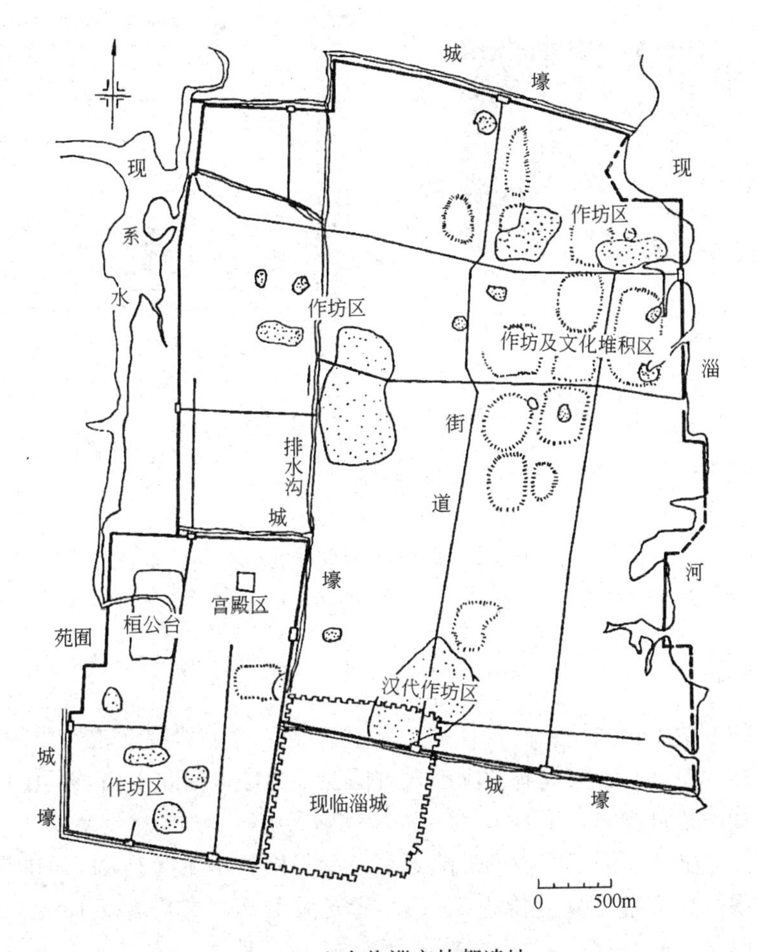

图 3-1　山东临淄齐故都遗址

燕下都位于易水之滨，城址由两个不规则方形组成，东西长约 8km，南北长约 4km，分内外两城。内城分布有武阳台、老姆台等一系列建筑基址。西部为手工业区，有冶铁、铸铜、制陶等作坊，西北部为皇室陵墓区。

3.1.2　宫殿

从春秋至战国，宫殿建筑的新风尚是大量建造台榭——在高大的夯土台上再分层建造木构架房屋。这种土木结合的方法，外观宏伟，位置高敞，非常适合建造宫殿的要求。留存至今的台榭夯土基址有：战国秦咸阳宫殿、燕下都老姆台、邯郸赵王城的丛台、山西侯马新田故城内夯土台等。

秦咸阳宫殿是一座 60m×45m 的长方形夯土台，高 6m，台上建筑物由殿堂 过厅、居室、回廊、浴室、仓库和地窖等组成，高低错落，形成一组复杂壮观的建筑群，其中殿堂为两层，寝室中设有火炕，居室和浴室都设有取暖的壁炉。地窖系冷藏事物之用，深 13～17m，由直径 60cm 的陶管用沉井法建成，窖底用陶盆盛物，遗址里还发现了排水的陶漏斗和管道。这种具备了取暖、洗浴、冷藏、排水等设施的建筑，显示了战国时的建筑水平（图 3-2*a*～图 3-2*c*）。

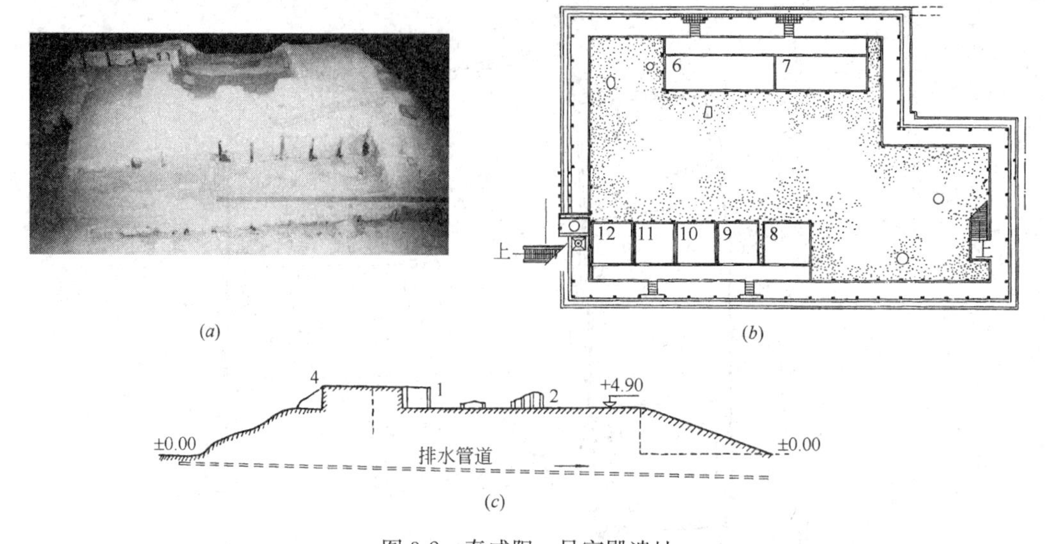

(a)

(b)

(c)

图 3-2 秦咸阳一号宫殿遗址

(a)秦咸阳一号宫殿遗址；(b)秦咸阳一号宫殿一层复原平面；(c)秦咸阳一号宫殿遗址剖面

3.1.3 陵墓

战国时期的陵墓不仅垒坟，而且植树，并且在封土之上建有祭祀性质的享堂或祭殿。至今发现战国墓的遗址有：河南辉县固围村魏国王墓遗址，河北平山县的中山国王墓群以及自成系统的战国楚墓。

在河南辉县固围村发现三座横列的战国墓，形制相仿，规模宏大，可能属于魏国的王一级大墓。其中最大者南北墓道长达 200m，墓穴深 18m，墓坑墓口 18m×20m，墓底铺石板 8 层，共厚 1.6m，椁壁由大小木料交叉而成，厚达 1m，室高 4.15m，平面为 9m×8.4m。椁内又有第二重椁，再内为棺椁。内外椁及坑壁内填以细砂，其上层口夯土筑实至地面之上，形成台基高 0.5m，边长 25m×26m。台基之上有石柱础，周边用块石铺地为道路或散水，台基上的木构建筑物应是享堂或祭殿。

河北平山县的中山国王墓群，形制与商周陵墓相仿。其中最大南北墓道通长 110m，其上封土高大，封土半腰有回廊柱基和壁柱的遗迹，还有卵石散水及瓦件多种，说明其上原有建筑存在，性质则用于祭祀。墓中仅存遗物为一件铜板“兆域图”，面积为 98cm×48cm，厚 1cm，其上刻有国王、王后陵墓所在地区——兆域的平面图，且依据一定的比例绘制，这可以说是我国现存最早的陵园规划图(图 3-3)。

图 3-3 河北平山县中山国王墓群出土的“兆域图”

从兆域图上所反映的情况来看，战国墓有着严格的中轴对称布局，且庄严肃穆，很符合陵墓群的气氛，高居的享堂如金字塔一般，很有纪念性，并且享堂建筑的体量，体现了等级的差别。台东西长达310m，高约5m；台上并列五座方形享堂，分别祭祀王、二位王后和二位夫人。中间三座即王和二位王后的享堂平面各为52m×52m；左右二座夫人享堂稍小，为41m×41m，位置也稍后退。五座享堂都是三层夯土台心的高台建筑，最中一座下面又多一层高1m多的台基，体制最崇，从地面算起，总高可有20m以上。

中山王陵虽有围墙，但墙内的高台建筑耸出于上，四向凌空。封土台提高了整群建筑的高度，使得从很远就能看到，很适合旷野的环境，有很强的纪念性格，是一件优秀的建筑与环境艺术设计(图3-4*a*、图3-4*b*)。战国时这种把高台与享堂相结合的方法，对秦、汉两朝的陵墓制度产生了一定的影响。

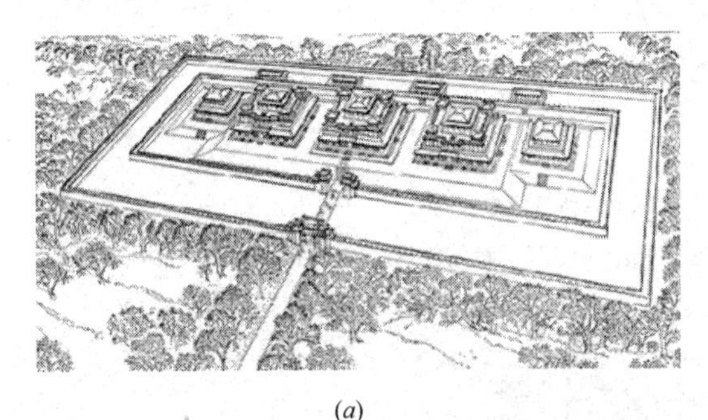

(*a*)

(*b*)

图3-4　中山王陵复原图

(*a*)中山王陵复原鸟瞰图；(*b*)中山王陵享堂复原图

3.1.4　战国时期建筑材料技术和艺术

由于经验的积累，技术的改进，陶质建筑材料逐步提高了质量，增加了品种。铁器的使用，促使木构建筑施工质量和结构技术大为提高。

在建筑材料和技术方面，青瓦已大量使用在屋面上，板瓦、筒瓦的坚实程度和半圆形瓦当上所饰花纹，比之西周、春秋时期都进步了。

战国晚期开始出现陶制的栏杆、砖和排水管(图3-5)。

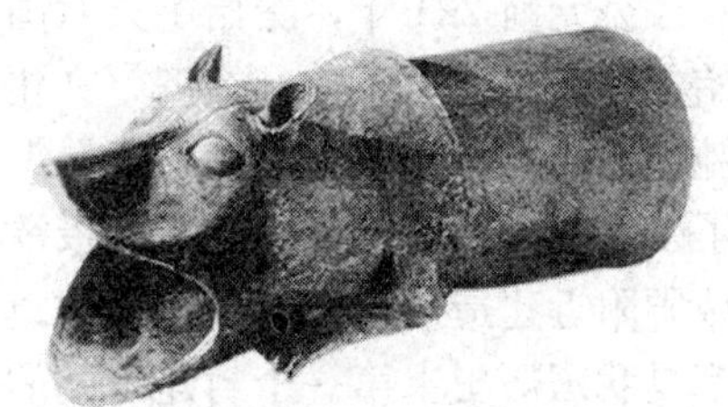

图3-5　河北燕下都出土的陶排水管

砖的种类除装饰性质的条砖外，还有方砖和空心砖，主要应用于地下墓室中，作基底和墓壁，可见当时制砖技术已达到相当高的水平。

战国时期的高台建筑在春秋时期的基础又进一步发展，在一些铜器上还镂刻若干二三层的房屋。战国时期铜器的装饰图案中已有了柱子上的栌斗形象，战国中山王墓中出土的一件铜案，四角铸出精确优美的斗栱形象，它是中国特有斗栱的雏形(图3-6*a*、图3-6*b*)。

战国时期的木椁已出现榫卯，制作精巧，形式多样，可见当时木构建筑的施工技术达到了相当熟练的水平。

在建筑艺术方面，战国时期燕下都的瓦当有20多种不同的花纹(图3-7)。其中有用文字作装饰图案的，楚国墓葬的雕花板构图相当秀丽，线条也趋于流畅，使结构和装饰艺术在有机结合中达到完美。在色彩方面，则遵循春秋时期的规定并加以发展。

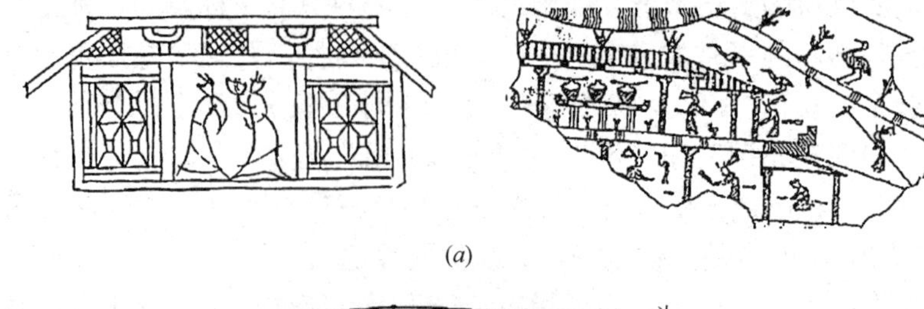

(a)

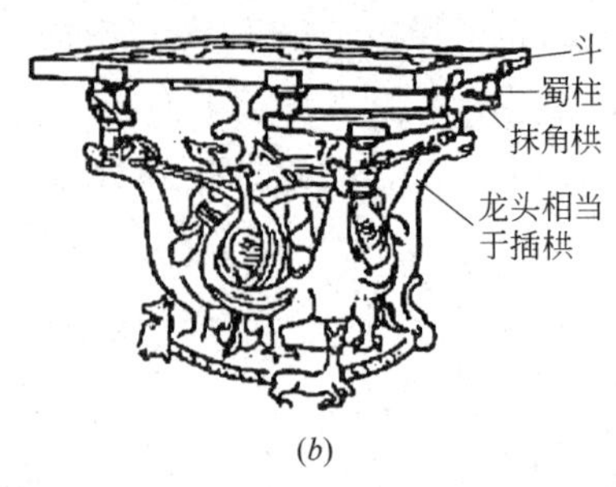

(b)

图 3-6 战国时期建筑装饰图案

(a)战国漆器上的建筑形象；(b)中山王陵铜案的斗栱

图 3-7 战国半圆瓦当

3.2 秦朝的建筑(公元前 221～前 207 年)

公元前 221 年，秦始皇灭六国，建立了历史上第一个中央集权的封建大帝国。建国伊始，即大力改革政治、经济、文化，统一法令，统一货币，统一度量衡，统一文字，修筑驰道，通行全国，开鸿沟，凿灵渠，建万里长城，这一系列措施对巩固统一的封建国家起了一定的作用。为了满足穷奢极欲的生活，集中全国人力、物力和六国技术成就，在首都咸阳附近建造规模巨大的宫苑建筑。历史上著名的阿房宫、始皇陵，至今遗址犹存。这些都是我国历史上第一个封建王朝的重大建筑成就。

3.2.1 城市建设

秦都城咸阳的建设早在战国中期秦孝公时就已开始。当时咸阳宫室南临渭水，北达泾水，到秦孝文王时，宫馆阁道相连达 15km 多。秦始皇统一六国后又进行了大规模的建设。在布局上摒弃了传统的城郭制度，具有独创性。在渭水南北范围广阔的地区建造了许多离宫。在渭水北岸模仿六国宫殿建造；在渭水南岸上林苑又建造了宗庙、兴乐宫、信宫、甘泉宫前殿、阿房宫等。东至黄河，西至汧水，南至南山，北至九嵕，均是秦都城咸阳范围。并迁富豪 12 万户于咸阳，当时咸阳城的规模是十分宏大的。

3.2.2 宫殿

秦始皇在统一中国的过程中，吸取了各国不同的建筑风格和技术经验。于公元前 220

年兴建新宫。首先在渭水南岸建起一座信宫，作为咸阳各宫的中心，然后由信宫前开辟一条大道通骊山，建甘泉宫。继信宫和甘泉宫两组建筑之后，又在北陵高爽的地方修筑北宫。

在用途上，信宫是大朝，咸阳旧宫是正寝和后宫，而甘泉宫则是避暑处。此外还有兴乐宫、长杨宫、梁山宫……以及上林、甘泉等苑。公元前 212 年，秦始皇又开始兴建更大的一组宫殿——朝宫。朝宫的前殿就是历史上有名的阿房宫。现在阿房宫只留下长方形的夯土台，东西长约 1000m，南北长约 500m，后部残高 7～8m，台上北部中央还残留不少秦瓦(图 3-8*a*、图 3-8*b*)。

(*a*)

(*b*)

图 3-8　秦咸阳阿房宫

(*a*)秦咸阳阿房宫复建图；(*b*)秦咸阳阿房宫遗址内秦瓦

3.2.3　秦始皇陵

秦始皇陵是古代陵墓中的宏伟作品，是中国历史上体型最大的陵墓。

史称"骊山"的秦始皇陵在陕西临潼骊山北麓原地上(图 3-9)。现存陵体为三层方锥形夯土台，东西长约 345m，南北长约 350m，高 47m。周围有内外两重城垣，内垣周长 3000m。陵北为渭水平原，陵南正对骊山主峰。陵自始皇即位初兴工，至公元前 210 年入葬，经营约 30 年。陵东侧附葬大冢 10 余处，可能为殉葬的近侍亲属。在秦始皇陵东 150m 处，发现了大规模的兵马俑队列的埋坑。其中最大的埋坑东西长 230m，南北长 62m，面积达 14260m^2，深达 5m 左右，俑像排列成 38 路纵队，兵马俑达 6400 多件。秦兵马俑兵俑高 1.8m 左右，马俑高 1.5m 左右，身长 2m 左右。此外，坑内还有一些青铜剑、戟等兵器。秦兵马俑是世界文化史所罕见的。秦始皇陵处于骊山北坡，为防止山洪冲刷，沿山麓修建东西向防洪沟，拦截山洪引向东流，而后折北入渭河。陵区本身发现陶水管及石水道，地上有大量的瓦砾，表明曾有规模宏大的地面建筑。秦始皇陵的形制对后世有较大的影响，它是中国历史上最大的工程之一。

图 3-9　陕西临潼秦始皇陵全貌

3.2.4 秦长城

战国时期，地处北方的秦、赵、燕三国为了防御匈奴的骚扰，在北部修筑长城。秦统一中国后，为了把北部的长城连为一体，西起甘肃临洮，东至辽宁遂城，扩建原有长城，长达 3000km 多(图 3-10)。汉朝时，也曾对秦长城加以修葺与扩建。

图 3-10 陕西榆林市吴旗县秦长城遗址

秦长城所经地区，包括黄土高原，沙漠地带，高山峻岭及河流溪谷，因而筑城工程采用因地制宜，就材建造的方法。在黄土高原，一般用土版筑，无土处则垒筑石墙，如赤峰一段，用石块砌成，底宽 6m，残高 2m，顶宽 2m，山岩溪谷则用木石建筑。秦长城的建设耗费了大量的人力、物力、财力。所以说，这个伟大的工程是中国古代劳动人民汗水与鲜血的结晶。

3.3 两汉、三国时期的建筑(公元前 206～280 年)

公元前 206 年西汉统一中国，其疆域比秦朝更大，并且开辟了通向中西贸易往来和文化交流的通道。汉代处于封建社会的上升时期，经济进一步巩固和工商业的不断发展，促进了城市的繁荣和建筑的进步，形成我国古代建筑史上又一个繁荣时期。它的突出表现是木构建筑日趋成熟，砖石建筑和拱券结构有了发展。三国时期，连年战乱，经济遭到严重破坏，建筑基本停滞不前，仅三国中的魏国在宫城建设上有一些新的发展。

3.3.1 城市建设

公元前 206 年，继秦而起统一中国的是西汉，随之经历了东汉和三国。西汉时，封建经济的巩固和工商业的发展，促进了城市的繁荣，出现了不少新兴城市。其中手工业城市有产盐的临邛、安邑，产漆器的广汉，产刺绣的襄邑；商业城市有洛阳、邯郸、成都、合肥等。长安是西汉的首都，是政治、经济、文化的中心，是商周以来规模最大的城市。东汉时期的洛阳和三国时期的邺城，都是当时具有相当规模的城市。

1) 汉长安

长安是西汉的都城(图 3-11)。它位于西安市渭水南岸的台地上，最初就秦朝的离宫——兴乐宫建造长乐宫，其后建未央

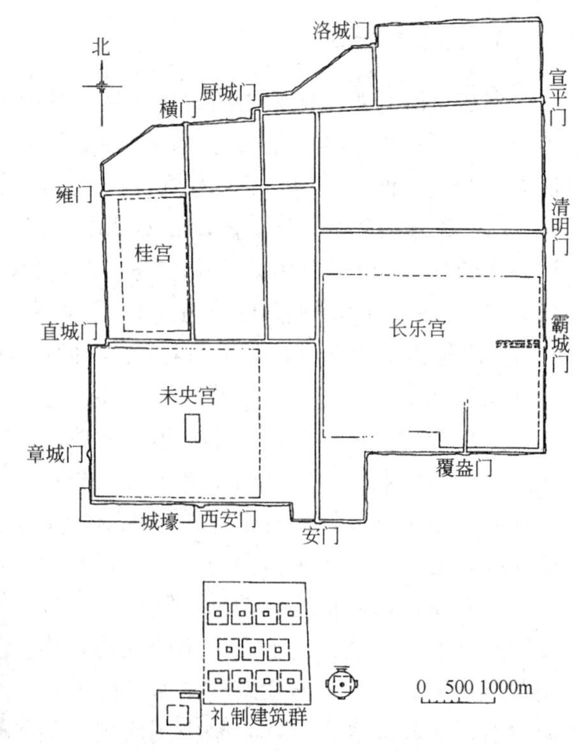

图 3-11 汉长安城遗址平面

宫和北宫。地势南高北低，城的平面成不规则形状，周长21.5km，有12个城门，城墙用黄土筑成，最厚处约16m。皇宫和官署分布于城内中部和南部，有未央宫和长乐宫等几座大殿；西北部为官署和手工业作坊；居民居住在城的东北隅。长乐宫位于城的东南角，未央宫位于西南角。城内有8条主要道路，方向取正南正北，作十字或T字交叉。汉武帝时，兴建城内的桂宫、明光宫和城西南的建章宫、上林苑。西汉末，又在城南郊修建宗庙等礼制建筑，这时的长安有9府、3庙、9市和160闾里。

2）东汉洛阳

东汉建都于洛阳，北依邙山，南临洛水，而谷水支流自西向东横贯城中，它依西汉旧宫模式在纵轴上建南北二宫。东汉中叶，在北宫以北陆续建设苑囿，直抵城的北垣，其规模比南宫大。街道两侧植栗、漆、梓、桐等行道树。

3）魏邺城

从东汉末到三国时代的建筑，仅于216年曹操建设的邺城与魏文帝营建的洛阳有一些发展。邺城在河南安阳东北，北临漳水，平面成长方形。东西长约3000m，南北长约2160m，以一条东西大道将城分为南北两部分。南部为住宅，北部为苑囿、官署，分区明确，交通方便，为南北朝、隋唐的都城建设所借鉴。

3.3.2　宫殿

1）汉长安宫殿

西汉之初，修建未央宫、长乐宫和北宫。未央宫是大朝所在地，位于长安城的西南隅，宫殿的台基是利用龙首山岗地削成高台建成的，未央宫的前殿为其主要建筑，面阔大而进深浅，呈狭长形，殿内两侧有处理政务的东西厢。这个宫城总长8900m，宫内除前殿外，还有十几组宫殿和武库、藏书处、织绣室、藏冰室、兽园与若干官署（图3-12）。长乐宫位于长安城的东南隅，供太后居住，宫城总长约10000m，内有长信、长秋、永寿和永宁四组宫殿。北宫在未央宫之北，是太子居住地点。建章宫在长安西郊，是苑囿性质的离宫。其前殿高过未央前殿，有凤阙、脊饰铜凤，又有井干楼和神明台。宫内还有河流、山岗、太液池。池中建蓬莱、方丈、瀛洲三岛。在建章宫前殿、神明台及太液池等遗址中，曾发现夯土台和当时下水道所用的五角形陶管。

图3-12　汉长安未央宫复原图

2）东汉洛阳宫殿

东汉洛阳宫殿根据西汉旧宫建造南北二宫，其间连以阁道，仍是西汉宫殿的布局特点。北宫主殿德阳殿，平面为1∶5.3的狭长形，与西汉未央宫前殿相似。这时期已很少建造高台建筑，如德阳殿，台基仅高4.5m。

3）三国宫殿

三国时代，魏文帝自邺迁都洛阳，就原来东汉宫殿故址营建新宫。在布局上，不因袭汉代在前殿内设东西厢的方法，而在大朝太极殿左右，建有处理日常政务的东西堂。

3.3.3 宗庙

汉朝发现的宗庙遗址为长安故城南郊的“王莽九庙”礼制建筑遗址(图 3-13)。遗址有 11 组，每组均为正方形地盘，且每个平面沿纵轴两条轴线采用完全对称的布局方法，四周有墙垣覆瓦。各面正中辟门，院内四隅附属配房，院正中为一夯土台，个别台上还留有若干柱础，可知原来台上建有形制严整和体型雄伟的木构建筑群。夯土台每组边长自 260m 至 314m 不等，其规模相当大。当时祠庙的通例大概就是这种有纵横两个轴，四面完全对称的布局方法。

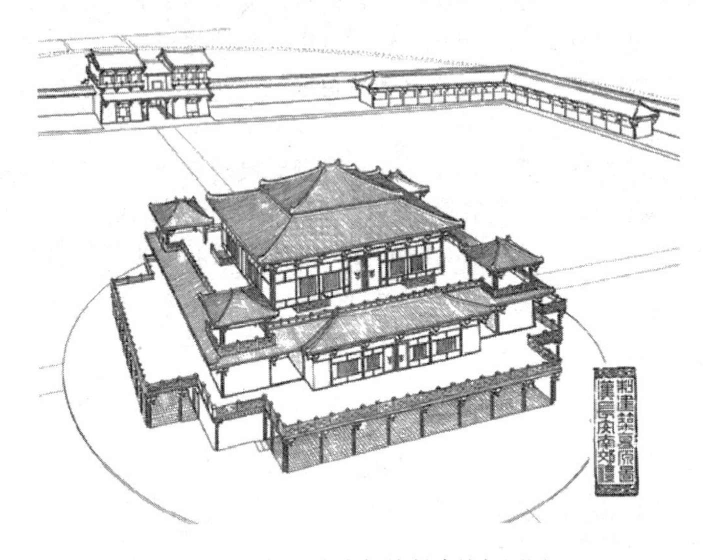

图 3-13 汉长安南郊礼制建筑复原图

3.3.4 陵墓

西汉诸陵，少数位于渭水南岸，多数在咸阳以西渭水北坂上，陵体宏伟(图 3-14)。坟的形状承袭秦制，累土为方锥形，截去上部称为“方上”，最大的“方上”约高 20m，“方上”斜面堆积许多瓦片，可证其上曾建有建筑。陵内置寝殿与苑囿，周以城垣，陵旁有贵族陪葬的墓，坟前置石造享堂，其上立碑，再前于神道两侧排列石羊、石虎和附翼的石狮。最外，模仿木建筑形式建两座石阙。石阙的形制和雕刻以四川雅安高颐阙最为精美，是汉代墓穴的经典作品(图 3-15)。

图 3-14 汉武帝茂陵

图 3-15 四川雅安高颐墓阙

此外，东汉墓前还建有石制墓表的。在结构上，汉初仍采用木椁墓，以柏木作主要承重构件，防水措施仍以沙层与木炭为主。战国末年先后出现的空心砖和普通小砖逐步应用于墓葬方面，墓室结构由此而得到改变。墓道用小砖，而墓顶用梁式空心砖。不久墓顶改为两块斜置的空心砖，自两侧墓壁支撑中央的水平空心砖，由此发展为多边形砖拱。到西汉末期改为半圆形筒拱结构的砖墓，东汉初期又改为砖穹窿。在多山的地区，崖墓较为盛行，其中以四川白崖崖墓最为突出。在长达1km的石岸上共凿有56个墓。由于砖墓、石墓和崖墓的发展，商、周以来长期使用的木椁墓逐渐减少，至汉末和三国时期几乎绝迹。

3.3.5 住宅

汉朝的住宅建筑，有下列几种形式：

规模较小的住宅。平面为方形或长方形，屋门开在房屋一面的当中或偏在一旁，房屋的构造除少数用承重墙结构外，大多数采用木构架结构，墙壁用夯土筑造。窗的形式有方形、横长方形、圆形多种，屋顶多采用悬山式顶或囤顶。

规模稍大的住宅。以墙垣构成一个院落，也有三合式与日字形平面的住宅，后者有前后两个院落，而中央一排房屋较高大，正中有楼高起，其余次要房屋都低矮。

规模更大的住宅则为贵族住宅。这类住宅从外表上看，屋顶中间高、两边低，屋外面有正门，旁边有小门，大门里边又有中门，从中门到大门，车马可以直接进出，门旁还建有客房。过中门进到院子里边是前面的堂屋，有的还在前面堂屋的后边盖了后堂屋。还有车库、马厩、厨房、库房和佣人居住的房间。

大型宅第则是贵族和富裕大户的花园住宅。利用自然风景，营造花园式的府第。园中建有亭台楼阁，垒石成山，引水作池。但此类园林式住宅在汉朝不是很多。

3.3.6 两汉、三国时期建筑材料、技术和艺术

在建筑材料和技术方面，汉朝的制砖技术及拱券方面有了巨大进步，大块空心砖已大量出现在河南一带的西汉墓中(图3-16)。在四川省成都市双流县华阳汉墓群的考古发掘中发现了精美的成套画像砖(图3-17)。空心砖1.1m，宽0.405m，厚0.103m，砖表面压印各种花纹；普通长条砖长0.25～0.378m，宽0.125～0.188m，厚0.04～0.06m；还有特制的楔形砖和企口砖(图3-18)。当时的筒拱顶有纵联砌法与并列砌法两种，东汉纵联成为主流。石料的使用逐渐增多，从战国到西汉已有石础、石阶等。东汉时出现了全部石造的建筑物，如石祠、石阙、石兽、石碑及完全石结构的石墓。这些建筑多镂刻人物故事和各种花纹，刻石的技术和艺术也逐步提高。著名的石建筑有四川雅安的东汉益州太守高颐墓石阙和石辟邪，北京西郊东汉幽州书佐秦君墓表，山东肥城孝堂山郭巨墓祠等。

图3-16　汉代双凤纹空心砖

图3-17　四川成都双流县华阳汉墓画像砖

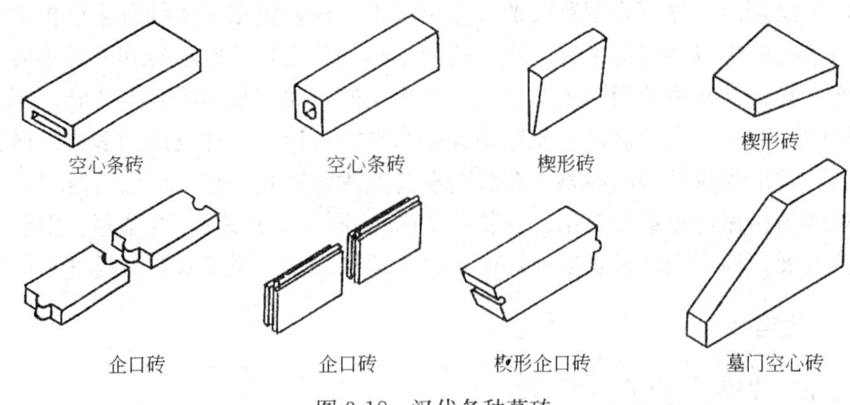

图 3-18 汉代各种墓砖

以木结构为主要结构方式的中国建筑体系到汉朝则日趋完善，两种主要结构方法——叠梁式和穿斗式都已发展成熟。在河南省荥阳出土的陶屋和成都出土的画像砖住宅图案中，已有柱上有梁，梁上立短柱，再架短梁的木构架形象。长沙和广州出土的东汉陶屋，则是柱头承檩，并有穿枋连接柱子的穿斗式木构架形象。此外，在中国南部，房屋下部多用架空的干阑式结构，木材丰富的地区则用井干式壁体。作为中国古代木构建筑显著特点之一的斗栱，在东汉已普遍使用(图 3-19)。

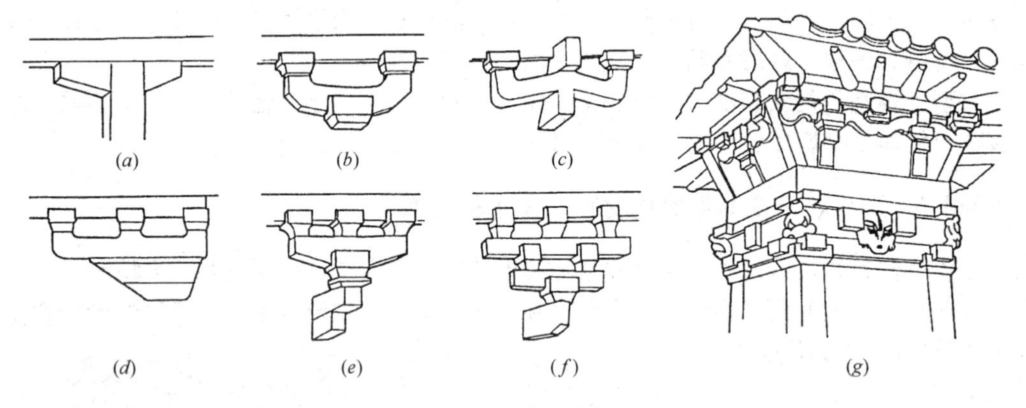

图 3-19 汉代的斗栱

(a)实拍栱；(b)一斗二升斗栱；(c)一斗二升斗栱；(d)一斗三升斗栱；
(e)一斗三升斗栱；(f)斗栱重叠出挑；(g)曲栱及其转角做法

在东汉的画像砖、明器和石阙上，可以看到斗栱的形象(图 3-20)。这时的斗栱既用以承托屋檐，也用以承托平台，它的结构技能是多方面的，同时也是建筑形象的一个重要组成部分。

汉朝的木构架屋顶有五种基本形式：庑殿、悬山、囤顶、攒尖和歇山。此外，汉朝还出现了有庑殿顶和庇檐组合后发展而成的重檐屋顶。

在建筑艺术方面，总的来说，战国、秦汉建筑的平面组合和外观，虽多数采用对称方式以强调中轴，但为了满足建筑的功能和艺术要求，各时期也形成了丰富多彩的风格，汉朝最具代表性。第一，汉朝高级建筑的庭院以门与回廊相配合，衬托最后的主体建筑更显得庄严重要，以东汉沂南画像石墓所刻祠庙为代表。第二，以低小的次要房屋和纵横参差的屋顶以及门窗上的雨搭等，衬托中央的主要部分，使整个组群呈现有主有从和富于变化的轮廓，如汉朝明器所反映的住宅就使用这种手法。第三，合理地运用木构架的结构技术，明器中有高达三四层的方形楼阁和望楼，每层用斗栱承托腰檐，其上置平台，将楼阁划为数层，满足功能上的要求，同时，各层腰檐和平台有节奏的挑出和收进，在稳中求变化，并使各部分产生虚实明暗的对比，创造中国楼阁式建筑的特殊风格（图 3-21）。

图 3-20　东汉明器上的斗栱

图 3-21　汉朝明器中的楼阁建筑

在装饰方面，汉朝建筑综合运用绘画、雕刻、文字等各种构件的装饰，达到结构与装饰的有机结合，成为以后中国古代建筑的传统手法之一。

3.4　两晋、南北朝时期的建筑（280～589 年）

两晋和南北朝是中国历史上一次民族的大融合时期。280 年西晋灭吴，统一中国。政权还没巩固，战争频发，西晋很快瓦解。而后北方经过十六国时期，直至 460 年北魏统一中原和北方。南方在西晋灭亡次年，东晋建立。420 年宋灭东晋，开始了中国南部宋、齐、梁、陈与北方北魏、东魏、西魏、北齐和北周相对峙的南北朝时期。在十六国时期，北方经济遭到严重破坏，人口锐减，直至北魏统一北方，政治局面稳定，使经济得到了恢复。南方由于战争破坏较少，并且北方人口大量涌入江南，带去了先进的生产技术和文化，使经济文化迅速发展。总之，在这 300 年里，南、北方在生产的发展上比较缓慢，在建筑上也没有太多的创造和革新，主要是沿袭和继承了汉代的成就。但由于佛教的传入，引起了佛教建筑的发展，高层佛塔出现了，并带来了印度、中亚一带的雕刻、绘画艺术，不仅使我国的石窟、佛教、壁画等有了巨大发展，而且也影响到建筑艺术，使汉代比较质朴的建筑风格变得成熟、圆淳。

3.4.1 城市建筑和宫殿建筑

西晋、十六国和北朝前后分别兴建了很多都城和宫殿，其中规模较大，使用时间较长的是邺城和洛阳。东晋和南朝则始终建都于建康。

1）邺城

十六国时期的后赵，在4世纪初沿用曹魏旧城的布局，把邺城重新建造起来。城墙的外面用砖建造，城墙上每隔百步建一楼，城墙的转角处建有角楼。宫殿也是沿用曹魏洛阳宫殿的布局，在大朝左右建处理日常政务的东西堂。534年，东魏自洛阳迁都于邺，在旧城的南侧增建新城，新城东西长约3240m，南北长约4428m。它的布局大体继承北魏洛阳的形式，宫城位于城的南北轴线上，大朝太极殿两侧并列含元殿和凉风殿，太极殿后面还有朱华门和常朝昭阳殿，宫城北面为苑囿。宫城以南建官署及居住用的里坊。550年，北齐灭东魏，仍以邺为都城，增建不少宫殿，并在旧城西部建造大规模的苑囿。

2）洛阳

洛阳是我国五大古都之一。从东周起，东汉、魏、西晋、北魏等朝均建都于此。北魏洛阳是在西晋都城洛阳的故址上重建的(图3-22)。洛阳北倚邙山，南临洛水，地势较平坦。它有宫城和都城两重城垣，都城即汉魏洛阳的故城，东西长约3100m，南北长约4000m。宫城在都城的中央偏北一带，基本上是曹魏时期的北宫位置。宫城之前有一条贯通南北的主干道——铜驼街。两侧分布着官署和寺院。洛阳城内的绿化也是很整齐的，河道两岸遍植柳。

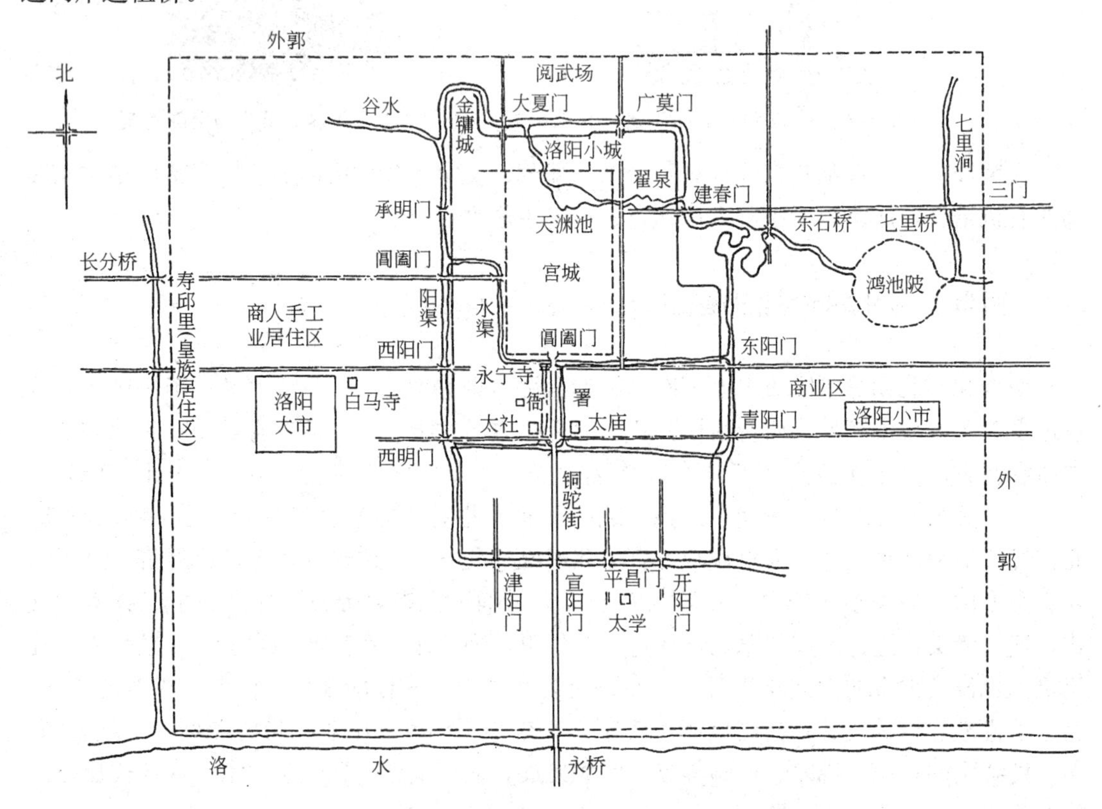

图3-22 北魏洛阳平面想象图

3）建康

从汉献帝建安十六年，东吴孙权迁都建业起，历东晋、宋、齐、梁、陈 300 余年间，共有六朝迁都于此，东吴时称建业，东晋时改称建康。建康位于秦淮河入口地带，面临长江，北枕后湖，东依钟山，形势险要。建康城南北长，东西略狭，周长约 8900m。北面是宫城所在地。宫城平面呈长方形，宫殿布局大体依仿魏晋旧制，正中的太极殿是朝会的正殿，正殿的两侧建有皇帝听政和宴会的东西二堂，殿前又建有东西两阁。

3.4.2 寺院和佛塔

我国是一个多民族多信仰的国家，比较具有影响的是佛教、道教和伊斯兰教。其中佛教历史最长，传播最广，留下了丰富的建筑和艺术遗产。佛教在汉朝自印度传到我国，在两晋、南北朝时期得到极大的推崇和发展，并建造了大量的寺院和佛塔。北魏洛阳内外，就建寺 1200 余所。南朝建康一地，亦有庙宇 500 余处。

北魏洛阳的永宁寺是由皇室兴建的极负盛名的大刹。寺的主体部分是由塔殿和廊院组成，并采取了中轴对称的平面布局，其核心是一座位于 3 层台基上的 9 层方塔，塔北建佛殿，四面绕以围墙，形成一区宽阔的矩形院落。院的东、南、西三面中央辟门，上建门屋，院北置较简单的乌头门。其余僧舍等附属建筑千间，则配置于主体塔院后方与两侧。寺墙四隅建有角楼，墙上覆以短椽并盖瓦，一如宫墙之制。墙外掘壕沟，沿沟栽植槐树。

其他佛寺，很多是贵族官僚捐献府第和住宅所改建的。以殿堂为主，往往“以前厅为佛殿，后堂为讲堂”。这些府第和住宅的建筑形式融合到佛寺建筑中，使佛寺内有许多楼阁和花木，北魏洛阳的建中寺即是如此。

由上述以佛塔为主和以殿堂为主的两种佛寺的布局方法，可看出外来的佛教建筑到了中国以后，很快被传统的民族形式所融和，创造出中国佛教建筑的形式。

佛塔原是佛徒膜拜的对象，后来根据用途的不同而又有经塔、墓塔等。

我国的塔，在类型上大致可分为楼阁式塔、密檐塔、单层塔、喇嘛塔和金刚宝座塔几种。在两晋、南北朝时期，佛塔的主要形式有木构的楼阁式塔和砖造的密檐式塔。

楼阁式塔是仿我国传统的多层木构架建筑的，它出现最早，数量最多，是我国塔中的主流。以洛阳永宁寺塔为代表，它是北魏最宏伟的建筑之一。木塔建于相当高大的台基上，它使用了木制的柱、枋和斗栱，塔身自下往上，逐层减窄减低，向内收进。塔高 9 层，正方形，每面 9 间，每间有 3 门 6 窗。门漆成朱红色，门扉上有金环铺首及 5 行金钉。塔顶的刹上有金宝瓶，四周悬挂金铎。

密檐塔，河南登封县嵩岳寺塔，建于北魏正光四年，是中国现存年代最早的砖塔（图 3-23*a*、图 3-23*b*）。塔平面为 12 边形，是我国塔中的孤例，高 40m，15 层，底层转角用八角形倚柱，门楣及佛龛上已用圆拱券，但装饰仍有外来风格。密檐出挑都用叠涩，未用斗栱。塔心室为八角形直井式，以木楼板分为 10 层。塔身外轮廓有柔和收分，塔刹也用砖砌成。密檐间距离逐层往上缩短，与外轮廓收分配合良好。檐下设小窗。根据各层塔身残存的石灰面可知此塔外部色彩原为白色，这是当时砖塔的一个特点。嵩岳寺塔的结构、造型和装饰是我国古代砖塔建造的一种开创性尝试，它的成功，对以后砖塔的建造产生了极大的影响。

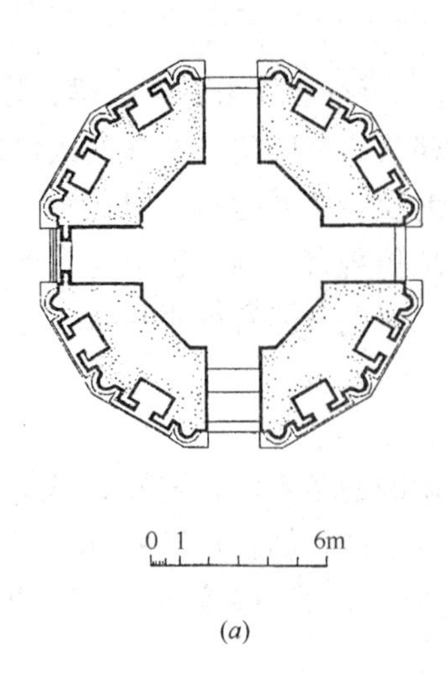

(*a*)

(*b*)

图 3-23　河南登封县嵩岳寺塔

(*a*)河南登封县嵩岳寺塔平面图；(*b*)嵩岳寺塔全景

3.4.3　石窟

中国的石窟来源于印度的石窟寺。石窟寺是佛教建筑的一个重要类型，它是在山崖陡壁上开凿出来的洞窟形的佛寺建筑。它和中国的崖墓相似但又不同，崖墓是封闭的墓室，而石窟寺是供僧侣的宗教生活之用。南北朝时期，凿崖造寺之风遍及全国。西起新疆，东至山东，南至浙江，北至辽宁，著名的石窟有大同云冈、洛阳龙门、敦煌鸣沙山、天水麦积山、永靖炳灵寺、巩县石佛寺、磁县南北响堂山。这些石窟寺的建筑和精美的雕刻、壁画等是我国古代文化的一份宝贵遗产。从建筑功能布局看，石窟可分为三种：一是塔院形，即以塔为窟的中心，这种窟在大同云冈石窟中较多；二是佛殿型，佛像是窟中心的主要内容，这类石窟较多；三是僧院型，主要供僧侣打坐修行之用，其布置为窟中置佛像，周围凿小窟若干，每窟供一僧打坐，敦煌 285 窟即属此类。

1）山西大同云冈石窟

武周山在山西大同西郊 16km 处，云冈石窟在此处开凿。长约 1km，有窟 40 多个，大小佛像 10 万余尊，是我国最大的石窟群之一(图 3-24)，始建于 453 年，有名的昙曜五窟(现编号为 16～20 窟)，就是当时的作品。由于石质较好，所以全用雕刻而不用塑像及壁画，虽然吸收了印度的塔柱、希腊的卷涡柱头、中亚的兽形柱头以及卷草、璎珞等，但

图 3-24　山西大同云冈石窟

在建筑上，从整体到局部，都已表明了中国传统的建筑风格。早期的石窟平面呈椭圆形，顶部为穹窿状，前壁开门，门上有洞窗。后壁中央雕大佛像，其左右侍立菩萨，左右壁又雕刻许多小佛像，布局较局促，洞顶及洞壁未加建筑处理。后来平面多采用方形，规模大的分成前后两室，或在室中设塔柱。窟顶使用覆斗或长方形、方形平棋顶棚。

2）山西太原天龙山石窟

天龙山石窟在太原南15km处，始凿于北齐，有13窟。窟平面方形，室内三面设龛，均无塔柱，顶部都是覆斗形。天龙山第16窟完成于560年，是这个时期最后阶段的作品（图3-25*a*～图3-25*d*）。它的前廊面阔三间，八角形，列柱在雕刻莲瓣的柱础上，柱子比例瘦长，且有显著的收分，柱上的栌头、斗栱的比例与卷杀都做得十分准确，廊子的高度和宽度以及廊子和后面的窟门的比例都恰到好处，天龙山石窟中仿木建筑的程度进一步增加，表明石窟更加接近一般庙宇的大殿。

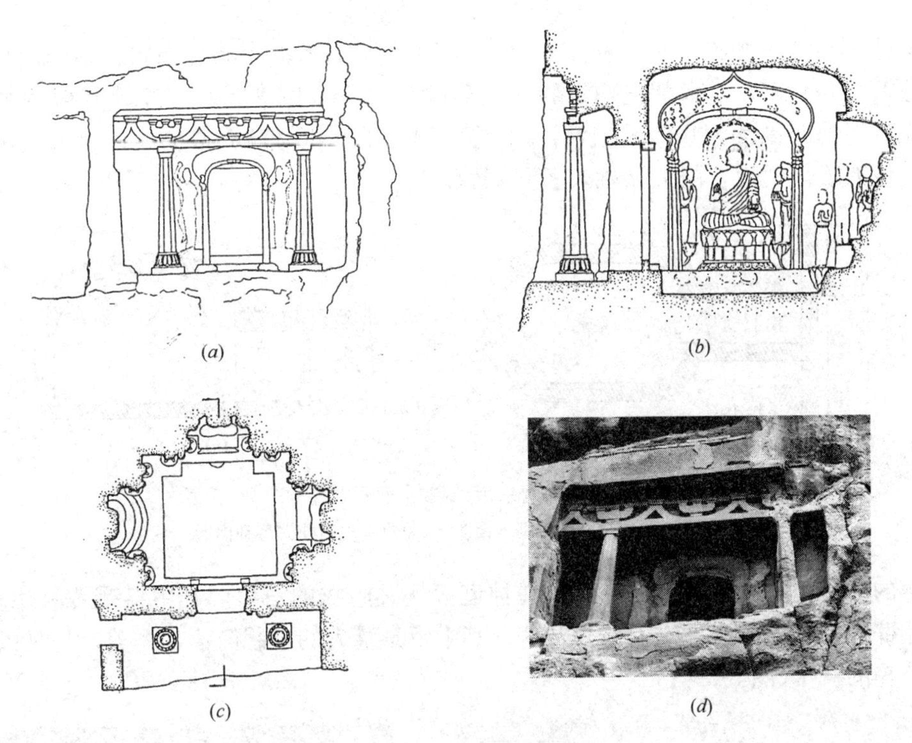

图3-25 山西太原天龙山石窟

（*a*）太原天龙山石窟第16窟立面图；（*b*）第16窟剖面图；（*c*）第16窟平面图；（*d*）第16窟外观

3）甘肃敦煌石窟

始凿于东晋穆帝永和九年（353年），在敦煌市东南的鸣沙山东端。现存北魏至西魏窟22个，隋窟96个，唐窟202个，五代窟31个，北宋窟96个，西夏窟4个，元窟9个，清窟4个（图3-26）。鸣沙山由砾石构成，不宜雕刻，所以用泥塑及壁画代替。敦煌地广人稀，且气候干燥，上述作品才能得以长期保存。北魏各窟多采用方形平面；或规模稍大，具有前后两室；或在窟中央设一巨大的中心柱，柱上有的刻成塔状，有的雕刻佛像；窟顶则做成覆斗形、穹窿形或方形、长方形。在布局上，由于窟内主像不过分高大，与其他佛像相配比较恰当，因而内部空间显得广阔。窟的外部多雕有火焰形券面装饰的门，门以上有一个方形小窗。

图 3-26　甘肃敦煌石窟

3.4.4　陵墓

建业曾先后是东晋和南朝的宋、齐、梁、陈的都城，陵墓分布在南京、句容、丹阳等县。南京西善桥大墓，是南朝晚期贵族的大墓(图 3-27*a*、图 3-27*b*)。墓室作纵深的椭圆形，长 10m，宽与高均为 6.7m，上部为转穹窿顶。甬道也是砖砌成的，甬道墙上用花纹砖拼装，设有石门两道，门上浮雕人字形叉手。

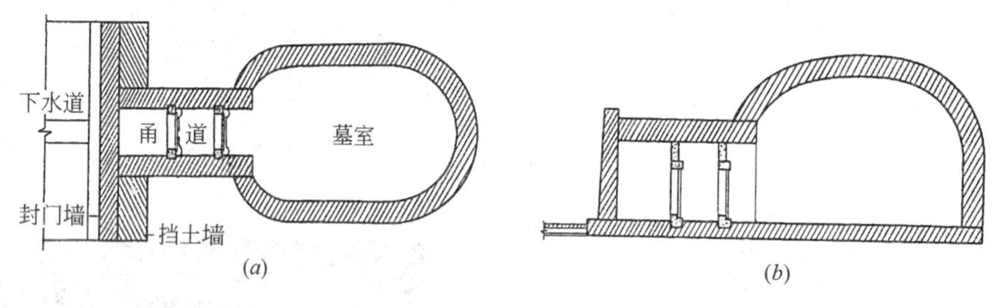

图 3-27　南京市西善桥南朝大墓

(*a*)南京市西善桥南朝大墓平面图；(*b*)西善桥南朝大墓剖面图

现存的南朝陵墓大都无墓阙，而是在神道两侧置附翼的石兽，其中皇帝陵墓用麒麟，贵族墓用辟邪(图 3-28)，左右有墓表几碑。其中萧景墓表的形制简洁、秀美，是汉以来墓表中最精美的一个(图 3-29)。

图 3-28　南京萧绩墓石辟邪

图 3-29　南京梁萧景墓墓表

在河南邓县曾发现一座彩色画像砖墓(图 3-30)，距今一千三四百年，墓的券门上画有壁画，壁画之外砌了一层砖，中间灌以粗砂土。墓分墓室和甬道两部分，墓壁左右各有几根砖柱，柱上砌有 38cm×19cm×6.5cm 的画像贴面砖，7 种颜色涂饰。由此看到这个时期的墓室色彩处理手法和效果。

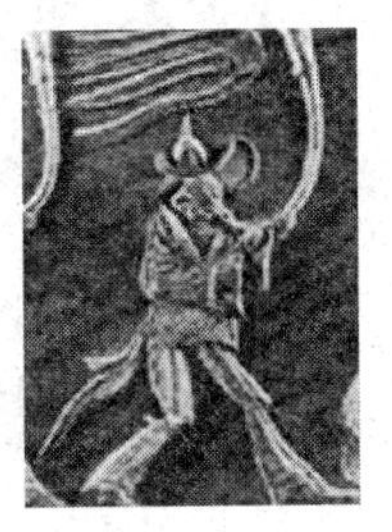

图 3-30　河南邓县画像砖

3.4.5　住宅

南北朝时期北方贵族住宅，大门用庑殿室顶，如加鸱尾，围墙上连排之棂窗，内侧为廊包绕庭院。一宅之中有数组回廊包绕的庭院及厅堂。有些房屋在室内地面布席而坐，也有些在台基上施短柱与枋，构成木架，在其上铺板而坐。

由于民族大融合的结果，使家具发生了很大变化，床增高，上部加床顶，周围施以可拆卸的短屏。床上出现倚靠用的长几、隐囊和半圆形屏几。两折四叠的屏风发展为多折多叠(图 3-31)。这时垂足而坐的高坐具——方凳、圆凳、椅子、束腰型圆凳等也进入中原地区。

图 3-31　南北朝时期的大床

3.4.6　园林

我国自然式山水风景园林在秦汉时开始兴起，魏、晋、南北朝时期有了较大发展。由于贵族、官僚追求奢华生活，标榜旷达风流，以园林作为游宴享乐之所，聚石引泉，植树开涧，造亭建阁，以求创造一种比较朴素、自然的意境。比如北魏洛阳华林园、梁江陵湘东苑等。

3.4.7　两晋、南北朝时期建筑材料、技术和艺术

两晋、南北朝时期建筑材料的发展，主要是砖、瓦产量和质量的提高与金属材料的运用。其中金属材料主要用作装饰，如塔刹上的铁链，门上的金钉等。

在技术方面，大量木塔的建造，显示了木结构技术的水平。这时期的中小型木塔用中心柱贯通上下，以保证其整体牢固，这样斗栱的性能得到进一步发挥，这时期的木结构构件仅敦煌石窟保存着几个单栱。木结构形成的风格使建筑构件在两汉的传统上更为多样化，不但创造若干新构件，它们的形象也朝着比较柔和精美的方向发展。如台基外侧已有

砖砌的散水；柱基础出现覆盆和莲瓣两种新形式(图 3-32*a*、图 3-32*b*)；八角柱和方柱多数具有收分；此外还出现了棱柱，如定兴石柱上小殿檐柱的卷杀就是以前未曾见过的棱柱形式。栏杆式样多为勾片，柱上的栌头除了承载斗栱以外，还承载内部的梁，斗栱有单栱也有重栱，除用以支承出檐以外，又用以承载室内的顶棚下的枋。

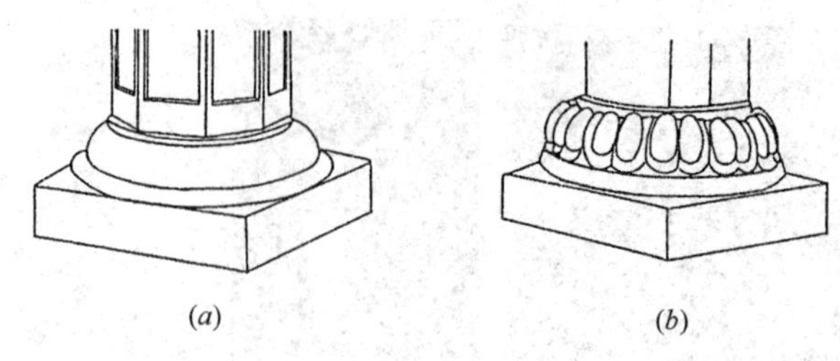

(*a*)　(*b*)

图 3-32　南北朝时期的柱础形式

(*a*)覆盆柱础：甘肃天水麦积山 43 窟；(*b*)莲花柱础：河北定兴义慈惠石柱

砖结构在汉朝多用于地下墓室，到北魏时期已大量运用到地面上了。河南登封嵩岳寺塔标志着砖结构技术的巨大进步。

石工技术，到南北朝时期，无论在大规模石窟开凿上或在精雕细琢的手法上，都达到很高的水平。如麦积山和天龙山的石窟外廊雕刻。

建筑装饰花纹在北朝石窟中极为普及，除了秦汉以来的传统花纹外，随同佛教传入我国的装饰花纹，如火焰纹、莲花、卷草纹、璎珞飞天、狮子、金翅鸟等，不仅应用于建筑方面，还应用于工艺美术等方面(图 3-33*a*、图 3-33*b*)。特别是莲花、卷草纹和火焰纹的应用范围最为广泛。

(*a*)　(*b*)

图 3-33　南北朝时期的建筑装饰纹样

(*a*)石狮：甘肃天水麦积山；(*b*)金翅鸟：山西大同云冈石窟

概括地说，现存的北朝建筑和装饰风格，最初是拙壮、粗壮，略带稚气，到北魏末年后，呈现雄浑而带巧丽，刚劲而带柔和的倾向。南朝遗物在 6 世纪已具有秀丽柔和的特征。总之，这是中国建筑风格在逐步形成的历史过程中一个生气蓬勃的发展阶段。

思　考　题

1. 举例说明战国时期宫殿建筑的特点。

2. 战国墓有什么特点?
3. 秦始皇陵的建设有什么特点?
4. 汉长安宫殿建设有什么成就?
5. 举例说明两晋、南北朝时期寺院与佛塔的类型。
6. 举例说明南北朝时期的石窟艺术。

第4章　封建社会中期的建筑

(589～1279年)

自隋代开始，经历唐宋，以迄辽金时代，即从589～1279年，历时七八百年的时间。这个时期也是我国封建社会的第二次大统一，后又陷入分裂的局面。这个时期的封建生产关系得到进一步调整，建筑技术更为成熟，木构建筑已有科学的设计方法，施工组织和管理方法更加严密，至今留有大量的古建筑实例。在隋朝，开凿大运河，建造大批宫殿苑囿。但很快就被中国历史上一个新的辉煌灿烂的朝代——唐朝所代替。唐朝手工业和商业高度发展，内陆和沿海城市空前繁荣，建筑也显现了突出的成就。在隋朝大兴城的基础上建造了当时世界上最大，规划最严密的都城——长安城。现存山西五台山南禅寺大殿和佛光寺大殿都是优秀的唐朝建筑。此外在佛塔、陵墓、桥梁等方面亦有优异的创造。唐朝建筑成就不仅促进了中原地区建筑的繁荣，而且影响到新疆、西藏等边远地区。北宋时期手工业十分发达，在制瓷、造纸、纺织、印刷、造船等方面都取得新的进步，商业活动亦发展很快。首都汴梁不仅是一个政治中心，也是一个商业城市。这个时期的建筑艺术形象由于琉璃、彩画和“小木作”装修技巧的提高而丰富多彩起来。中国古代席地而坐的生活习惯完全被踞坐所更替，室内家具及门窗均有所变化。整个宋代建筑风格呈现出华丽纤巧的面貌。而北方辽代却较多地继承了唐朝传统。北宋时期在建筑方面为后世留下了一部工程技术专著——《营造法式》，这部书可称作是封建社会中期建筑技术的总结。

4.1　隋、唐、五代时期的建筑(589～960年)

581年，隋文帝杨坚建立隋朝，589年灭陈，重新统一中国，结束了自西晋以来长期的民族混战和割据对峙的局面，为封建社会经济文化的进一步发展创造了条件。在建筑上的发展主要表现在兴建都城——大兴城和东都洛阳，以及大规模的宫殿和苑囿，并修筑长城和开凿大运河。大运河的开通对于沟通南北地区的经济、文化，推动社会繁荣起了重大的作用。名匠李春修建的世界上最早的敞肩券大石桥——安济桥是隋朝一个突出的建筑成就。

618年，李渊建立唐朝。前期，社会稳定，经济文化繁荣昌盛；中叶，开元、天宝年间达到了极盛时期；虽然“安史之乱”以后开始衰落下去，但终唐之世仍不愧为我国封建社会经济文化的发展高潮时期。建筑技术和艺术有了巨大的发展和提高。在城市建设上，唐朝在隋朝的基础上营建首都长安和东都洛阳；唐朝时期，佛教得到了很大发展，兴建大量佛教的寺、塔、石窟，同时道教得以推崇，各地广建道观；唐朝陵墓在布局上与以前不同，有了很大发展；唐朝住宅有着严格等级制度；在建筑材料方面，出现了大批的新的材料，并得到广泛应用。唐朝的建筑成就对海外国家产生了不少影响，比如日本。

907年唐灭亡，中国历史进入了五代十国时期，各个割据政权攻战频繁，破坏很大。在建筑上，五代十国时期主要是继承唐朝传统，很少有新的创造，仅吴越、南唐石塔和砖木混合结构的塔有所发展，并对北宋初期建筑产生了不小的影响。

4.1.1　城市建设

在城市建设方面，隋、唐两代的都城长安与东都洛阳是最好的范例。

1) 隋大兴

隋朝建立第二年，就在汉长安东南龙首山南面建造都城——大兴城，先造宫城，次造皇城，最后筑罗城。大兴城把官府集中于皇城中，与居民市场分开，功能分区明确，这是隋大兴城建设的革新之处。大兴城的规划大体上仿照汉、晋至北魏时所遗留的洛阳城，故其规模尺度、城市轮廓、布局形式、坊市布置都和洛阳近似。大兴城东西长 9721m，南北长 8651m，城内除中轴线北端的皇城与宫城外，划分 108 个里坊和 2 个市。城内道路是严格均齐方整的方格网式道路，且宽而直，宫城与皇城间的横街宽 200m，皇城前直街宽 150m，最窄的也有 25m。在皇城前轴线两侧相对建有大兴善寺和元都观，在城西南建规模巨大的庄严寺，后又在其旁建总持寺。城东南角原有曲江，后改作芙蓉园，围入城内。城外北侧是皇帝的禁苑——大兴苑。

2) 唐长安

隋大兴城是唐长安城发展的基础，唐朝基本沿用了隋的城市布局，但主要宫殿向东北移至大明宫（图 4-1）。

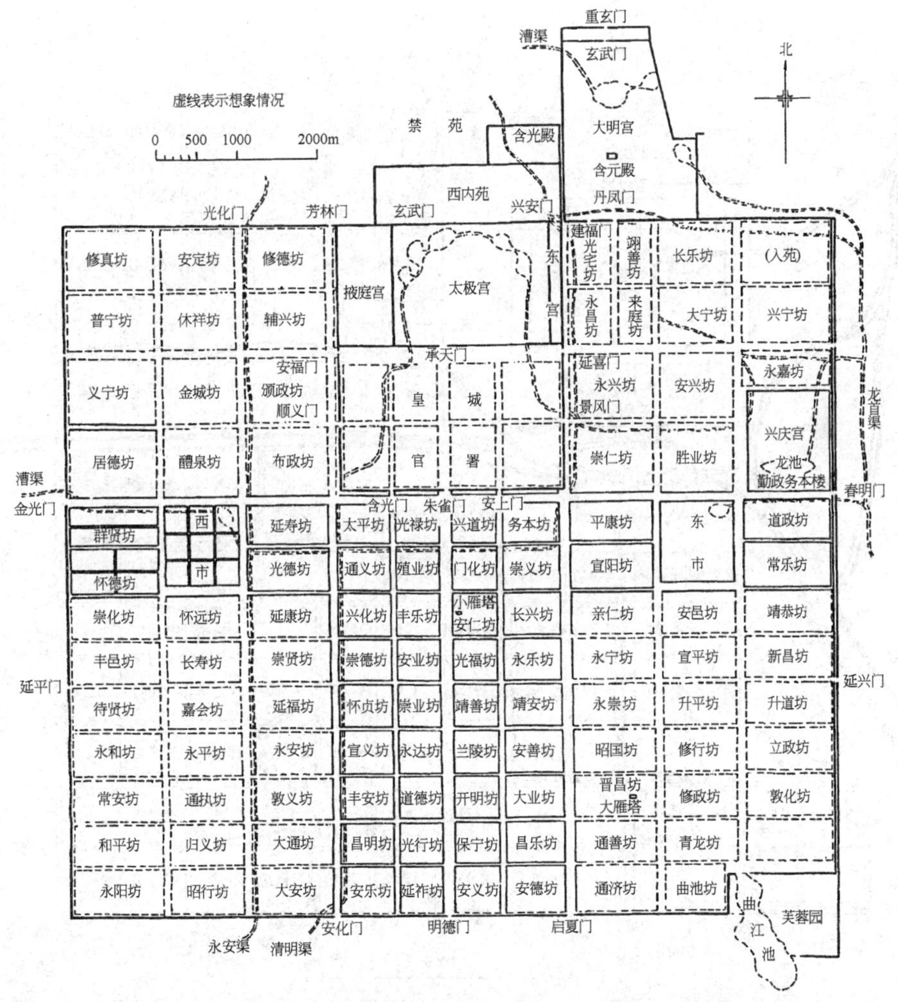

图 4-1　唐长安平面想象图（实线表示已勘部分，虚线表示未探部分）

图 4-2　唐长安城里坊想象图

长安城的市集中于东西二市，市的面积约为 1.1km²，周围用墙垣围绕，四面开门。长安城的里坊大小不一，小坊平面近方形，东西长 520m，南北长 510～560m，大坊则成倍于小坊(图 4-2)。里坊的周围用高大的夯土墙包围，大坊四面开门，小坊只有东西二门。长安城有南北并列的 14 条大街和东西平行的 11 条大街。长安城道路系统的特点是交通方便，整齐有序。一般通向城门的大街都很宽，如中轴线上的朱雀大街宽 150m，安上门大街宽 134m，通往春明门和金光门的东西大街宽 120m，其他不通城门的街道，则宽 42～48m 不等，沿城墙内侧的街道宽 20m。城市排水是在街道两侧挖明沟，街道两旁种有槐树，称为“槐衙”。

3) 洛阳

隋、唐二朝继承了汉以来东西二京的制度，以洛阳为东都(图 4-3)。隋、唐东都洛阳

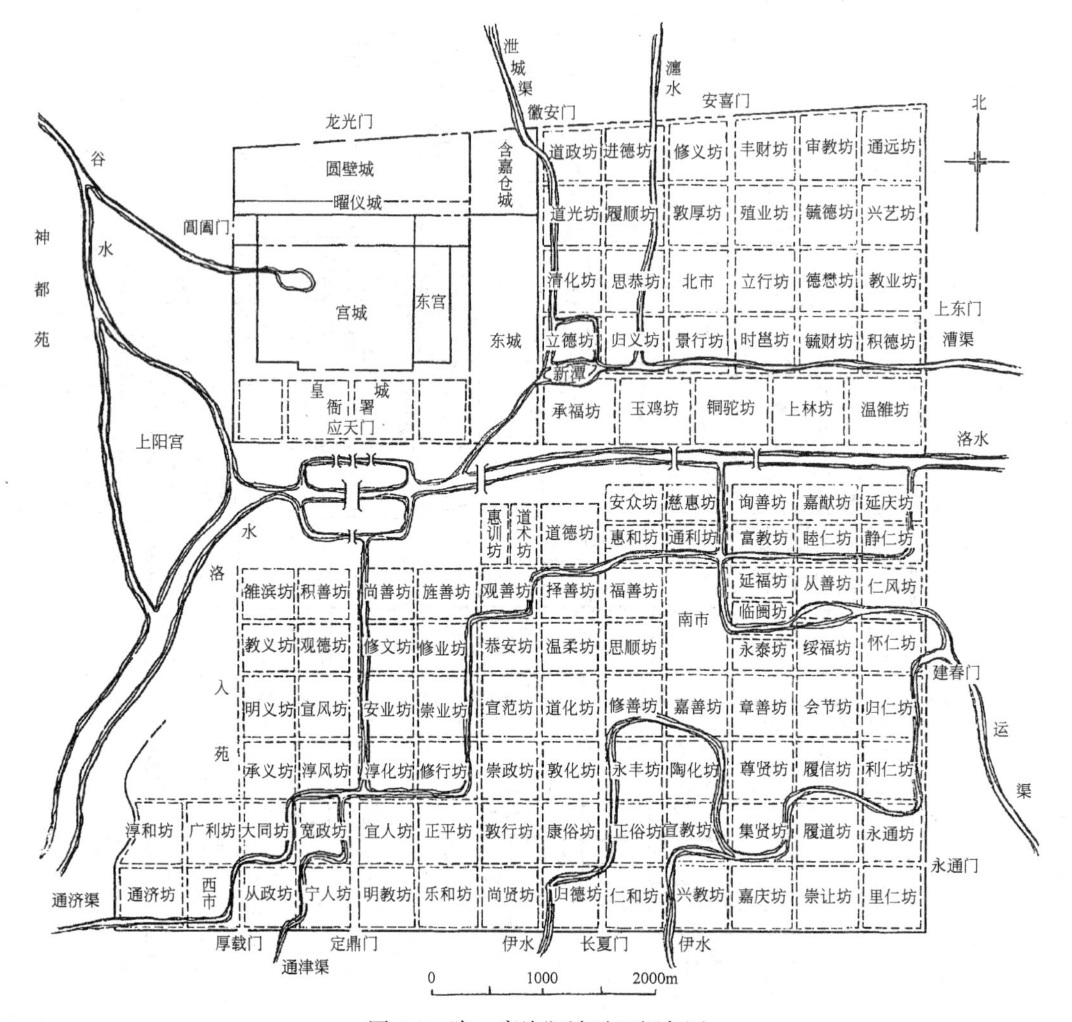

图 4-3　隋、唐洛阳城平面想象图

建于7世纪初，9世纪末，唐朝的首都自长安迁到洛阳。洛阳城位于汉魏洛阳城之西约10km，南北最长处7312m，东西最长处7200m，平面近于方形。洛水自西向东贯穿全城，把洛阳分为南北二区。城中洛水上建有4道桥梁，连接南区和北区。洛阳规模比长安略小。宫城偏于西北隅，以别于首都的规制。洛阳共有103个里坊，里坊平面作方形或长方形，坊内都是十字街，坊外的街道一般只宽41m，比长安的街道窄。三处市场分布在水运交通出入方便的地点。洛阳城内有谷水、洛水、伊水入注，水源充沛，漕运比长安畅通。唐高宗时在皇城西侧苑内建造了上阳宫，其作用和长安的大明宫相似。

4.1.2 宫殿

唐大明宫建于634年，位于长安城东北龙首原高地，宫城平面呈不规则长方形（图4-4）。全宫自南端丹凤门起，北达宫内太液池，为长达数里的中轴线，轴线上排列全宫的主要建筑：含元殿、宣政殿、紫宸殿，轴线两侧建造对称的殿阁楼台，后部是皇帝后妃居住和游宴的内庭。太液池依北部低洼的地形开凿而成，池中建有蓬莱山，周围布置亭台楼阁，成为宫内御苑。

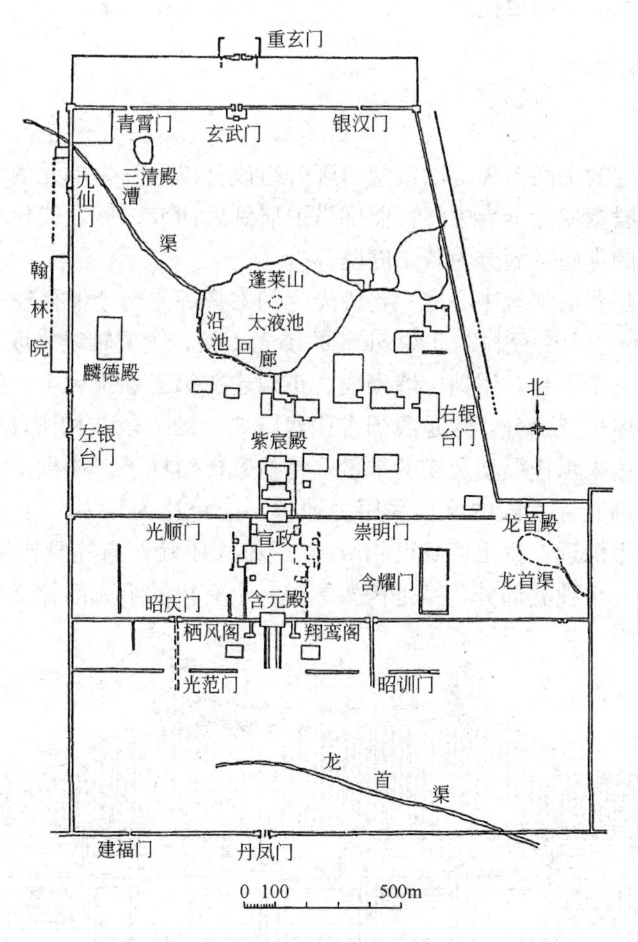

图4-4　唐长安大明宫总平面图

含元殿是大明宫正殿，据龙首原高处，距正门丹凤门610m，殿基高出平地10m多，面阔11间，前有75m的龙尾道，呈波浪状。左右两侧以曲线廊庑连接两座高阁，东为翔鸾阁，西为栖凤阁，这种“Π”形的平面布局，对明、清北京故宫午门具有一定影响（图4-5*a*、图4-5*b*）。大明宫另一组宫殿是麟德殿，由前、中、后三座殿组成，面阔11间，总进深17间，面积达5000m²，殿东、西两侧又有亭台楼阁衬托。

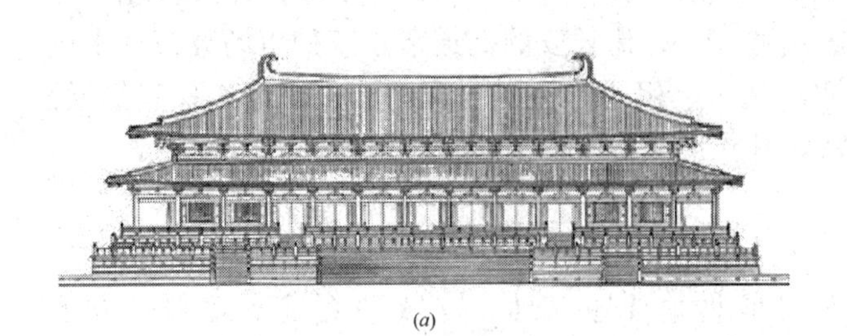

(*a*)

(*b*)

图4-5 唐大明宫含元殿

(*a*)唐大明宫含元殿外观立面复原图；(*b*)含元殿外观复原图

大明宫建筑是盛唐时期国家安定、财力雄厚、技术和艺术成熟的物质表现，同时也是以建筑暗喻皇权至上的精神象征。

4.1.3 寺院和佛楼

1）寺院

隋、唐时期佛寺的平面布局是以殿堂门廊等组成，以庭院为单元的组群形式，主体建筑采用对称布置。殿堂成为全寺中心，而佛塔退居到后面或一侧，或建双塔，矗立于大殿或寺门之前，较大的寺庙又划分为若干庭院。

唐朝，五台山是我国佛教中心之一，佛光寺和南禅寺是至今保存较完整的两处寺院。

（1）佛光寺。位于台南豆村东北约5km的佛光山腰，主要轴线采取东西向，寺的总平面适应地形处理成三个平台，用挡土墙砌成。正殿建在第三层平台上，建于857年。正殿分为台基、殿身、屋顶三部分，这是我国古代建筑典型的三段式构图（图4-6）。殿身与屋顶之间安置斗栱，用来承托梁枋及檐的重量，将荷载传给柱子。斗栱由于奇巧的形状而具有较强的装饰性。佛光寺大殿的屋顶采用庑殿顶，高跨比为1∶4.77，坡度相当平缓，显得稳重舒展，出檐很深远，挑出墙身近4m，斗栱雄大硕壮，与柱身比例1∶2，下连柱身上接梁、檩，既是一个独立部分，又是构架体中一个有机的组成部分。

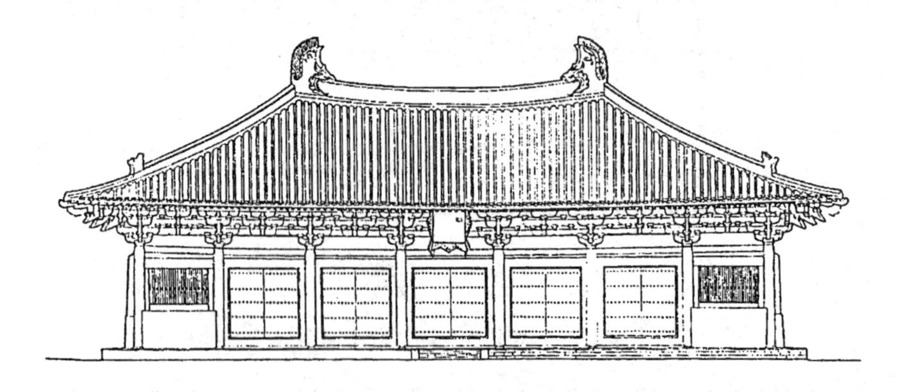

图4-6 山西五台县佛光寺大殿立面

大殿平面呈长方形，面阔九开间，进深四开间，柱网由内外两周柱组成，形成面阔五开间，进深二开间的内槽和一周外槽(图 4-7)。内外柱高相等，但柱径略有差别，柱身都是圆形直径，殿身柱子粗壮敦实，上端略带卷杀，并都沿正侧两个方向微向内倾斜，而且越靠边的柱子倾斜得越明显，这种做法叫侧脚。此外，柱列是从中间的柱子到两侧逐渐升高的，称作升起。这两种做法都对建筑结构起了稳定作用(图 4-8)。

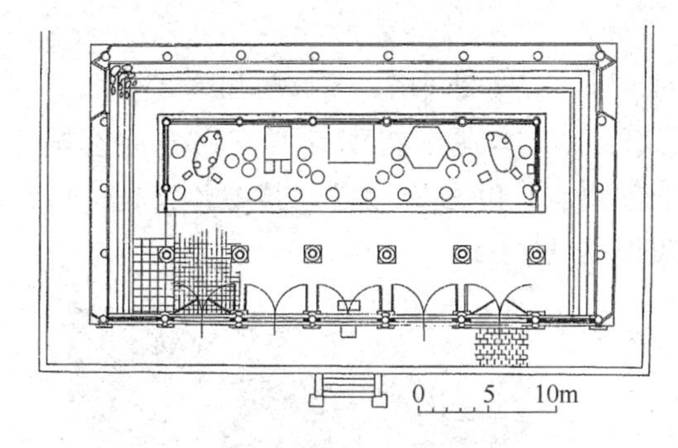

图 4-7　佛光寺大殿平面

图 4-8　佛光寺大殿剖面

佛光寺大殿在结构上采用的是梁架结构(图 4-9)。其做法是沿进深方向在石础上立柱，柱上架梁，梁上又立短柱，上架一较短的梁。这样重叠数层短柱，架起逐层缩短的梁架，最上一层立一根顶脊柱，就形成一组木构架。每两组平行的木构架之间，以横向的枋联系柱的上端，并在各层梁头和顶脊柱上，安置若干与构架成直角的檩子，檩子上排列椽子，承载屋面荷载，联系横向构架。

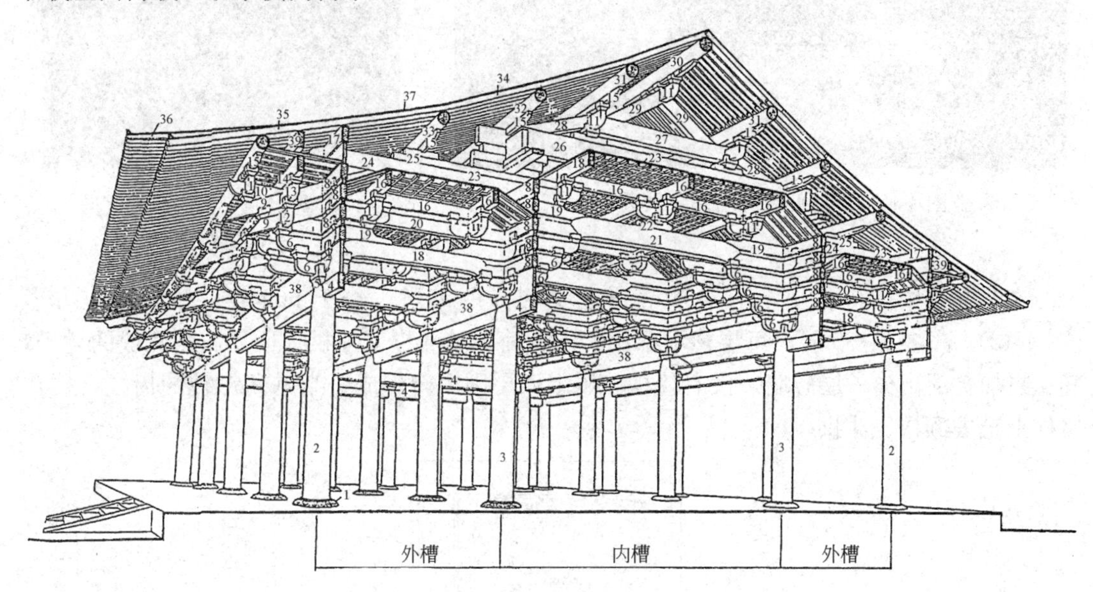

图 4-9　佛光寺大殿梁架结构示意图

1—柱础；2—檐柱；3—内槽柱；4—阑额；5—栌斗；6—华栱；7—泥道栱；8—柱头枋；9—下昂；10—耍头；11—令栱；12—瓜子栱；13—慢栱；14—罗汉枋；15—替木；16—平棋枋；17—压槽枋；18—明乳栿；19—半驼峰；20—素枋；21—四椽明栿；22—驼峰；23—平暗；24—草乳栿；25—缴背；26—四椽草栿；27—平梁；28—托脚；29—叉手；30—脊槫；31—上平槫；32—中平槫；33—下平槫；34—椽；35—檐椽；36—飞子(复原)；37—望板；38—栱眼壁；39—牛脊枋

佛光寺有一纪念性建筑物——经幢，全高 4.9m，直径 0.6m，形体较粗壮，装饰简单，下有须弥座，上覆宝盖，再置八角短柱。屋盖山花、蕉叶、仰莲宝珠。

(2) 南禅寺。建于 782 年，是山区中一座较小的佛殿，东西长 51.3m，南北长 60m，平面近方形，正殿平面面阔 11.62m，进深 9.9m，单檐歇山顶(图 4-10)，它建造的年代比佛光寺正殿稍早，是我国现存的一座最早的木结构建筑。

2) 佛塔

在南北朝时期，塔是佛寺组群中的主要建筑，到了唐朝，塔已经不位于组群的中心。但它对佛寺组群和城市轮廓面貌起着一定的作用。

隋、唐、五代的许多木塔都已不存在，现保存的砖塔，有楼阁式塔、密檐塔和单塔三种。

(1) 楼阁式塔。隋、唐、五代留下来的楼阁式塔中，有建于唐朝的西安兴教寺玄奘塔，西安香积寺塔，西安大雁塔，建于五代南越的苏州虎丘的云岩寺塔。其中，玄奘塔是中国现存楼阁式砖塔中年代最早和形制简练的代表作品(图 4-11)。

图 4-10　山西五台山南禅寺大殿外观

图 4-11　西安市兴教寺玄奘法师墓塔外观

玄奘塔是中国佛教史上有名的高僧玄奘和尚的墓塔，建于 669 年。塔平面呈方形(图 4-12)，高 21m，5 层，每层檐下都用砖做成简单的斗栱。斗栱上面用斜角砌成的牙子，其上再加叠涩出檐一层砖墙，没有倚柱，以上四层则用砖砌成一半八角形柱的倚柱，再在倚柱上隐去额枋、斗栱。

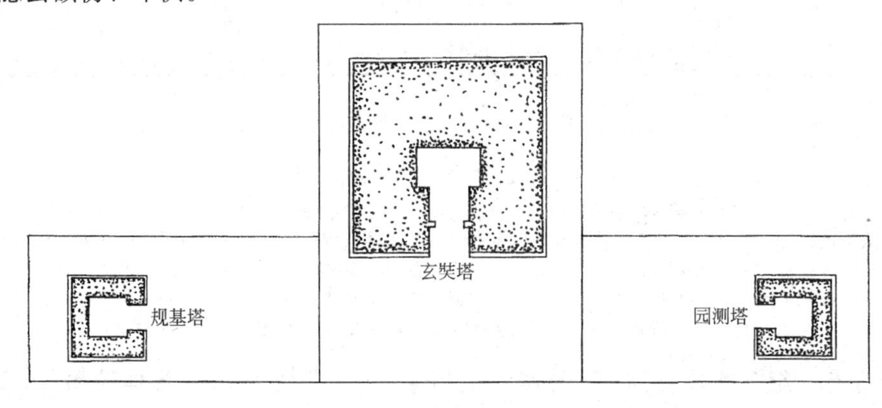

图 4-12　玄奘法师墓塔平面图

在我国仿木的楼阁式砖塔中，苏州虎丘云岩寺塔是最早用双层塔壁建造的佛塔(图 4-13)。塔建于五代时期，平面呈八角形(图 4-14)。塔体分为外壁、回廊、塔心壁、塔心室，底层原有副阶。塔高 7 层，残高 47m，大部分用砖，仅外檐斗栱中的个别构件用木骨加固，塔身逐层向内收进。

图 4-13　苏州虎丘云岩寺塔外观

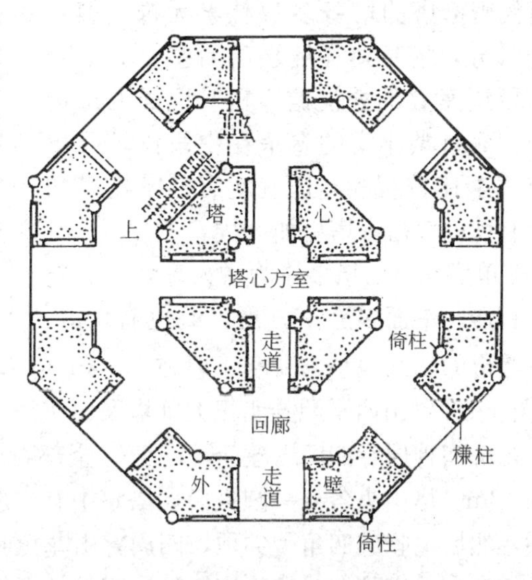

图 4-14　苏州虎丘云岩寺塔平面

(2) 密檐式塔。唐朝的密檐塔中，平面多作方形，外轮廓柔和，砖檐多用叠涩法砌成。实例有西安荐福寺小雁塔，云南大理崇圣寺千寻塔，河南嵩山的永泰寺塔和法王寺塔等。

荐福寺小雁塔建于 684 年(图 4-15)，塔平面方形，底层宽 11.25m，建于砖砌高台上(图 4-16)，有密檐 15 层，现存 13 层，残高约 50m，底层南北各开一门，塔室正方形，以上各层在壁面设拱门，底层壁面整洁，未置倚柱、阑额、斗栱等。各层均以砖叠涩出跳，上再置低矮平座。

图 4-15　西安荐福寺小雁塔外观

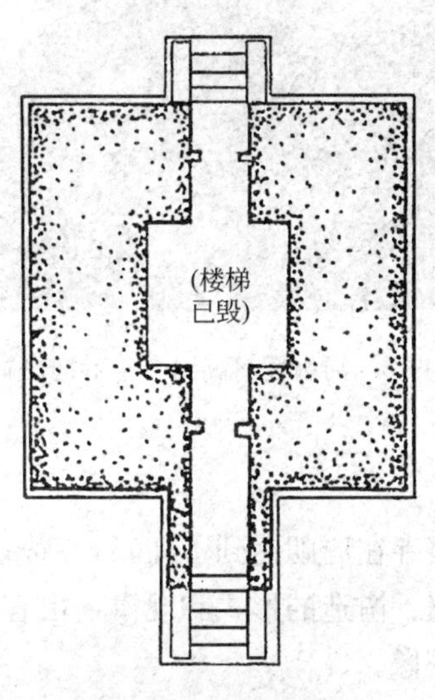

图 4-16　荐福寺小雁塔平面

云南大理崇圣寺千寻塔，建于南诏国最繁盛时期，是现存唐代最高的砖塔之一(图 4-17)，塔平面方形，高 60m，密檐 16 层，台基 2 层，塔的每一层四面设龛，相对两龛雕有佛像，另外两龛设窗，塔心成很小的筒体，塔内设有楼梯。

图 4-17　云南大理崇圣寺三塔(中间为千寻塔)

唐代密檐塔的塔身多数朴素无饰，但具有显著收分，塔身建在扁矮的台基上，塔身以上是层层密叠的叠涩檐。相对地面的出檐比较长，而且整座塔的卷杀在中段比较凸出而顶部收杀比较缓和，这就使唐朝密檐塔的外形较北魏的嵩岳寺塔更加挺拔。

(3) 单塔。单层塔多作为僧人墓塔，有砖造也有石造，平面多是正方形，但也有六角、八角或圆形的，规模小，高度一般在 3～4m 以内。其中河南登封县嵩山会善寺的净藏禅师塔(图 4-18)，山西平顺县明惠大师塔及山东济南神通寺四门塔都是重要例证。

山东济南神通寺四门塔建于 611 年，全部石建(图 4-19)。平面方形，每面宽 7.38m，全高约 13m。塔中央各开一圆拱门，塔室中有方形塔心柱，柱四面皆刻佛像。塔檐挑出叠涩五层，然后上收成四角攒尖顶，四周置山花蕉叶，顶上有方形须弥座，中央安置一座雕刻精巧的刹。全塔除刹略带装饰性外，都是朴素的石块所构成。

图 4-18　河南登封嵩山会善寺净藏禅师塔

图 4-19　山东济南神通寺四门塔

4.1.4　石窟

石窟寺在唐朝达到了高峰，凿造石窟的地区，由南北朝的华北地区范围扩展到四川盆地和新疆。凿造的形式和规模，由容纳高达 17m 多大像的大窟到高仅 30 cm 乃至 20cm 的小浮雕壁像。

石窟在窟型上的演变过程：隋基本上和北朝相同，多数有中小柱；初唐盛行前后二室，后室供佛像，前室供人活动；盛唐改为单座大厅堂，只有后壁凿佛龛容纳佛像，接近于寺院大殿的平面。唐代主要凿就的石窟分布在龙门和敦煌。龙门奉先寺是龙门石窟中最大的佛洞，南北宽30m，东西长35m，672年开凿，675年完成。主像卢舍那佛通高17.14m，两侧有天神、力神等雕刻(图4-20)。此外，敦煌、龙门和四川乐山等处开凿的摩崖大像是唐以前所没有的(图4-21)，这些像都覆以倚崖建造的多层楼阁。

图4-20 河南洛阳龙门石窟主像卢舍那佛

图4-21 四川乐山大佛

4.1.5 陵墓

唐朝陵墓主要利用山形，因山而坟。在唐朝18处陵墓中，仅3陵(献陵、庄陵、端陵)位于平原，其余均利用山丘建造。在唐陵中，唐高宗与皇后武则天合葬的乾陵最具代表性。

乾陵位于乾县北梁山上，梁山分三峰，北峰居中，乾陵地宫即在北峰凿山为穴，辟隧道深入地下。乾陵地上情况是：主峰四周为神墙，平面近方形，四面正中各辟一门，各设门狮一对，神墙四角建角楼。南神门内为献殿遗址，门外列石象生，自南往北：华表、飞马、朱雀各1对，石马5对，石人10对，碑1对，华表南既东西乳峰，上置乳阙，阙南又有双阙为陵南端入口(图4-22*a*、图4-22*b*)。

(*a*)

(*b*)

图4-22 陕西乾县乾陵墓道

(*a*)乾陵墓道；(*b*)乾陵墓道两侧石象生

乾陵附近陪葬近亲的墓有17处，其中之一即高宗的孙女永泰公主夫妇的墓，位于乾陵东南2.5km。陵台为55m×55m，高11.3m的梯形方土台。神道东西长214m，南北长267m，四角有角楼，正南有夯土残阙1对。阙前依次列石狮1对，石人2对，华表1对。地下部分总长约87.5m，轴线较地上轴线偏东8.65m。轴线上依次为墓道、甬道和前后两个墓室，主要墓室在夯土台正下方，深16m。墓道、甬道、前后墓室壁面均加绘画，有龙虎、宫阙、仪仗、侍女等，顶部绘日月群星天象，又有柱枋、斗栱、平棊等(图4-23*a*、图4-23*b*)。

(*a*)

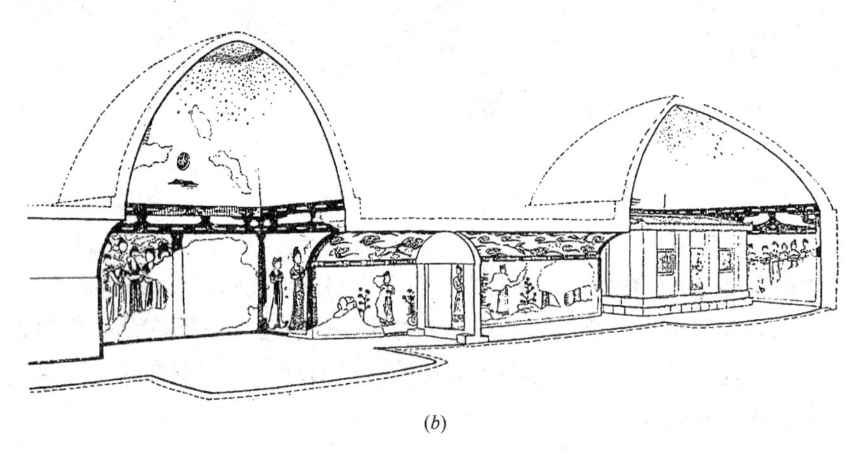

(*b*)

图4-23 唐永泰公主墓室遗址

(*a*)唐永泰公主墓室壁画；(*b*)唐永泰公主墓室剖视

五代时期的陵墓曾发掘过的有：南京附近的南唐李昇的钦陵、李璟的顺陵及成都前蜀王建的永陵。

4.1.6 住宅

隋、唐、五代，贵族宅地用乌头门，作为地位标识之一，常用直棂窗回廊绕成庭院，房舍不必拘泥对称布局。这时的贵族、官僚不仅继续南北朝时期造园传统，还在风景秀丽的郊外营建别墅。

唐到五代是中国家具大变革时期，席地而坐的习惯已基本绝迹，取而代之的高坐式家具已普遍使用。出现的家具有长桌、方桌、长凳、腰圆凳、扶手椅、靠背椅、圆椅等。

4.1.7 园林

隋唐时期，曾大规模兴建宫室园囿。隋文帝时建大兴苑，隋炀帝时在洛阳建西苑，唐朝建南苑，长安城的东南隅的曲江曾一度是名胜风景区。在洛阳，因有洛水与伊水贯城，达官贵戚则引水开池，营建私园。

唐代园林的发展曾影响日本与新罗，同时也促进了盆景的出现。

五代时，江南的经济有了一定的发展，苏州经历了一个造园的兴盛期，广州的南苑药洲至今留下“九曜石”中的五块石，成为我国现存最早的园林遗石。

4.1.8 安济桥

横跨河北赵县洨河上的安济桥，是在隋朝匠师李春的主持下，于605～617年建造的。桥长37.37m，高7.23m，两肩各有两个小石券，是世界上现存最古的敞肩桥（图4-24）。在结构上，大拱由28道宽34cm的单券并列砌成，这种拱桥不仅可减轻桥的自重，增强主券的稳定性，而且能减少山洪对桥的冲击力。安济桥在技术上、造型上都达到了很高的水平，是我国古代石建筑的瑰宝。

图4-24 河北赵县安济桥

4.1.9 隋、唐、五代时期建筑材料、技术和艺术

建筑材料有砖石、瓦、玻璃、石灰、木、竹、金属、矿物颜料和油漆等。砖的应用逐步增加，如砖墓、砖塔，石砌的塔、墓和建筑也很多，石刻艺术则多见于石窟、碑和石像方面。

瓦有灰瓦、黑瓦和琉璃瓦三种。灰瓦用于一般建筑，黑瓦用于宫殿和寺庙，琉璃瓦以绿色居多，蓝色次之，还有用木作瓦，外涂油漆。

在木材方面，木建筑解决了大面积、大体量的技术问题，并已定型化。特别是斗栱，构件形式及用料均已规格化(图4-25)，说明当时的用材制度已经确立。用材制度的出现，又反映了施工管理水平的进步，加速施工速度，便于控制用材用料，同时又起到促进建筑设计的作用。

图4-25 隋唐、五代时期斗栱

在金属材料方面，用铜铁铸造的塔、幢、纪念柱和造像等日益增加，如五代时期南汉铸造的千佛双铁塔。

在建筑构件方面，房屋下部的台基，除临水建筑使用木结构外，一般建筑用砖、石两种材料，在台基外侧设散水。

在屋顶形式方面，重要建筑物多用庑殿顶，其次是歇山顶与攒尖顶。极为重要的建筑则用重檐。

总的来说，隋、唐、五代时期建筑方法及风格是：规模宏大，气魄雄浑，用料考究，格调高迈。

4.2 宋、辽、金时期的建筑(960～1279年)

960年，宋太祖赵匡胤夺取后周政权，建立宋朝，统一了黄河以南地区，结束了五代十国分裂与战乱的局面。北方则有契丹族的辽朝政权，与北宋对峙。北宋末年，长白山一带的女真族建立金，向南扩展，先后灭了辽和北宋，而后形成了金与南宋对峙的局面，直至蒙古族灭金，灭南宋建立元朝。

北宋统一政权后，采取了一系列措施，使农业得以恢复和发展，同时手工业分工更加细密，科学技术和生产工具更趋进步，产生了指南针、活字印刷、造纸和火药等伟大的发明创造。作坊集中于城镇，规模不断扩大，促进了城市的繁荣与发展。南宋时中原人口大量南移，南方的手工业、商业发展起来。以上这些条件同时促进了建筑的多方面发展，使建筑水平达到了新的高度，城市布局打破了汉、唐以来的里坊制度，形式按行业成街的情况。木建筑采用了古典模数制，形成了建筑构件的标准化，砖石建筑的水平达到新的高度，建筑装修与色彩有很大的发展，园林在此时日渐兴盛。

在中国东北的契丹族原是一个游牧部落，后来吸取汉族文化，逐渐强盛，建立辽朝，其建筑技术和艺术受到唐末至五代时期建筑的影响，因此在建筑上保持了许多唐朝的风格。

女真族建立金朝，占领中国北部地区，吸取了宋、辽文化，因此在建筑方面形成了宋辽掺杂的情况，同时金代的建筑装修具有和宋代不同的作风，有了不少的发展。

4.2.1 城市建设

宋、辽、金时期，由于手工业和商业的发展，全国出现了若干中型城市，主要有北宋东京汴梁，西京洛阳，南宋临安，辽南京与金中都及宋扬州、平江等。

1) 东京汴梁

东京汴梁地处江南和洛阳之间的水陆交通要冲，其前身是唐朝的汴州，原是一个地方首府，建都时，改州、衙为宫城，州城变内城，又外建一圈罗城(图4-26)。宫城是宫室所在地，又称大内，位于内城中央偏西北，在宫城南北轴线的南部排列着外朝宫殿，最前面是大庆殿，是皇帝大朝的地方，其次是常朝紫宸殿。在轴线西面，有与之平行的文德、垂拱二殿，作日朝和饮宴之用。外朝以外是皇帝的寝宫与内苑。内城除主要宫殿外是衙署、寺观、王公宅第以及住宅、商店、作坊等。罗城西有琼林苑、金明池；东有东御苑；南有玉津园；北有撷景园。东京汴梁的建设与唐以前的城市发生了重要变化，城市规划较唐长安小，建筑密度大，土地利用率高，在城市布局上也打破了里坊制度，形成按行业成街的情况。住宅和店铺、作坊等都面临街道建造。城市道路，宋以前均是土路，宋时出现砖石路面。城中主要街道均是通向城门的大街，路面宽阔，其他街道则比较狭窄。城中绿化继承隋唐长安、洛阳传统，在街道两侧栽植各种果树，御沟内植荷花。

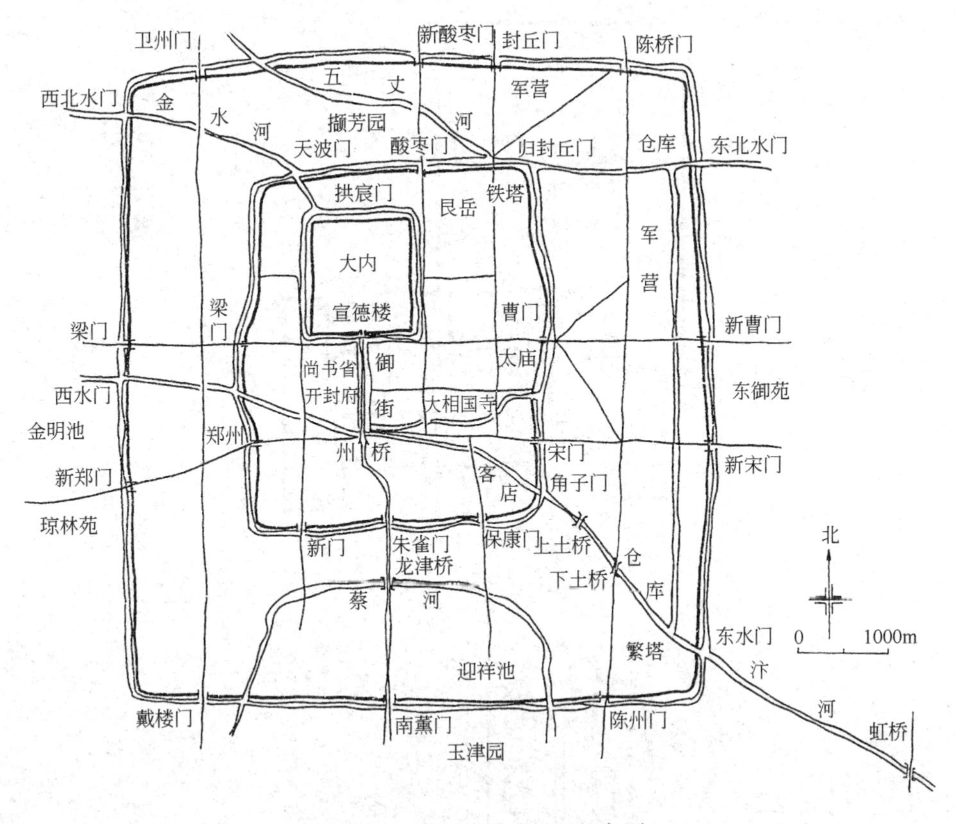

图 4-26 北宋东京城平面想象图

2) 平江

平江(今苏州)曾是春秋时期吴国的都城，自唐以来就是一座手工业和商业十分繁荣的城市。城的平面为长方形，南北长，东西短，城内街道纵横平直，路面多为砖砌。城内河道密布，状如网络，河上共有大小桥梁 300 余座。平江城在交通方面布置了水道和陆路两套系统，成为水乡地区城市布局的典型。

4.2.2 寺院 、佛塔及祠庙、经幢

1) 寺院

(1) 河北正定隆兴寺。原名龙藏寺，宋初改建后称隆兴寺，它是宋朝佛寺总体布局的一个重要实例。平面呈狭长形，主要建筑自南向北排列于中轴线上，依次是山门、大觉六师殿遗址、摩尼殿、佛香阁、慈氏阁、转轮藏殿及弥陀殿，这组建筑是我国典型的佛教寺院布局(图 4-27)。

隆兴寺的山门与天王殿共用，天王殿后是大觉六师殿，建于宋神宗年间，是寺内主要殿宇，现已不存在。

摩尼殿建于北宋皇祐四年(1052 年)，殿基为方形，面阔 7 间约 35m，进深 7 间约 28m，重檐九脊殿顶，四周正中出抱厦，使建筑体形富于变化，正面开窗，殿身全是厚墙围绕，大殿外观别致，檐柱有侧脚及升起(图 4-28)。

摩尼殿后 50m 处有两座形体相同的建筑相对而立，左为转轮藏，右为慈氏阁。这两座建筑都是两层，重檐歇山顶，大小相同，但结构各异。转轮藏殿(图 4-29)内部下层柱

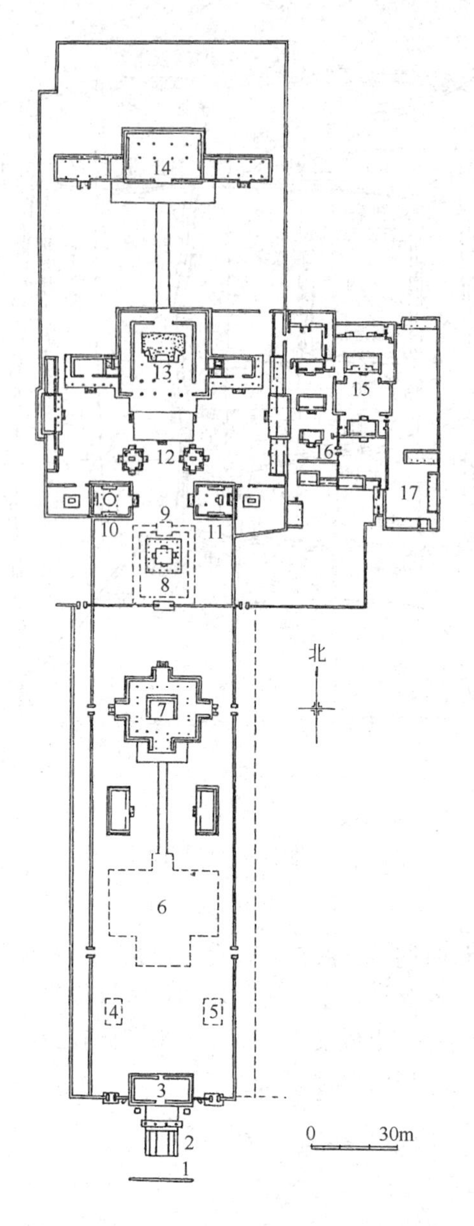

图 4-27 河北正定隆兴寺总平面

1—照壁；2—石桥；3—山门；4—鼓楼；5—钟楼；6—大觉六师殿；7—摩尼殿；8—戒坛；9—韦驮殿；10—转轮藏殿；11—慈氏阁；12—碑亭；13—佛香阁；14—弥陀殿；15—方丈室；16—关帝庙；17—马厩

子，为容纳八角形转轮藏，把两中柱外移，与檐柱组成六角形平面，同时上下两层间没有平座、暗层。这种以高阁为全寺中心的布局方法反映了唐末至北宋期间高型佛寺的特点。

佛香阁又称大悲阁(图 4-30)，是寺中最高大建筑，3 层，高 33m，歇山顶，上两层全用重檐，并有平座，阁内有高 24m 的千手千眼铜观音，是留传至今中国古代最大的铜像。

(2) 山西大同华严寺、善化寺。山西大同的华严寺和善化寺均是辽、金时期的代表建筑，华严寺分上、下二寺，上寺的大殿建于金朝，殿身面阔 9 间 53.9m，进深 5 间 27.5m，体形庞大，是至今发现的古代单檐木建筑中体量最大的一座(图 4-31)。下寺建于辽代。

图 4-28　隆兴寺摩尼殿外观

图 4-29　隆兴寺转轮藏殿外观

图 4-30　隆兴寺佛香阁外观

图 4-31　大同华严上寺大殿外观

善化寺现存主体建筑有山门、三圣殿、普贤阁和大雄宝殿，大雄宝殿建于辽代，其他皆为金代作品。每座建筑均有各自特点，殿宇高大，院落开阔，是一座比较古老的建筑群体，它与大同其他辽代建筑相印证，可以看出辽、金两代建筑的演变(图 4-32)。

(3) 天津蓟县独乐寺。独乐寺现存建筑中的山门(图 4-33)和观音阁(图 4-34)，建于辽代，观音阁面阔 20.23m，高 22.5m，其结构和唐朝佛光寺东大殿类似，并且还利用这种结构的特点，使内部中心部分形成一个通联三层的空井，以容纳阁中一座高 16m 的辽塑十一面观音像(图 4-35)。此像造型精美，是现存中国古代最大的塑像。历史上独乐寺经历了 28 次地震，而观音阁至今仍巍然屹立，足以证明其结构的牢固与稳定性。

图 4-32　大同善化寺大雄宝殿外观

图 4-33　天津蓟县独乐寺山门外观

图 4-34　独乐寺观音阁外观

图 4-35　观音阁内观音像

2) 佛塔

我国楼阁式塔的兴盛期从唐一直延续到宋，现存的此类塔中，宋朝最多；而密檐塔到辽、金才达到兴盛期，隋唐多为正方形，辽金多为八角形，并将塔基和低层装饰得十分华丽。

(1) 楼阁式塔。宋、辽、金时期最具典型的是山西应县佛宫寺释迦塔和江苏苏州报恩寺塔。

应县佛宫寺塔又称应州塔，建于辽清宁二年(1056 年)，是国内现存惟一辽代木塔(图 4-36)。塔位于南北中轴线上的山门与大殿之间，属"前塔后殿"的布局(图 4-37)。

图 4-36　山西应县佛宫寺释迦塔外观

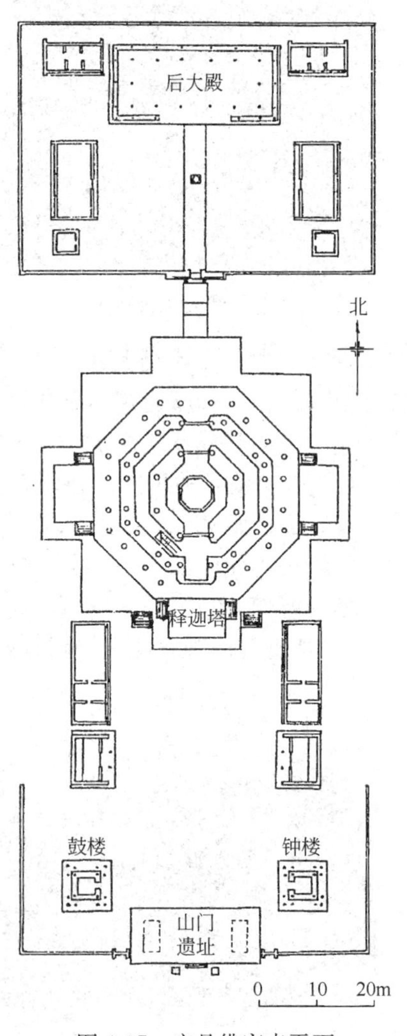

图 4-37　应县佛宫寺平面

塔建在方形及八角形的二层砖台基上，塔身平面八角形，高9层，有4个暗层，外部是5层，最下层是重檐，共有6层檐，塔高达67.31m，底层直径30.27m。木构架柱网和构件采用内外槽制度，功能上内槽供佛，外槽为人流活动的空间。在结构上，外槽和屋顶使用明栿、草栿两套构件。平面采用八角形，比方形平面更为稳定，同时使用双层套筒式的平面和结构，不但扩大了空间，而且增强了塔的刚度，迄今900多年经历多次地震，仍然完整屹立。在用料上，除第一层的柱子外，没有过长过大的料，也没有过小的料，所以构件种类虽多，但彼此联系紧密，总之，这座木塔不但是世界上现存的最高的木结构建筑之一，而且在当时的技术条件下，塔的造型和结构达到较高的水平，说明当时中国的木结构建筑所取得的重大成就。

图4-38　苏州报恩寺塔

苏州报恩寺塔又称北寺塔，建于南宋，塔高9层，71.85m，平面八角形，木外廊砖塔身，“双套筒”式砖筒结构(图4-38)。

(2) 密檐式塔。山西灵丘县觉山寺塔是一座保存较完好的辽代密檐塔，寺内建筑为清代所建，唯此塔建于辽代(1089年)，塔平面八角形，由外塔、回廊及塔心柱组成(图4-39)。密檐13层，塔下有方形及八角形基座二重，上置两层须弥座。第二层的须弥座上有斗栱及平座，须弥座束腰角部及壶门间雕刻力神，壶门内浮雕佛像，平座栏板饰以几何纹样及莲花，形制十分精美，平座以上再以莲瓣三重托八角形塔身。塔底层转角置圆倚柱，正向四面有门，但东、西两面为假门，余四面假窗。屋檐以下用砖砌出额枋、斗栱(图4-40)。

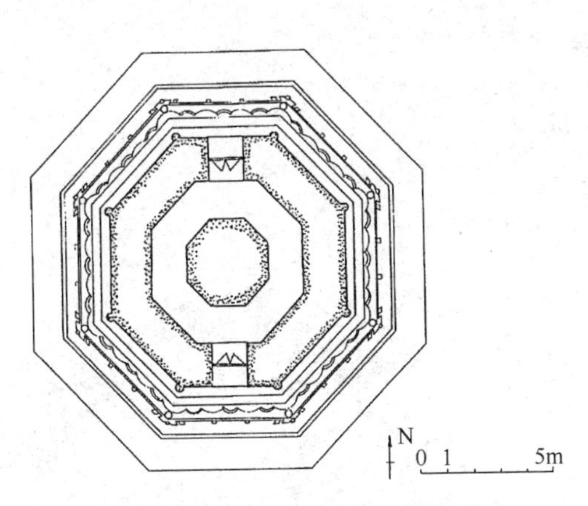

图4-39　山西灵丘县觉山寺塔平面

图4-40　觉山寺塔外观

塔心室呈八角形，室中央建塔心柱，这和其他辽塔做法不同。在造型上，从第二层起，层高和层宽有递减，各层均有斗栱出挑檐，二层以上的斗栱均减一跳。

此外，辽代密檐塔中，北京天宁寺塔也是其中的一座。

3）祠庙

宋、辽、金时期，祠庙建筑主要有山西太原晋祠及山西万荣县汾阴后土庙，后者毁于16世纪末的水灾。

图4-41 山西太原晋祠圣母殿外观

山西太原晋祠，位于太原西南悬瓮山下，现有建筑中，圣母殿、飞梁建于北宋，献殿建于金代，其他建筑都建于明、清。

圣母殿是一组带有园林风味的祠庙建筑(图4-41)，建于北宋天圣间(1023～1031年)，崇宁元年(1102年)重修，东西面阔7间，进深6间，重檐歇山顶，高约16m，四周施围廊(图4-42*a*、图4-42*b*)。圣母殿在建筑功能和结构上独具匠心，殿的围廊曲梁只有3m，显得狭窄局促，于是采用减柱法减去殿身前檐的5根柱子，使前面围廊的空间向里面扩展一间，达到8m深(图4-42*c*)。这种设计和结构方法，都是前所未有的，反映了宋代匠人处理建筑功能和结构技术的新水平。内部空间的处理也采用了减柱的方法，减去所有的内柱，使内部空间开阔完整。内部减柱的结果使上部大梁长达11m，对木构建筑来说是相当可观的。

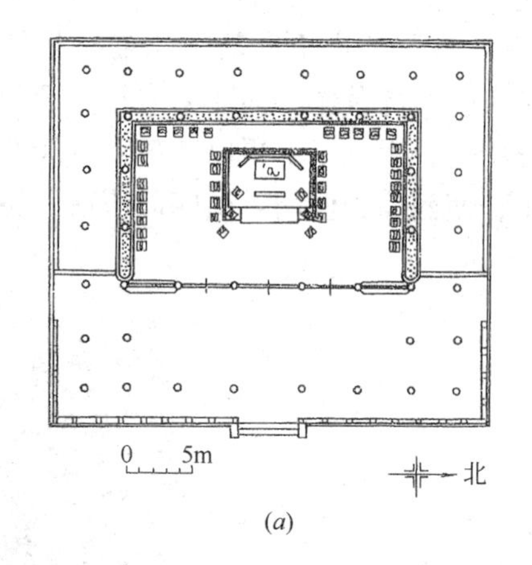

(*a*)

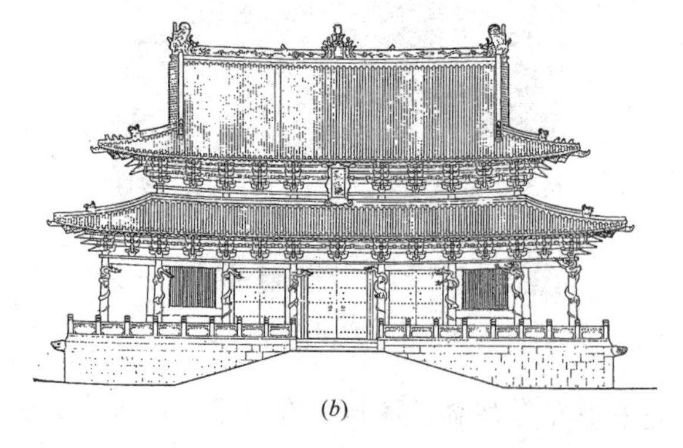

(*b*)

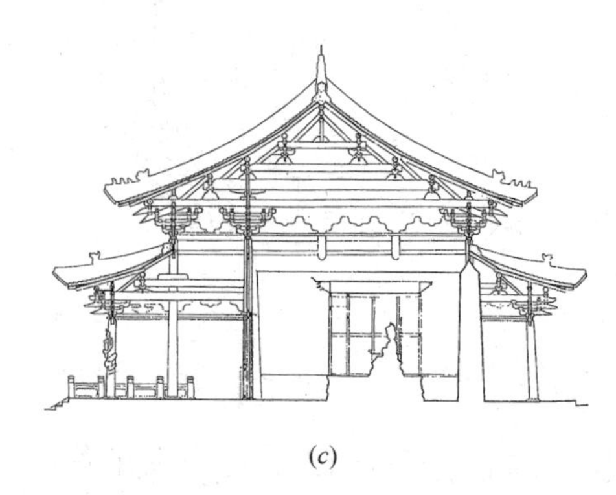

(*c*)

图4-42 晋祠圣母殿

(*a*)晋祠圣母殿平面；(*b*)晋祠圣母殿立面；(*c*)晋祠圣母殿剖面

飞梁是圣母殿前方形鱼沼上一座平面十字形的桥，四向通到对岸，对圣母殿起到殿前平台的作用，其结构是在水中立柱，柱上置斗栱、梁木，再覆以砖(图4-43)。

另外，在圣殿内有40尊侍女塑像，是宋塑中的精品。

4) 经幢

经幢是佛教建筑中的一种新类型，于7世纪后半期传入我国，经唐、五代到北宋达到高峰。唐代经幢装饰简单，体形粗壮。宋代经幢高度增加，比例瘦长，幢身分为若干段，装饰华丽，雕刻精美，以河北赵县陀罗尼经幢最具典型。

赵县经幢建于北宋宝元元年(1038年)，全部石造，高15m，底层须弥座约6m见方，其上建八角形须弥座两层。这三层须弥座的束腰部分，雕刻力神、仕女、歌舞乐伎等。而上层须弥座每面雕刻廊屋各三间，再上以宝山承托幢身，其上各以宝盖、仰莲等承受第二层、第三层幢身，再上雕刻八角城及释迦游四门故事。自此以上三层幢身减小减低(图4-44)。

图4-43　晋祠圣母殿前飞梁

图4-44　河北赵县陀罗尼经幢

赵县经幢各部比例均匀，在造型和雕刻上都达到很高水平，是国内罕见的石刻佳品。

4.2.3　陵墓

宋有八陵：永安陵、永昌陵、永熙陵、永定陵、永昭陵、永厚陵、永裕陵、永泰陵。八陵形成一个陵区，集中在河南巩县境内嵩山北麓岗地上。

宋陵由于经营建造的时间甚短，因此规模不及唐陵。

宋陵的制度是：上宫，神墙围绕成正方形，四面各辟神门，门外各有一对门狮。中间为陵台，截顶方锥体夯土台，地下为地宫。南神门外为入口引导部分。最南为鹊台，即双阙；北岳一段路为乳台，亦双阙；乳台侧立华表、石象生(图4-45)。各陵形制相同，只有尺度有别。

图4-45　河南巩义宋陵神道石象生

以永昭陵为例，其鹊台至北神门轴线长551m，神墙边长242m，陵台底边长56m，高13m。下宫，为生人日常生活处，日常驻有管理陵园的官吏或宫女，设厨、贮藏、盥洗等场所。各陵各占一定地段，称“兆域”，其内布置上宫、下宫及陪葬墓，以荆棘为篱，遍植柏树。

北宋是保持古代方上陵制的最后时期。南宋诸帝葬于绍兴，采取暂时寄厝的形式，以便将来归葬先茔。所有这些都说明宋代是陵制的转折点。

4.2.4 住宅

宋代的住宅，据当时留下的绘画作品和一些古书上记载，一般分成三类。

第一类是城乡一般住宅。农村住宅一般是简陋、低矮的茅屋，有些是茅屋和瓦屋相结合；城市里的住宅多半为瓦屋，呈长方形平面，屋顶多为悬山或歇山顶，正面的引檐与山面的两厦多用竹篷或在屋顶上加建天窗，转角屋顶将两面正脊延长，构成十字相交的两个气窗；稍大的住宅，有门窗、厅堂、廊庑，还有的在大门里边建照壁，呈四合院式布置，院内栽花植树，美化环境。

第二类是贵族、官僚的住宅。房屋外均建有乌头门或门屋，住宅的整体布局，基本上是沿袭汉朝以来的传统，前面是堂屋，后面是住房，即为前厅后寝的布局方式，中间常用穿廊连接成为工字形平面。廊庑常由厢房代替，房屋的形式多为悬山式。

第三类是园林住宅。宋代园林住宅随地区的不同，具有不同的风格。总的来说，住宅庭院的园林化对后世产生了很大的影响。

宋、辽、金时期，完全改变商周以来的跪坐习惯及其有关家具等，这时期的桌椅等家具在民间十分普遍。如圆形和方形的高几，琴桌与床上的小炕桌等。

随着起坐方式的改变，家具的尺度也相应地增高了，这对建筑室内高度有一定的影响。

4.2.5 园林

北宋、南宋时，建造了大量的宫殿园林和私家园林。“艮岳”是北宋末年在宫城东北营建的奢华苑囿。采运的“花石纲”就集中在这里。私家园林随地区的不同，有不同的风格。洛阳园林规模大，具有别墅性质，引水凿池，遍植花卉竹木，累土为山，很少叠石，建少数的厅堂台榭，整个园林富于自然情趣。同时，采用借景是其突出的特点；江南一带对景是其造园的一个重要特点。同时园林中建筑较多，盛植牡丹芍药，叠石造山，引水为池，都是这时苏州园林的特点。杭州、吴兴等处的园林则多利用自然风景进行改造。

金代统治集团，在宫殿制度上极力模仿宋代，园林兴建，也不亚于宋。金中都苑园有：琼林苑、广乐园、熙春园、芳苑、北苑、东园、西园、南园等。

4.2.6 《营造法式》

《营造法式》是在王安石变法期间，由将作监李诫编著，这是我国古代最完整的建筑技术书籍。全书357篇，3555条，其中有308篇、3272条是历来工匠相传的(图4-46*a*、图4-46*b*)。

《营造法式》一书于北宋崇宁二年(1103年)，北宋政府为了管理宫室、坛庙、官署、府第等建筑工作而颁布的。

(*a*)

1—飞子；2—檐椽；3—撩檐枋；4—斗；5—栱；6—华栱；7—下昂；8—栌斗；9—罗汉枋；10—柱头枋；11—遮椽板；12—栱眼壁；13—阑额；14—由额；15—檐柱；16—内柱；17—柱櫍；18—柱础；19—牛脊扶；20—压槽枋；21—平榑；22—脊榑；23—替木；24—襻间；25—驼峰；26—蜀柱；27—平梁；28—四椽栿；29—六椽栿；30—八椽栿；31—十椽栿；32—托脚；33—乳栿(明栿月梁)；34—四椽明栿(月梁)；35—平棋枋；36—平棋；37—殿阁照壁板；38—障日板（牙头护缝造）；39—门额；40—四斜球文格子门；41—地栿；42—副阶檐柱；43—副阶乳栿(明栿月梁)；44—副阶乳栿(草栿斜栿)；45—峻脚椽；46—望板；47—须弥座；48—叉手

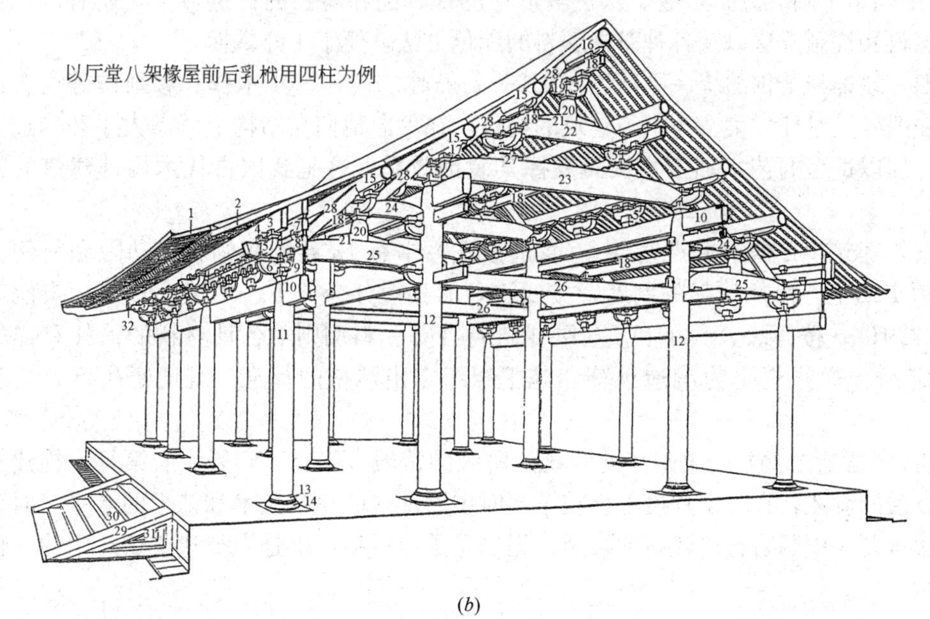

(*b*)

1—飞子；2—檐椽；3—撩檐枋；4—斗；5—栱；6—华栱；7—栌头；8—柱头枋；9—栱眼壁板；10—阑额；11—檐柱；12—内柱；13—柱櫍；14—柱础；15—平榑；16—脊榑；17—替木；18—襻间；19—丁华抹额栱；20—蜀柱；21—合楮；22—平梁；23—四椽栿；24—札牵；25—乳栿；26—顺栿串；27—驼峰；28—叉手、托脚；29—副子；30—踏；31—象眼；32—生头木

图 4-46　宋《营造法式》大木作制度示意图

(*a*)殿堂；(*b*)厅堂

《营造法式》分五个组成部分，即释名、各作制度、功限、料例和图样，共34卷，前面还有“看详”和目录各一卷。

“看详”说明若干规定和数据，如定垂直和水平的方法，按不同季节定劳动日的标准等的依据。

第1卷和第2卷是《总释》和《总例》，考证每一个建筑术语在古代中的名称及书中所用的名称，并订出“总例”。

第2卷至第15卷是壕寨、石作、大木作、小木作、雕作、旋作、锯作、竹作、瓦作、泥作、彩画作、砖作、窑作等13个工种的制度，大木作和小木作制度共占8卷，其中最重要的是大木作制作。它首先规定，一切大木作的尺寸和比例都用“材”作基本模数。

第16卷至第25卷按照各作制度，规定各工种的构件劳动定额和计算方法。

第26卷至第34卷是图样。包括测量工具、大木作等的平面图、断面图、构件详图及各种雕饰与彩画图案。

《营造法式》一书的特点主要有以下几个方面：

第一，模数的指定和应用。大木作制度规定“材”的高度为15“分”，斗栱的两层栱间的高度为6“分”，称为“栔”。大木作的一切构件几乎全部用“材”、“栔”、“分”来确定。

第二，设计具有灵活性。由于对组群建筑的布局和单位建筑没有作出明确的规定，因此在设计时可按具体情况，对各作构件的比例尺度发挥设计者的创造性，这符合实际工作的特点，是《营造法式》的一个重要特点。

第三，技术经验的总结。为了工作的方便，在实际工作中总结大量的技术经验。如在《总例》中列举了圆、方、六棱、八棱等形体的径、围和斜长的比例数字，还有砖、瓦和琉璃的配料和烧制方法以及各种彩画颜料的配色方法，便于工匠掌握。

第四，装饰与结构的统一。《营造法式》对石作、砖作、小木作、彩画作等均有详细的条纹和图样。对柱、梁、斗栱等建筑的构件，在考虑他们在结构上所需大小和构造方法的同时，加以适当的艺术加工，从而发挥其装饰效果，这是我国古代木构件建筑的特征之一。

第五，建筑生产管理的严密性。《营造法式》中有13卷的篇幅叙述功限和料例。在计算劳动定额上，沿用唐朝的制度，按四季日的长短分为长工、中工、短工。工值对每一工种的构件，按等级、大小和质量要求进行计算。料例则对各种材料的消耗有详尽而具体的定额。这些规定为编造预算和施工组织定出严格的标准，既便于生产，又利于检查。

总之，《营造法式》一书对于北宋统治阶级的宫殿、寺庙、官署、府第等木构建筑所使用的方法的叙述，在一定程度上反映了当时中原地区的建筑技术和艺术的水平，对于研究宋朝建筑乃至中国古代的建筑的发展，提供了重要资料，也是人类建筑遗产中的一份珍贵的文献。

4.2.7 宋、辽、金时期建筑材料、技术和艺术

新材料的出现，技术的进步和建筑功能及社会意识形态的要求，促使宋代建筑风格朝着柔和、秀丽的方向发展。

在材料方面，砖的生产和使用十分广泛，不少城市出现了砖砌城墙与砖铺道路，全国

各地也出现了规模巨大的砖塔、砖墓。同时琉璃砖瓦应用于塔上，河南开封佑国寺塔，则是在砖砌塔身外面加砌了一层铁色琉璃面砖，这是我国最早的琉璃塔，是预制贴面砖的一个重要典范，同时它在镶嵌方法方面体现出一种不同的艺术效果。

在技术方面，木构建筑有了许多变化，砖石建筑则达到了一种新的高度。

在木结构技术方面，宋、辽、金时期有了新的改变，如大同善化寺大殿等，由于功能上的要求，将内槽后移，加深进深方向的空间层次，柱网打破了严格对称的格局。在结构上已开始简化，其中最重要的一个特点是斗栱机能开始减弱，斗栱比例减小，并且从辽开始出现的斜向出栱的斗栱结构方法，在金代大量使用，而且更加复杂(图 4-47*a*、图 4-47*b*)。基础构造也有较大改进，除了用夯土筑成外，当土质较差时，往往从它地运来好土或在基础下打桩解决。

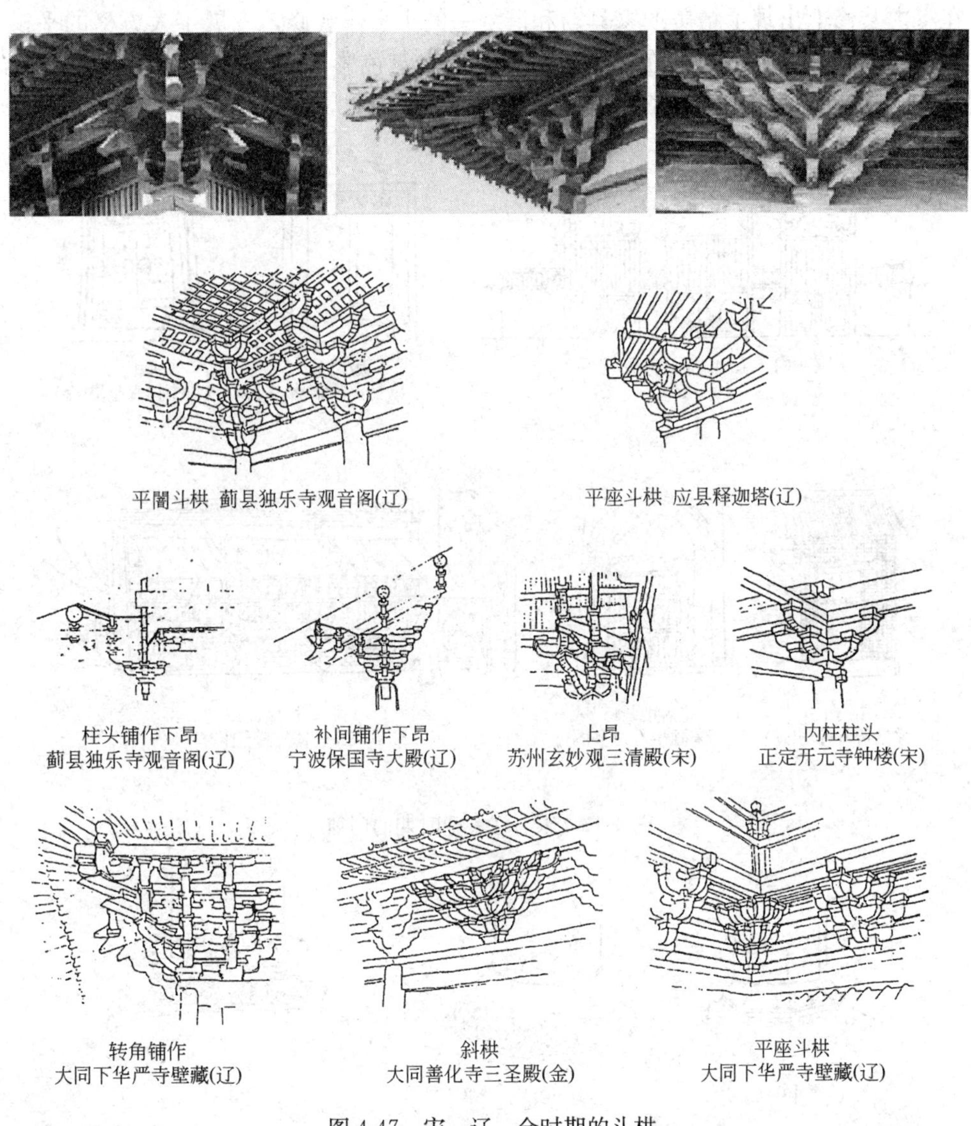

图 4-47　宋、辽、金时期的斗栱

在砖石结构技术方面，宋、辽、金时期已达到新的台阶。砖石建筑主要是佛塔，其次是桥梁。从砖塔的结构上可以看到当时砖结构技术有了很大的进步，为使塔心和外墙连成一体，加强砖塔的坚实度和整体性，采用了发券的方法。这时期的砖石塔主要有河北定县开元寺料敌塔，塔高80m。福建泉州开元寺双塔，均为八角，5层，高40m以上，是我国规模最大的石塔。此塔各层柱、枋、斗栱和檐部结构，全部模仿木结构的形式，具有高度的艺术水平。北宋时建泉州万安桥，长540m，石梁长11m，一般宽0.6m，厚0.5m，抛大石于江底作为桥墩基础。这些砖石建筑反映了当时砖石加工与施工技术已相当进步了。

宋代手工业工艺水平的提高，使建筑装修与色彩有了很大发展。唐代多采用板门与直棂窗，宋代则大量使用格子门、格子窗(图4-48)，改进了采光条件，增加了装饰效果。房屋下部的须弥座和佛殿内部的佛座多为石造，雕刻精美，柱础形式与雕刻趋于多样化(图4-49a～图4-49c)。柱身表面多镂刻各种花纹。屋顶是反映建筑形象的一个重要因素，因而规定了屋顶坡度，房屋越大，坡度越陡。屋顶上覆以琉璃瓦或琉璃瓦与脊瓦相配合使用。在室内装修上出现了精美的家具与和谐统一的小木作装修，发展了大方格的平棊与强调主体空间的藻井(图4-50)。在色彩上，唐以前建筑色彩以朱、白两色为主，明快端庄；宋代则在彩画和装饰的比例构图上取得了一定的艺术效果，使建筑显得柔和、华丽。

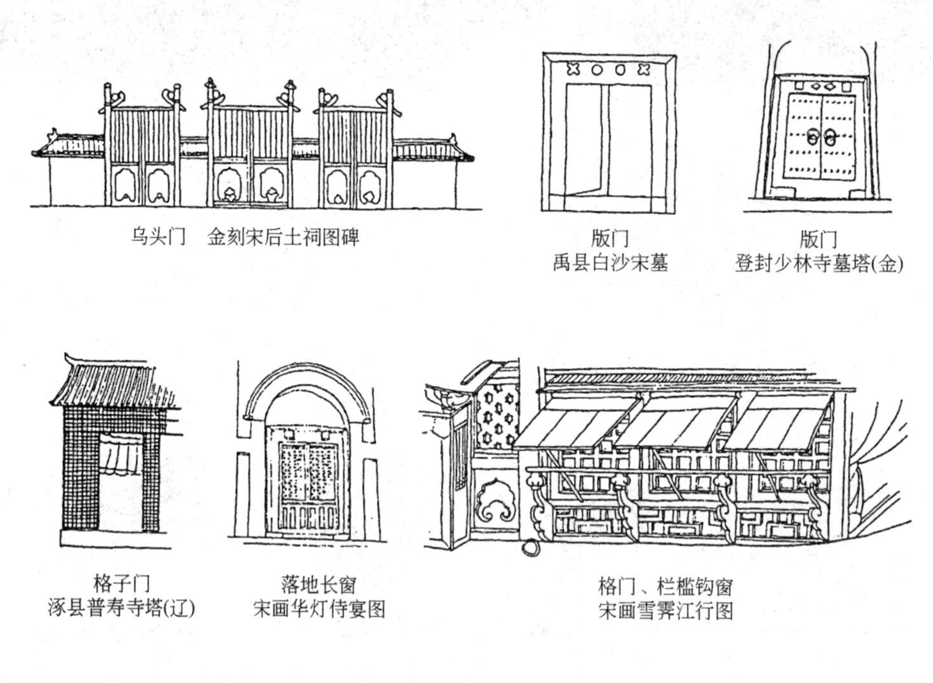

图4-48　宋、辽、金时期的门窗

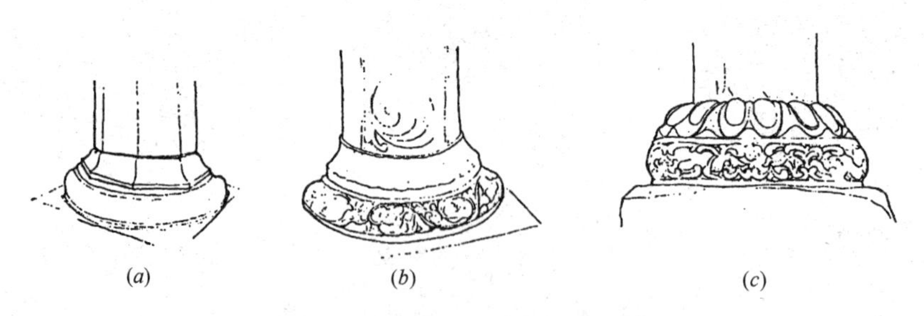

图4-49　宋、辽、金时期的柱础

(a)盆唇覆盆柱础　苏州玄妙观(宋)；(b)盆唇覆盆柱础　苏州罗汉院(宋)；(c)合莲卷草重层柱础　曲阳八会寺(金)

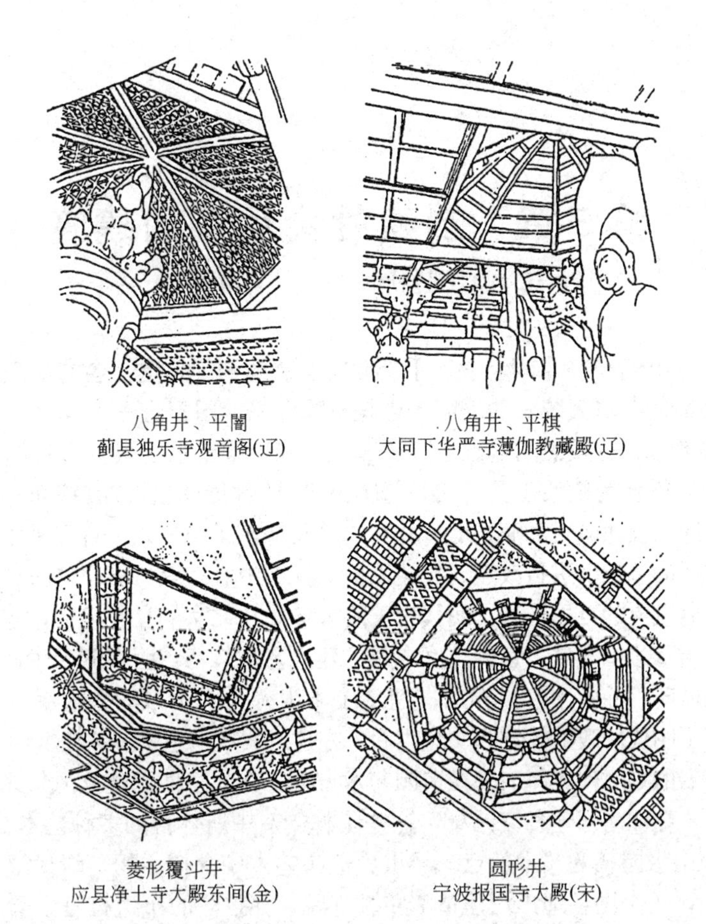

八角井、平闇
蓟县独乐寺观音阁(辽)

八角井、平棋
大同下华严寺薄伽教藏殿(辽)

菱形覆斗井
应县净土寺大殿东间(金)

圆形井
宁波报国寺大殿(宋)

图4-50 宋、辽、金时期的天花、藻井

宋、辽、金时期不但出现了模仿木构建筑的砖石塔，还出现了模仿木构建筑的砖石陵墓，创造了许多华丽、精美的地下宫殿，成为此时期建筑艺术的主流。

辽代建筑与宋朝不同，辽基本上继承了唐朝简朴、雄壮的风格，斗栱雄大硕健，檐出深远，屋顶坡度和缓，曲线刚劲有力，细部简洁，雕饰较少。

金在建筑艺术处理上，糅合了宋、辽建筑的特点。

总之，宋、辽、金时期，宫殿、庙宇和民间建筑的风格都在向秀丽而绚烂的方向转变。

思考题

1. 唐朝宫殿建筑有什么特点？
2. 佛光寺和隆兴寺平面布局和结构特点是什么？
3. 唐塔的类型及特点是什么？
4. 佛宫寺释伽塔的结构特点是什么？
5. 唐陵和宋陵两者有什么不同？
6. 安济桥的结构特点及其成就是什么？
7.《营造法式》的内容及特点是什么？

第5章　封建社会后期的建筑
(1279～1911年)

1279～1911年，近700年间农业、手工业的发展达到了封建社会的最高水平，在政治上体现了封建社会最后一次大统一的局面，也是我国多民族国家进一步发展、融合、巩固的新阶段。在技术和艺术普遍发展的基础上，造园艺术和装饰艺术获得更为突出的成就。元代统一中国后，利用宗教作为统治工具，尤其是喇嘛教(即藏传佛教)占有特殊的地位。中原地区普遍兴建喇嘛寺庙以及西藏式的瓶式塔，并在建筑装饰艺术中加入了许多外来因素。明代北京城是在元代大都城的基础上进行改建、扩建而成，城市中心是紫禁城，这时还建设了沿海卫所城市，修整了驰名世界的万里长城。明代帝王陵墓选择在北京的昌平境内，建筑群与地形环境相结合。在创造肃穆陵园气氛上达到高度成熟的建筑艺术技巧，明代制砖生产迅速提高，普遍将各地城墙包砌城砖，并应用砖拱券结构建造了不少称为无梁殿的大殿屋。1644年建立的清朝，基本上沿袭了明代的政治体制和文化生活，在建筑发展上也是一脉相承，没有明显的差别。清代建筑艺术发展的划时代成就表现在造园艺术方面。在北京西郊建立风景区，整修三海，建设承德避暑山庄，在江南营建私家园林，这些园林创造中所体现的多种艺术构思和园林意境，充分反映了中国山水园林的艺术特点。早世界造园艺术中独树一帜。清代继续利用宗教作为统治的辅助手段，在全国各地广泛建造喇嘛教寺院，如拉萨的布达拉宫。清代木构建筑中大量应用包镶拼合木料，用小料拼合成大料，为创造巨大的建筑开辟了新的途径，烧制琉璃、玻璃技术有了新的提高。各种精巧的工艺美术技术对建筑装饰产生了特别深刻的影响。

5.1　元朝的建筑(1279～1368年)

1206年元太祖即位大汗，1271年元世祖建立元朝，1279年灭南宋，统一中国，元朝建立后，进行了残酷的民族压迫，掳掠大批农业人口和手工业工人，从而严重破坏了农业、手工业和商业，使封建经济和文化遭到极大摧残，对中国社会的发展起了明显的阻碍作用，建筑发展也处于停滞状态，元朝统治者一方面提倡儒学，使宋朝“理学”得以继续发展，同时又保持本族原来的一些风尚，并利用宗教作为加强统治的一种手段，西藏的喇嘛教成为元朝的主要宗教，道教、伊斯兰教、基督教也都得到统治阶级的提倡。由于各民族的不同宗教和文化的交流，给传统建筑的技术与艺术增添了许多新的因素，带来了一些新的装饰题材与雕塑、壁画的新手法。拱券结构正较多地用于地面建筑，但木架建筑在质量与规模上都不如两宋时期的水平。随着经济的恢复和发展，各地城市得以不断繁荣，元大都的建设，使汉唐以来的都城规划有了进一步发展。在元大都的宫殿，还出现了若干新型建筑和新的建筑装饰。伊斯兰教建筑从元代起出现了以汉族传统建筑布局和结构体系为基础，结合伊斯兰教特有的功能要求的中国伊斯兰教建筑形式。

5.1.1　城市建设和宫殿建筑

蒙古灭金后，元世祖迁都于金中都，在其东北部，以琼华岛为中心，建一座新城，称中都，至1271年，改名为大都。

元大都位于华北平原的北端，西北有山岭作为屏障，西、南二面有永定河流贯其间，城的平面近方形，南北长7400m，东西长6650m，北面二门，东、西、南三面各三门，城外绕以护城河。大都城内主要干道都通向城门，干道间有纵横交错的街巷。皇城在大都南部的中心，皇城南部偏东是宫城，东边有太庙，西边是社稷坛。大都城规划体制基本沿袭了《考工记》中记载的都城制度(图5-1)。

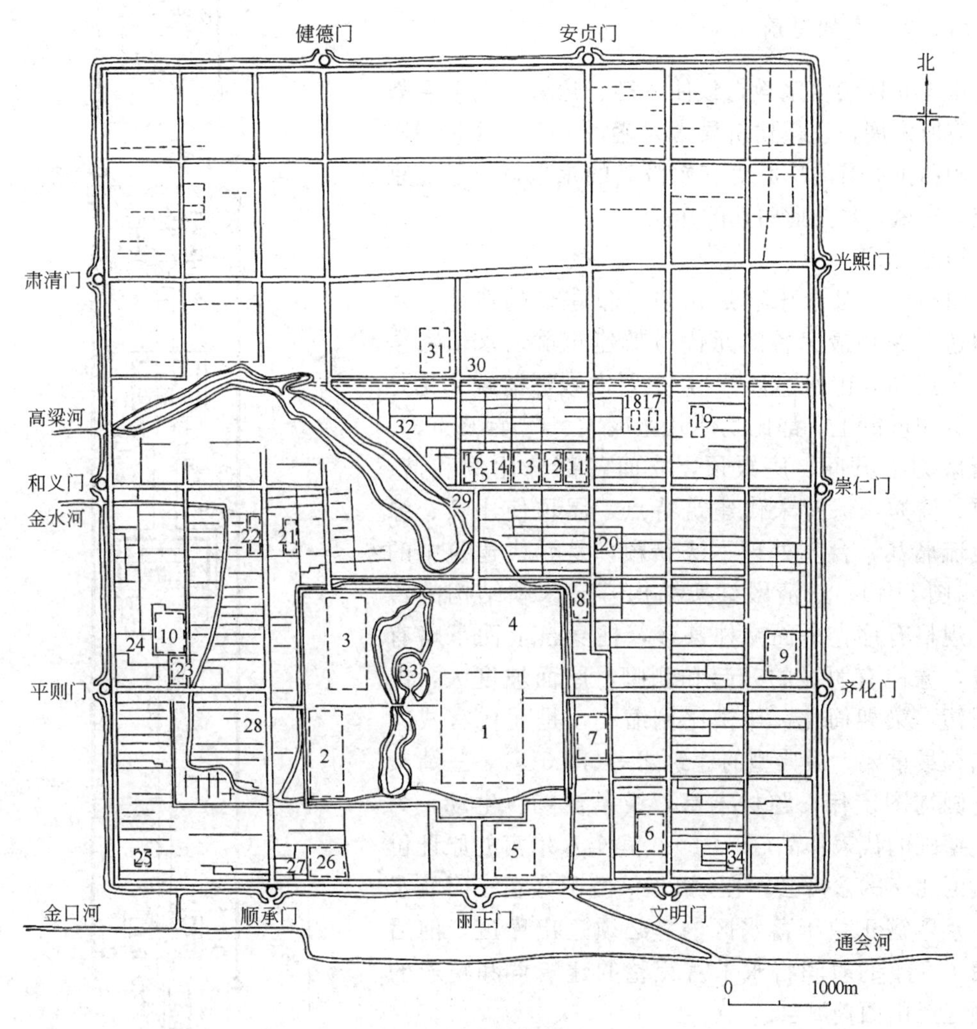

图5-1　元大都复原平面图

1—大内；2—隆福宫；3—兴圣宫；4—御苑；5—南中书省；6—御史台；7—枢密院；8—崇真万寿宫(天师宫)；9—太庙；10—社稷；11—大都路总管府；12—巡警二院；13—倒钞库；14—大天寿万宁寺；15—中心阁；16—中心台；17—文宣王庙；18—国子监学；19—柏林寺；20—太和宫；21—大崇国寺；22—大承华普庆寺；23—大圣寿万安寺；24—大永福寺(青塔寺)；25—都城隍庙；26—大庆寿寺；27—海云可庵双塔；28—万松老人塔；29—鼓楼；30—钟楼；31—北中书省；32—斜街；33—琼华岛；34—太史院

大都皇城中包括三组宫殿、太液池及御苑。主要宫殿在宫城内，宫城又称大内，位于全城中轴线南端，宫城西侧是太液池，太液池西侧的南部是西御苑，是太后居住的地方，北部是太子居住的太兴宫，宫城以北是御苑。宫城四角建有角楼。宫城内的宫殿，一组以大明殿为主，一组以延春阁为主，建在全城的南北轴线上，其他殿宇则建在这条轴线的两侧，构成左右对称布局。元朝主要宫殿多数是由前后两组宫殿组成，中间用穿廊连为工字形殿，前为朝会部分，后为居住部分，殿后建有香阁。宫殿内的装饰有浓厚的蒙古族文化特征，兼受喇嘛教的影响，其间有方形柱、壁毡、帷幕，个别的宫殿还做成蒙古包形式，宫城内还有若干盝顶殿及维吾尔殿、棕毛殿等，是以前宫殿所没有的。

5.1.2 宗教建筑

由于元代崇信宗教，致使佛教、道教、伊斯兰教等均有所发展，宗教建筑异常兴盛，出现了大量的庙宇。山西洪洞县的广胜寺和永济县的永乐宫以及北京妙应寺白塔，均为此时期的作品。

1) 永乐宫

山西芮城县永乐宫是元朝道教建筑的典范。是一组迄今保存最完整的元代道教建筑群。永乐宫全部建筑按轴线排列(图 5-2)，主要大殿三清殿无论是从体量和形制上，都比其他几座庞大、严谨(图 5-3)。三清殿为七开间、庑殿顶，立面各部分比例和谐、稳重、清秀，保持宋代建筑特点，屋顶使用黄、绿二色琉璃瓦，台基处理手法新颖，是元代建筑中的精品(图 5-4)。三清殿梁架结构遵守宋朝结构的传统，规整有序，平面减柱甚多，柱身自上而下略有收分，檐柱有明显的升起和侧脚，屋面坡度大，出檐减短，梁架简化，斗栱比例缩小，是元代官式大木结构最重要、最典型的建筑之一(图 5-5)。三清殿的壁画构图宏伟，题材丰富，线条流畅、生动，为元代壁画的代表作品(图 5-6)。其实永乐宫的原址位于黄河北岸的永济县，在 1959 年由于修建三门峡水库，永乐宫正位于蓄水区内，必须迁出库区，前后花费了 5 年的时间将永乐宫完整的建筑群和精彩的壁画迁至山西芮城县。

2) 妙应寺白塔

在喇嘛教建筑中，建于元至元八年(1271 年)的由尼泊尔青年工匠阿尼哥设计的今北京妙应寺白塔是一个典型的实例(图 5-7)。妙应寺白塔全名为大都大圣寿万安寺释迦灵通塔。它由塔基、塔身、相轮三部分组成(图 5-8)。塔高约 53m。此塔建在凸字形台基上，台上设平面亚字形须弥座两层，座上以硕大的莲瓣承托肥短的塔身(又称宝瓶或塔肚子)，再上是塔脖子、十三天(即相轮)及青铜宝盖，塔顶原是宝瓶，现在是

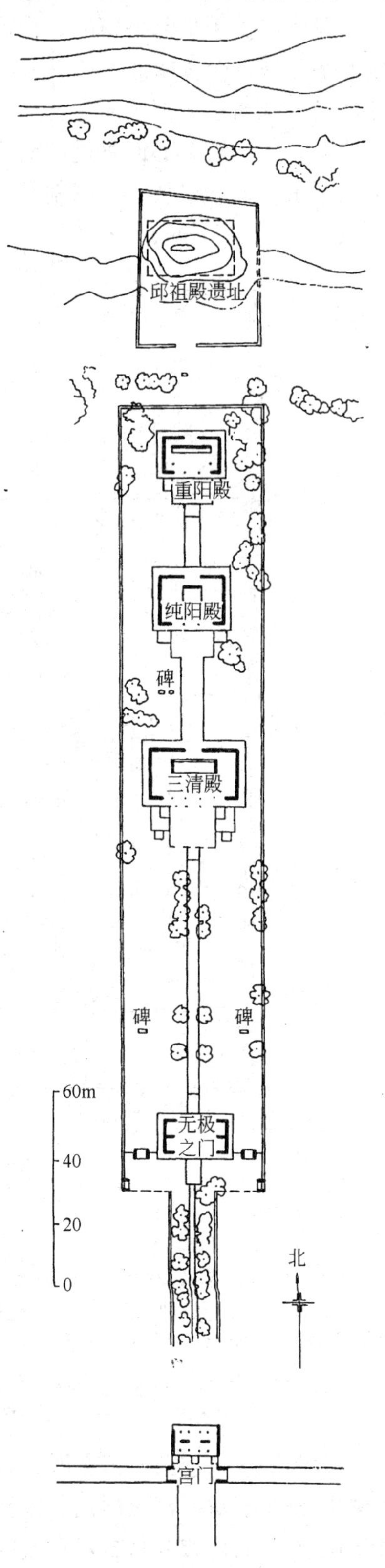

图 5-2 山西芮城县永乐宫总平面图

一小喇嘛塔，塔体为内砖外抹石灰并刷成白色，整体比例匀称，外观雄浑壮观(图 5-9)。妙应寺白塔是喇嘛塔中最杰出的作品。

图 5-3　永乐宫三清殿外观

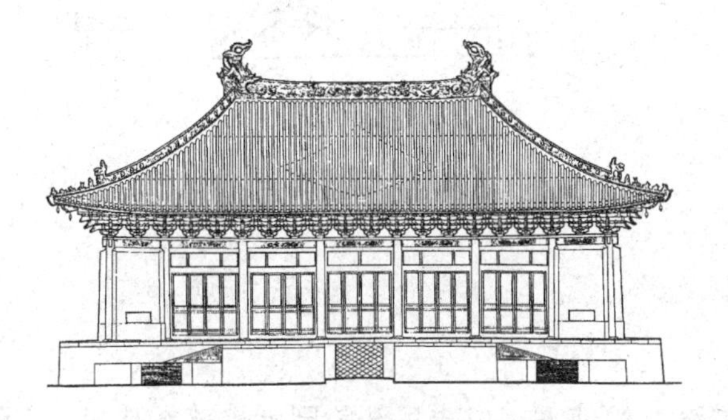

图 5-4　永乐宫三清殿正立面图

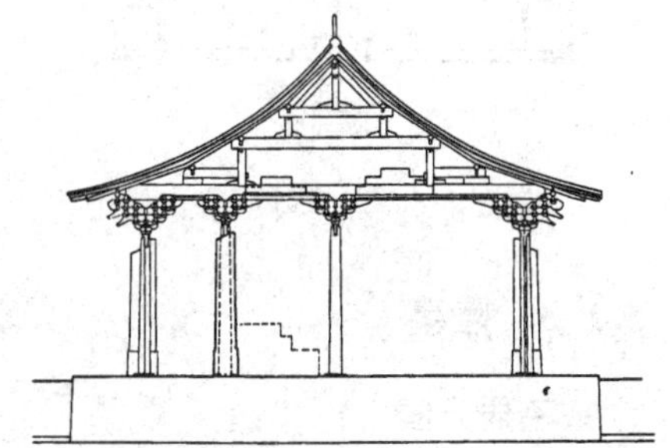

图 5-5　永乐宫三清殿明间横剖面图

图 5-6　永乐宫三清殿明间横剖面图

图 5-7　北京妙应寺白塔外观

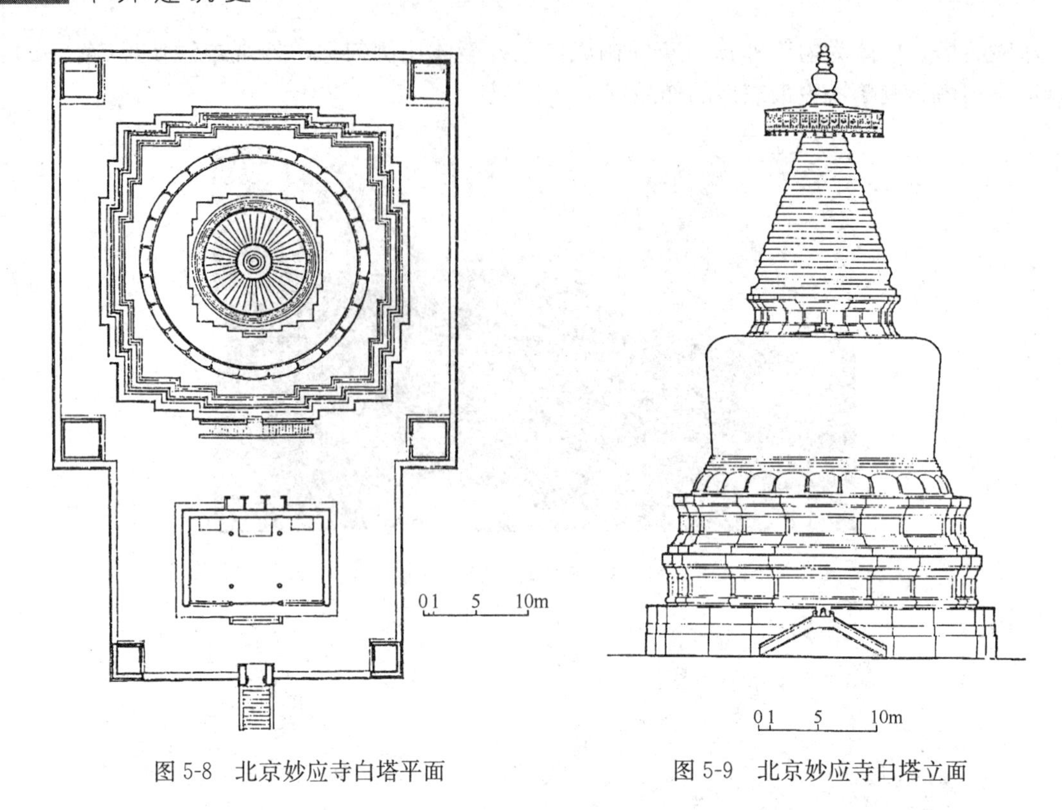

图 5-8　北京妙应寺白塔平面

图 5-9　北京妙应寺白塔立面

5.1.3　陵墓

1）成吉思汗陵

在内蒙古鄂尔多斯一处名为“伊金霍洛”的地方，成吉思汗陵园就坐落在那里，它位于这个绿色盆地的小山坡上，溪水从陵园下流过，远处是一望无际的大沙漠。成吉思汗陵园主要由三个相互连接的大殿组成，中间一座为正殿，两侧为配殿，通过过厅联系在一起，形成一个整体。三座大殿均建在由花岗石砌成的台基上，四周雕有栏杆，殿顶为穹窿顶，铺以蓝色和金色琉璃瓦。正殿高 26m，八角重檐穹窿顶，殿内四壁均为壁画，大殿正中为成吉思汗坐像。正殿后面还有一个后殿，为成吉思汗灵包(图 5-10)。

图 5-10　内蒙古鄂尔多斯成吉思汗陵三座大殿

2）东山王墓群

在山东昌乐县东南部有一处元代墓群，该墓群南约 200m 是一古河道，东约 600m 为一南北向丘陵，墓区高出周围地面约 50cm，地势平坦，面积约 3000m²，分布着 26 座古墓。根据墓室的结构分为三种形制，有长方形穹隆顶墓。圆形穹隆顶墓和长方形石室墓。

长方形穹隆顶墓由青灰色石块筑成，墓门有未加工的长条石作门框、门楣，门上装双扇石门，有枢轴，向上高1.2m处开始逐渐内收成穹隆顶，顶部有一圆孔，上盖一块不规整的石板，石板底面雕有莲花图案。墓室后部有棺床，用不规则石片铺成，墓内置灯，随葬器物有瓷罐、碗、碟等。

5.1.4　科学建筑

位于河南登封县告成的观星台是我国现存最古老的天文建筑，也是世界上一座著名的天文科学古迹(图5-11)，它反映了我国古代天文学发展的卓越成就。台的形制是由台身和石圭组成，台身形状似覆斗，系砖石结构，台高9.46m连台顶小房通高12.62m，台上方每边宽8m，底边每边长16m。台身四周筑有砖石踏道和梯栏盘旋簇拥台身，使整个建筑布局，显得庄严而巍峨；台顶各边砌有女儿墙，台上放有天文仪器，以观天象。

图5-11　河南登封县告成观星台

5.2　明朝的建筑(1368～1644年)

在元末农民大起义的基础上，明太祖朱元璋在1368年建立了明朝。因金、元时期北方受到战乱的破坏而南方则从南宋以来经济发展相对比较稳定，故明代的南北方在社会经济和文化发展方面不平衡。明初，统治阶级采取各种措施，解放奴隶，兴修水利，鼓励垦荒，扶植工商业，促使封建经济迅速恢复和发展。到了明中叶，由于手工业生产力和技术的逐步提高，商品经济的发展，国内外贸易的扩大及独立手工业者的增加等，引起了资本主义在中国的萌芽和发展。因此明代产生了许多手工业生产的中心，如瓷器中心景德镇、丝织中心苏州、冶铁中心遵化等。明朝的对外贸易也很繁荣，外贸活动开展到日、朝和东南亚及欧洲的葡萄牙、荷兰等国。

社会经济文化的发展也促进了建筑的进步。在建材方面，明代的制砖业与琉璃瓦都有较大的发展。砖已普遍用于地方建筑，因大量应用空斗墙等砖墙，创造了“硬山”建筑形式，并出现了明洪武年间建造的南京灵谷寺无梁殿(原称无量殿)为代表的一批全部用砖拱砌成的建筑物。由于在烧制过程中采用陶土(亦称高岭土)制胎，使琉璃砖的硬度有所提高，预制拼装技术与色彩质量也都达到了前所未有的水平。

木结构经元代的简化，到明代又加之砖墙的发展，形成了新的定型化木构架，其官式建筑形象不及唐宋舒展开朗，以严谨稳重见长。因各地区建筑的发展，使建筑的地方特色更显著了。群体建筑也日趋成熟，如明十三陵，利用起伏的地形和优美的环境创造出陵区庄重、肃穆的氛围。私家园林在此时期十分兴盛，特别是江南地区，造园之风尤甚。

5.2.1　城市建设

1403年明成祖(朱棣)夺取帝位后，为了防御蒙古统治者的南扰，从南京迁都至北京。北京位于华北平原北端，西北有崇山峻岭作屏障，西南有永定河贯穿其间，地处通向东北平原的要冲地带。战国时曾是燕国国都。辽在此建陪都。金时依辽城向东南扩大三里建中都。金中都没能解决好漕运问题，故元灭金后弃金旧城在其东北的琼华岛离宫建大都城。明中叶，为防御蒙古骑兵的侵扰，同时考虑财力，于嘉庆三十二年(1553年)加筑外城，把天坛、先农坛及稠密的居民区包了进去(图5-12)。至清朝，北京城的布局与规模基本没变。

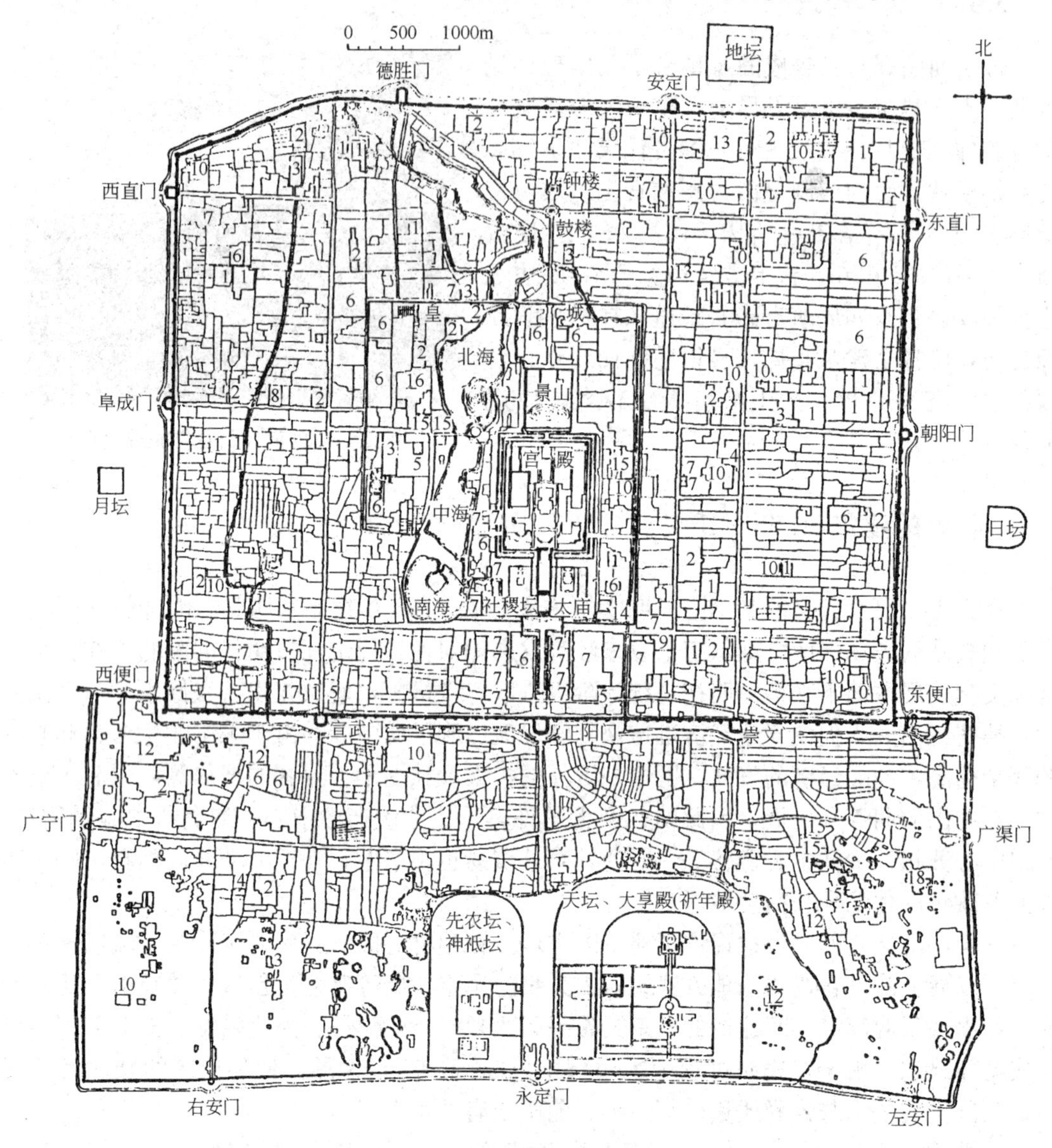

图5-12 明、清北京城平面

1—亲王府；2—佛寺；3—道观；4—清真寺；5—天主教堂；6—仓库；7—衙署；8—历代帝王庙；9—满洲堂子；10—官手工业局及作坊；11—贡院；12—八旗营房；13—文庙、学校；14—皇史宬(档案库)；15—马圈；16—牛圈；17—驯象所；18—义地、养育堂

明北京城是在继承历代都城规划和建设经验的基础上而创造出来的一座典型的封建王朝都城，其布局完全体现了战国文献《考工记》中在轴线上以宫室为主体的规划思想。其外城东西长7950m，南北长3100m；南面三门，东西各一门，北设五道门，中央的三道门

就是内城的南门，东西两面各有一门通城外。内城东西长6650m，南北长5350m，南面三道门(即外城背面三门)，东、北、西各两座门，并均设有瓮城和城楼，内城的东南与西南两个城角建有角楼。皇城位于全城南北中轴线中心偏南，东西长2500m，南北长2750m，呈不规则的方形，四面开门，南面正门是天安门。其南向还有一座皇城的前门，明称大明门(清改为大清门)。皇城内的主要建筑是宫苑、庙社、衙署、作坊、仓库等。北京城的布局以皇城为中心，全城被一条长7.5km的中轴线贯穿南北，南起外城南门永定门，经内城正阳门、皇城的天安门、端门及紫禁城的午门，穿过故宫内三座门七座殿，出神武门越景山中峰主亭与地安门至北端的鼓楼与钟楼。中轴线上及两侧的故宫、天坛、先农坛、太庙及社稷坛等建筑群，气势宏伟，金碧辉煌，与其周围广大的青砖灰瓦的民宅群形成了强烈对比，充分显示了封建帝王的权威与至尊无上的地位，反映出严格的封建等级制度。在城市功能上，在皇城四侧形成了四个商业中心，由于皇城居中而使得东西交通不便。

5.2.2 故宫

北京故宫是明、清两朝的皇宫，始建于明永乐四年(1406年)，工程进行了14年。宫城南北长960m，东西长760m，房屋900多间(图5-13*a*、图5-13*b*)。宫殿形制遵循明初南

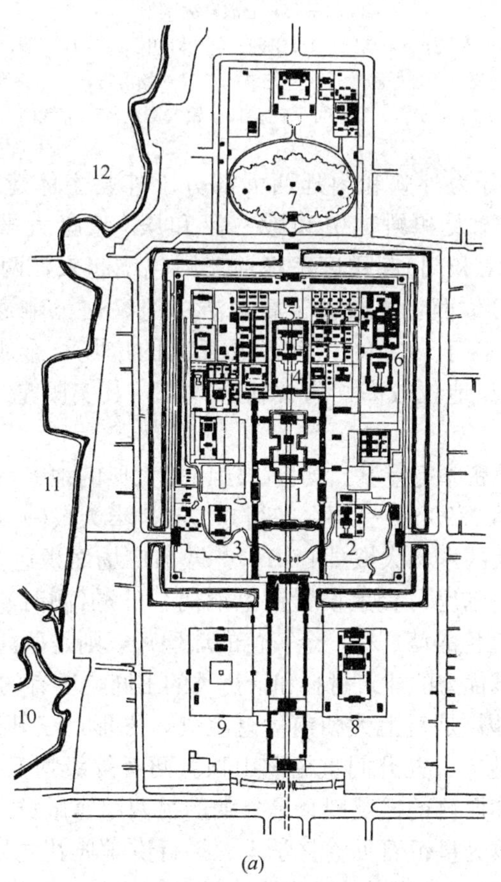

(*a*)

图5-13 北京明、清故宫(一)

(*a*)北京明、清故宫总平面

1—太和殿；2—文华殿；3—武英殿；4—乾清宫；5—钦安殿；6—皇极殿、养心殿、乾隆花园；7—景山；8—太庙；9—社稷坛；10、11、12—南海、中海、北海

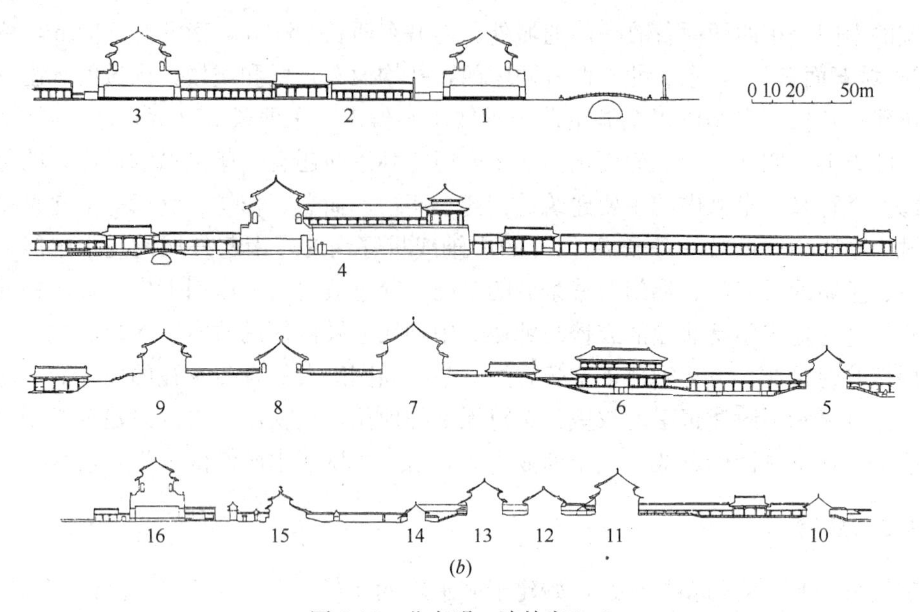

(*b*)

图 5-13　北京明、清故宫(二)

(*b*)北京明、清故宫纵剖面

1—天安门；2—东庑；3—端门；4—午门；5—太和门；6—体仁阁；7—太和殿；

8—中和殿；9—保和殿；10—乾清门；11—乾清宫；12—交泰殿；

13—坤宁宫；14—坤宁门；15—钦安殿；16—神武门

京宫殿制度。全部建筑分为外朝和内廷两大部分。外朝主体建筑有奉天殿，华盖殿，谨身殿(清朝依次改称：太和殿、中和殿、保和殿)三座大殿。呈工字形排列(图 5-14)。外朝自奉天门(太和门)起用廊庑把前三殿包绕起来，两侧庑间插入文楼(体仁阁)位东，武楼(弘义阁)位西。三殿立于高大洁白的汉白玉雕琢的三重须弥座台基之上。奉天门(太和门)距午门 160m，门前形成开阔的广场；金水河萦绕其前，跨河有五龙桥。奉天门(太和门)地位较高，为常朝听政处，其实际是一座殿宇，为重檐歇山殿(图 5-15)。

奉天殿(太和殿)是皇帝举行登基、朝会、颁诏等大典的地方，平面 9 间(清改建为 11 间)，重檐庑殿顶，面阔 63.93m，三层台基高 8.13m。奉天殿(太和殿)一切构件规格均属最高级，是我国现存最大的木构大殿(图 5-16)。殿前广场面积达 3000m^2，可举行万人集会和陈列各色依仗陈设，基座月台上设置铜龟铜鹤、日冕(测时)、嘉量(标准容器)等物(图 5-17*a*、图 5-17*b*)。红色的墙、柱，金黄色的琉璃瓦，则是皇宫建筑特有的色彩。可以说它的建筑集中了全国最优秀的建筑材料和最优秀的工匠，所有的构件装饰内容也达到了最高等级。华盖殿(中和殿)是皇上大朝前休息之处，方形，三开间单檐攒尖顶。谨身殿(保和殿)是殿试进士的地方，九开间重檐歇山顶。两者等级均低于奉天殿(太和殿)。另外，三殿东侧的文华殿和西侧的武英殿，是外朝的另两组宫殿群，均为“工”字形平面。文华殿为太子书斋，后改为皇帝召见翰林学士、举行讲学典礼之处(清文渊阁建于文华殿北殿，为藏四库全书之用)。武英殿是皇帝与大臣议政之处。两者均为单檐歇山顶，等级较低。

内廷主体建筑也以三大殿为主，依次为乾清宫、交泰殿、坤宁宫，其中乾清宫是皇帝正寝，为重檐庑殿 7 间殿，尺度较奉天殿(太和殿)大为减少(图 5-18)。坤宁宫为皇后正寝

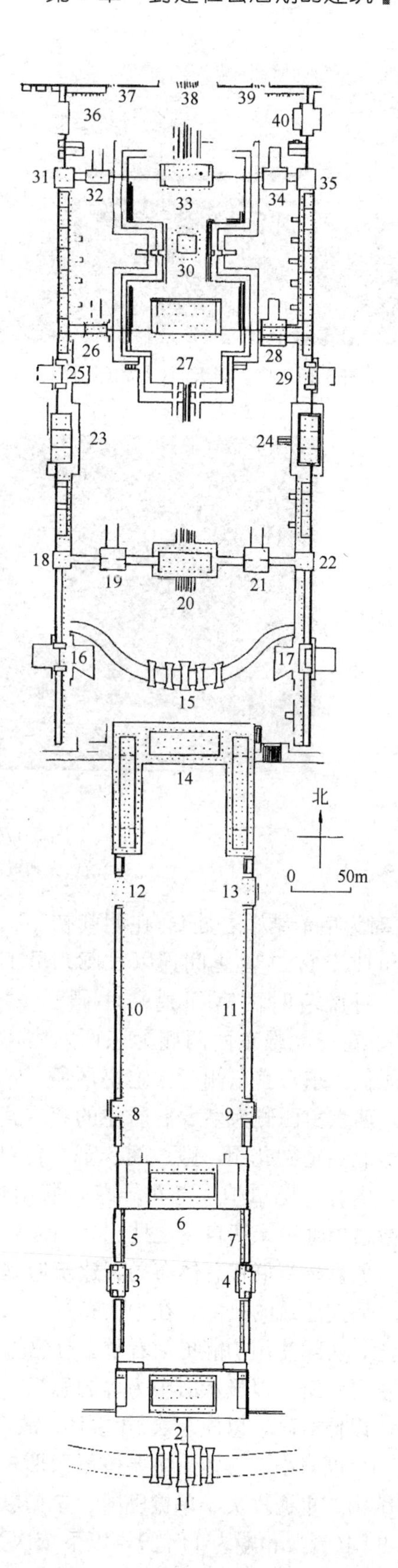

图 5-14　北京故宫三大殿平面图

1—外金水桥；2—天安门；3—社稷街门；4—太庙街门；5—西庑；6—端门；7—东庑；8—社左门；9—庙右门；10—西庑(朝房)；11—东庑(朝房)；12—阙右门；13—阙左门；14—午门；15—金水桥；16—熙和门；17—协和门；18—崇楼；19—贞度门；20—太和门；21—肇德门；22—崇楼；23—弘义阁；24—体仁阁；25—右翼门；26—中右门；27—太和殿；28—中左门；29—左翼门；30—中和殿；31—崇楼；32—后右门；33—保和殿；34—后左门；35—崇楼；36—隆宗门；37—内右门；38—乾清门；39—内左门；40—景运门

图 5-15　故宫奉天门(太和门)外观

图 5-16　故宫太和殿外观

(a)

(b)

图 5-17　故宫太和殿陈设物

(a)故宫太和殿前日晷；(b)故宫太和殿前铜鹤

(清时为皇帝结婚之处)。在明朝初年，乾清宫和坤宁宫二者之间连以长廊，呈工字殿型，明嘉靖时两宫间建一小殿——“交泰殿”。在三大殿东西两侧为东西六宫，为嫔妃居住。东六宫东侧为太上皇居所——宁寿宫，西六宫西侧为皇太后居住的慈宁宫。宫廷最北端是御花园，殿、阁、亭、台对称布置，内有苍松翠柏，奇花异草，假山怪石，为故宫内唯一亲切自然之处。

图 5-18　故宫乾清宫外观

故宫建筑群在总体布局、建筑造型、装饰色彩及技术设施等方面，可以说是中国封建社会后期建筑的典范。在平面布局上强调中轴线和对称布局，并且对建筑的精神功能要求要比其实际使用功能更为看重。在宫城中以前三座为重心，其中又以奉天殿(太和殿)为其主要建筑，以显示居中为尊的思想。在建筑处理上，采用建筑形体的尺度对比，以小衬大，以低衬高，以此来突出主体。故宫主要建筑尺度高大，次要建筑则台基高度按级降低，尺度减小。形体上主要按屋顶形式来区分尊卑等级，最高为重檐庑殿，以下依次为重檐歇山、重檐攒尖、单檐庑殿、单檐歇山、单檐攒尖、悬山、硬山。其次按开间数，最高为 9 间(清太和殿为 11 间)，以下依次为 7 间、5 间、3 间。在建筑色彩上采用强烈的对比色调，白色台基，红色面墙，再加上黄、绿、蓝等诸色琉璃屋面，显得格外夺目绚丽。在中国古代，金、朱、黄最尊，青、绿次之，黑、灰最下。故宫各类设施已十分完善，在 $70hm^2$ 之多的宫城内有河道长 12000m 左右，供防卫、防火、排水用，城内有完整沟渠，排水坡度适当，城内无积涝之患。宫中用水，一方面由玉泉山运来供帝王用，一方面在宫内打井 80 余口供宫内用。宫内防火则在各间设砖砌防火墙，屋顶用锡背。在采暖方面则用火道地坑。

5.2.3 天坛

天坛是明清两朝皇帝每岁冬至日祭天与祈祷丰年的场所，建于明永乐十八年(1420年)，经嘉靖年间改建而得以完善。其主要建筑——祈年殿因雷火焚毁，于清光绪十六年(1890年)重建。

天坛由内外两重围墙环绕，北墙呈圆形，南墙为方形，象征天圆地方，占地 $280hm^2$，东西长约 1700m，南北长约 1600m。天坛建筑按其使用性质分四组。内围墙里，在中轴线北端是祈年殿及附属建筑；南端至皇穹宇及圜丘内围墙西门内的南侧是皇帝祭祀时住的斋宫；外围墙西门内建有饲养祭祀用的牲畜的牺牲所和舞乐人员居住的神乐署(图 5-19)。其中，最主要的建筑是圜丘和祈年殿，在艺术构图上，祈年殿是天坛总体中最主要的建筑群。

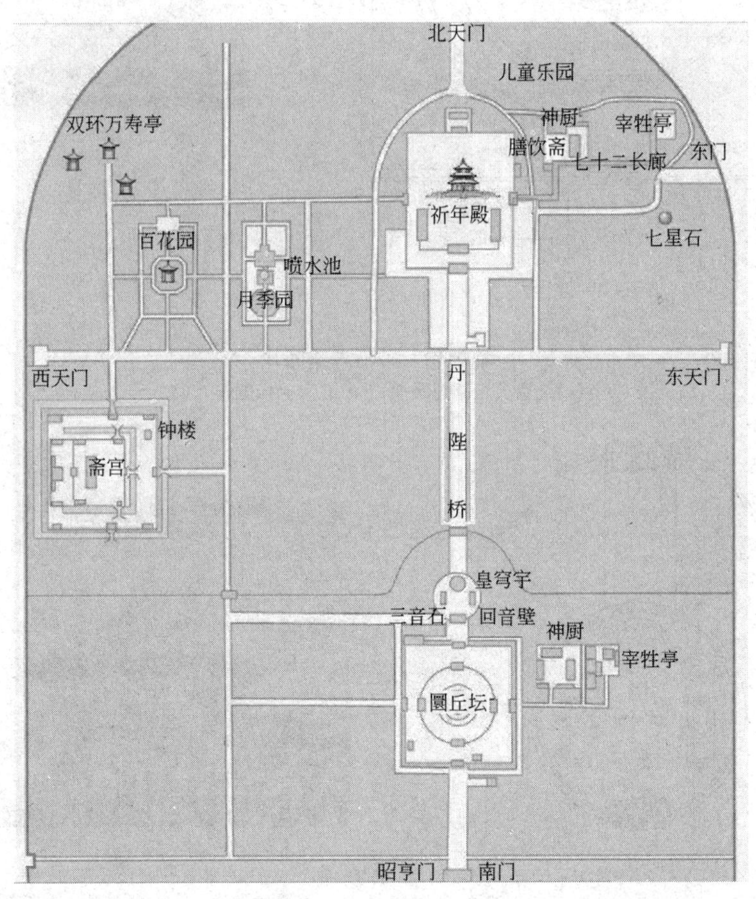

图 5-19　北京天坛总平面

天坛圜丘的平面为圆形，三层，青色琉璃砖贴面(清乾隆时改用汉白玉)，现上层径26m，底层径55m。因天为阳，故一切尺寸、石料件数均须阳(奇)数，如三、五、七、九等代表天。如圜丘三层，每层石板均为九的倍数。圜丘周围用两重矮墙围绕，内圆外方，且四面正中均建有白石棂星门(图5-20*a*、图5-20*b*)。由圜丘往北距北棂星门40m为皇穹宇，它是一座单檐攒尖的圆形小殿，是平时供奉"昊天上帝"牌位的建筑，径63m，高约19.80m，青色琉璃瓦，金顶，朱柱和门窗，下为白色石雕台基栏杆，内部藻井及金柱彩画十分精美。两侧各有一配殿，外墙为正圆形，墙面采取磨砖对缝砌筑，上加青色琉璃顶。围墙有回声，俗称回音壁(图5-21*a*、图5-21*b*)。

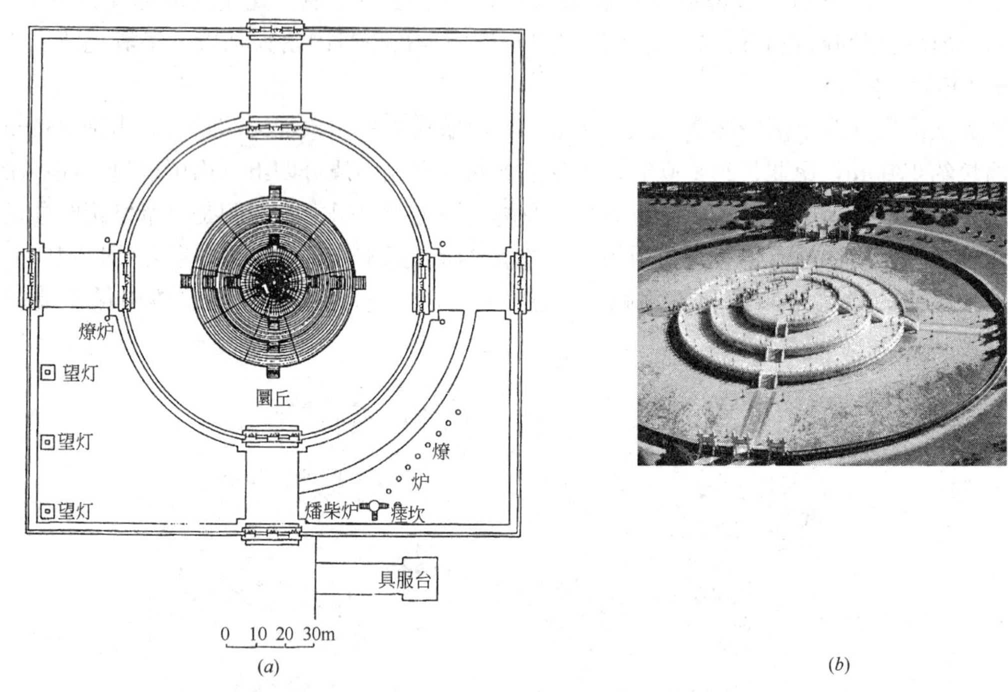

图5-20 北京天坛圜丘

(*a*)北京天坛圜丘平面；(*b*)北京天坛圜丘外观

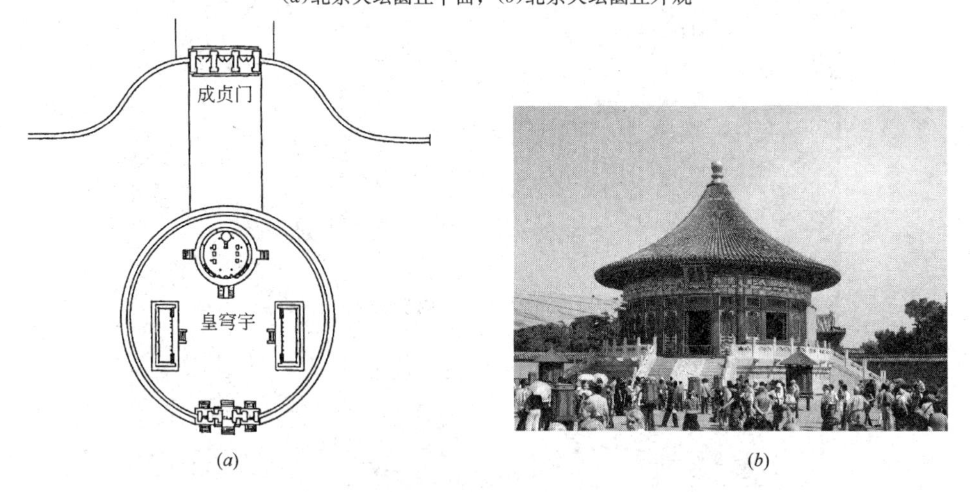

图5-21 北京天坛皇穹宇

(*a*)北京天坛皇穹宇平面；(*b*)北京天坛皇穹宇外观

祈年殿与圜丘之间以长约400m，宽30m，高出地面4m的砖砌甬道——丹陛桥相联系。祈年殿平面呈圆形，径为30m，高为38m，立于三层汉白玉须弥座台基上，底层径约90m，三重檐，攒尖顶，青色琉璃瓦，金顶，朱柱和门扇，檐下彩绘金碧辉煌(图5-22*a*、图5-22*b*)。祈年殿和其东西配殿由方形围墙围合，其南有祈年门，与祈年殿之间距离约为殿高的3倍。其后有皇乾殿，单檐庑殿顶，立于单层台基上，它与祈年殿的关系恰和皇穹宇对于圜丘一样。祈年殿与圜丘在空间上存在着强烈的对比，两圆心相距约750m，前者为高耸矗立的殿宇，后者为扁平低矮的露坛，遥遥相对。皇帝祭天前夕住在斋宫内，其规模很大，有护城河、周围廊、正殿(明代砖券结构的"无梁殿")及寝宫等。正殿为五开间庑殿顶。

(*a*)

(*b*)

图5-22 北京天坛祈年殿

(*a*)北京天坛祈年殿鸟瞰；(*b*)北京天坛祈年殿外观

封建帝王对于天坛的设计，有着严格的要求，最主要的是在艺术上表示天的崇高、神圣及皇帝与天之间的密切关系。匠人能利用当时的材料，当时的技术，完全符合这种祈天的要求，如圜丘、皇穹宇、祈年殿平面均为圆形，青色琉璃瓦，青白石坛面，繁密、肃穆的柏树林，阳数的坛层及尺寸，以及精巧的刻工，精心的布局，使建筑物大小、比例、尺度等超出常规，创造出一种清新、静谧、崇高、肃穆及带有神灵的感觉。这充分反应了当时的匠人对于建筑空间环境造型和色彩方面均有极高的认识，所以天坛建筑是一件极为成功的作品。

5.2.4 十三陵

明陵中颇具规模的有南京孝陵，泗州祖陵，凤阳皇陵及北京十三陵，四者中最具代表性的要数十三陵。十三陵是从15世纪初到17世纪中叶建造的明朝十三代皇帝的陵墓。它位于北京往北约45km的天寿山麓，这里三面环山，南面敞开，十三陵沿山麓散布，各据一山趾，面向陵墓群体主体——长陵，各陵相距400～1000m不等，彼此呼应。南向山口处，有两座小山如同双阙被利用为陵的入口，整个陵区南北长约9km，东西约长5km，结合自然地形，组成一个宏伟、肃穆的整体(图5-23)。

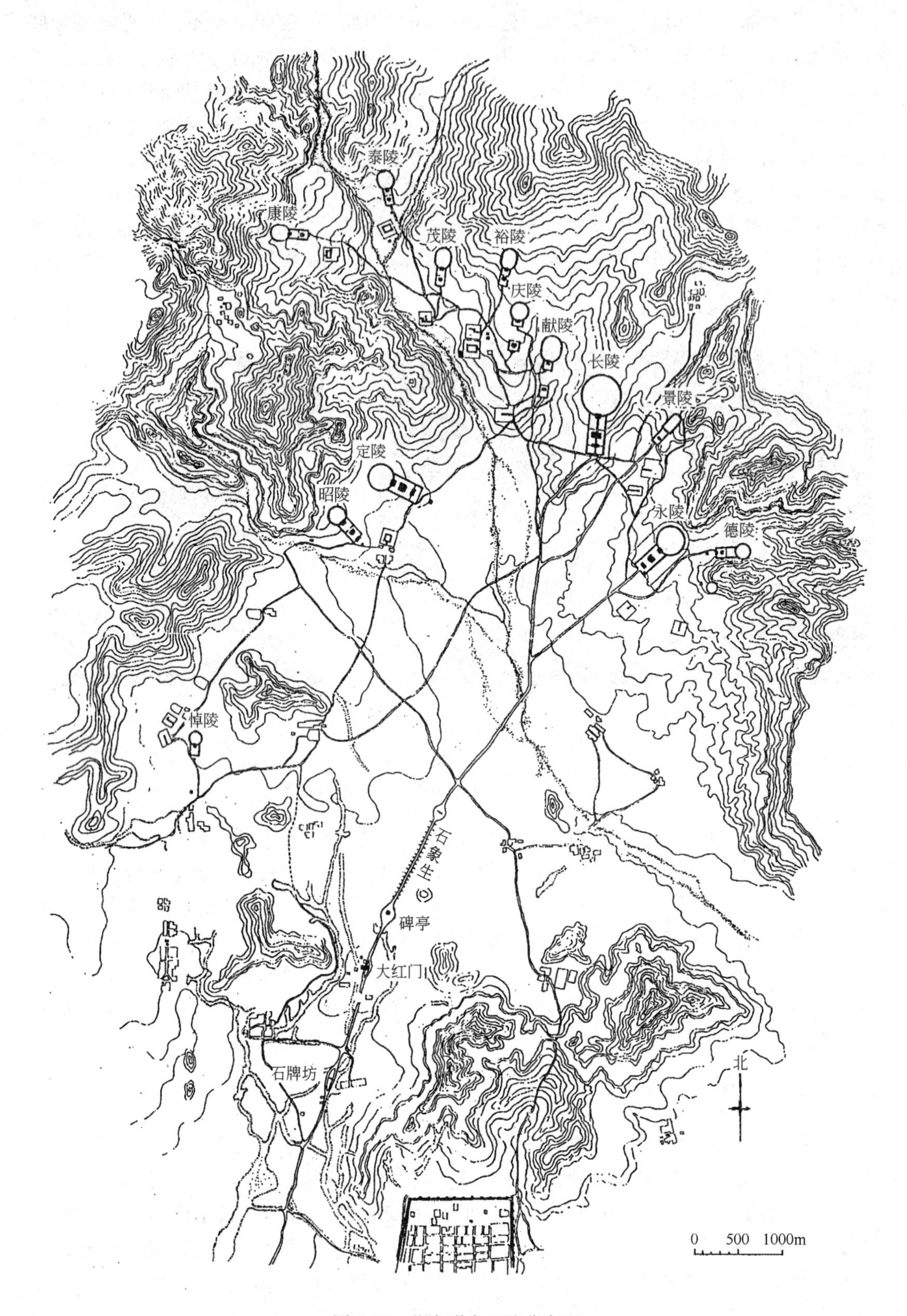

图 5-23 北京明十三陵分布图

整个陵区的入口为一座5间6柱11楼的石牌坊，建于嘉靖年间，通面阔28.86m，汉白玉石构件修筑，雕刻精细，比例、尺度适中，气宇不凡，堪称我国最大的石坊（图5-24）。牌坊中线遥对天寿山主峰，距其11km。自此往北，神道经陵区大门——大红门、碑亭、华表、石象生（18对，有马、骆驼、象、文臣、武将等）至龙凤门（图5-25）。神道本意为长陵而设，但以后却成为十三陵共同神道，这与唐宋各陵单独设置神道全然不同。

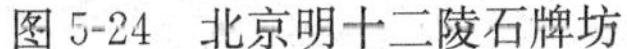

图5-24　北京明十二陵石牌坊

图5-25　北京明十三陵神道两侧石象生

长陵是十三陵中规模最大的一座，也超过了南京的孝陵。这座陵建于明永乐二十二年（1424年），占地约10hm²，周围有围墙，整个建筑可分为陵门、祾恩门、祾恩殿、明楼及宝顶五个部分。宝顶围墙做成城墙形式，下部就是陵寝主体——地宫。宝顶前面正中有方台，上建碑亭，下称“方城”，上叫“明楼”，明楼之前以祾恩殿为主体，祾恩门与陵门间设置神帛炉。

长陵最重要的建筑是祾恩殿。祾恩殿是一座和奉天殿（太和殿）很类似的大殿，重檐庑殿顶，面阔9间66.75m，进深5间29.13m，面积略逊于奉天殿（太和殿），而正面面阔超过奉天殿（太和殿），是我国现存最大的古代木结构建筑之一。一座3.21m高的3层白石台基承托大殿的60根柱子，柱子全部由名贵的整根楠木制成，最高的约12m，当中4根大柱，直径达1.17m，虽经500多年，至今完整无损，香气袭人，这在中国建筑史上是独一无二的（图5-26）。

图5-26　北京明十三陵长陵祾恩殿外观

长陵宝顶直径达300m，实际是由锥形平顶土台演变来的，其下为地宫。十三陵地宫情况是1956年发掘定陵而获知的。定陵始建于明万历十二年（1984年），是万历帝朱翊钧的陵墓，是十三陵中仅次于长陵和永陵的第三大陵墓。其地宫离地面有27m，总面积1195m²，由前殿、中殿、后殿、左右配殿五个殿堂组成，全部为石拱券结构。前殿与中殿由甬道相连，门三重，正殿最大跨度9.1m，高9.5m，配殿高度也在7m以上，除地面及隧道用砖砌外，其余全用石块砌成。除石门檐楣上雕刻花纹外，整个地宫朴素无华，它是以高大宽敞的空间尺度和石材沉重坚实的质感构成地宫的特有气氛（图5-27*a*、图5-27*b*）。

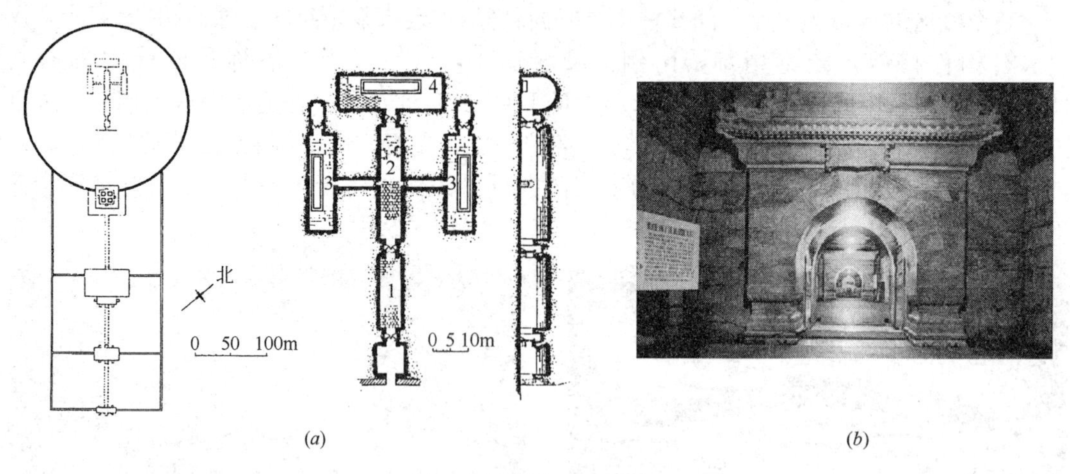

(*a*) (*b*)

图 5-27 明十三陵定陵

(*a*)明十三陵定陵及地宫平面；(*b*)明十三陵定陵地宫内景

5.2.5 江南私家园林

明中叶，农业与手工业有很大发展，一时造园之风兴起，皇家园囿与私家园林共存，其中私家园林发展为最盛。北方以北京为中心(以皇家为主)；江南以苏州、南京、扬州及太湖一带为中心；岭南则以广州为中心。其中江南园林为最多。明代造园有自己独特的风格。在总体布局上，运用各种对比、衬托、尺度、层次、对景、借景等方法，使景园达到小中见大，以少胜多，在有限的空间内获得丰富的景色。在叠山方面，以奇峰险洞取胜；在水面处理方面，有主有次，有收有分；在建筑上，以密度大，类型多，造型丰富优雅而见长；在绿化布置上，依景所需，随意栽植；在重点花木上，以单株欣赏为主。江南私家园林以苏州园林最具代表性。较具特色的有拙政园、留园。

拙政园位于苏州城内东北，始建于明正德年间，是我国江南古典园林的代表作品(图 5-28*a*、图 5-28*b*)。

(*a*) (*b*)

图 5-28 苏州拙政园

(*a*)苏州拙政园小飞虹；(*b*)苏州拙政园小沧浪

现全园面积约 4hm^2，分为东区、中区、西区三个部分(图 5-29)，其中中区最大，也是景点最集中的区域。拙政园主要特点是以水面为主，约占全园面积的 1/3，临水建有不同形体高低错落具有江南水乡特色的建筑物。其中远香堂是中部主体建筑，它周围环绕几组建筑庭院：花厅玉兰堂、小沧浪水院、枇杷园、海棠春坞、见山楼与柳荫路曲长廊等。远香堂造型精致，单檐歇山顶，整个厅堂没有一根柱子，坐在厅堂内，水池四周的景色尽收眼底。西区总体布局也是以水面为主，水面呈曲尺形，建筑集中在南岸靠住宅一侧，以鸳鸯厅三十六鸳鸯馆为主体，平面为方形，四隅各建耳室一间，中间用槅扇与挂落分为南北两部。厅东建一山，山上建宜两亭，宜两亭与倒影楼用长廊相接，此廊构筑别致，凌水若波，故称之为波形廊。倒影楼造型匀称，与宜两亭互为对景为拙政园西部景色最佳处。东区多为新建，如布置大片草地和茶室，遍植绿树，以适应休息游览和文化活动的需要。拙政园在园林设计上达到了“虽由人作，宛自天开”的程度，可以称为中国园林史上的瑰宝。

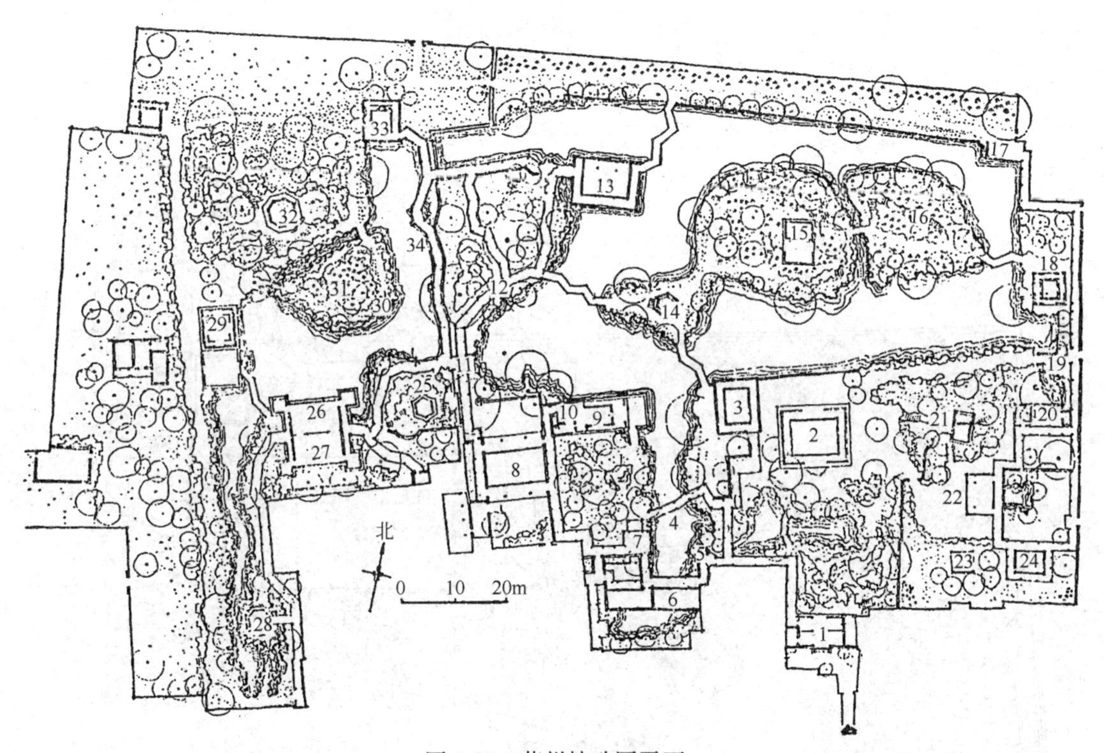

图 5-29　苏州拙政园平面

1—腰门；2—远香堂；3—南轩；4—小飞虹；5—松风亭；6—小沧浪；7—得真亭；8—玉兰堂；9—香洲；10—澂观楼；11—别有洞天；12—柳阴路曲；13—见山楼；14—荷风四面；15—雪香云蔚；16—待霜亭；17—绿漪亭；18—梧竹幽居；19—东半亭；20—海堂春坞；21—绣绮亭；22—玲珑馆；23—嘉实亭；24—听雨轩；25—宜两亭；26、27—三十六鸳鸯馆；28—塔影亭；29—留听阁；30—与谁同坐轩；31—笠亭；32—浮翠阁；33—倒影楼；34—水波廊

留园在苏州阊门外，建于明嘉靖年间，园内列置奇石十二峰，为当时名园之一(图 5-30*a*、图 5-30*b*)。全园面积约 3.3hm²，园中有小桥、长廊、漏窗、隔墙、湖石、假山、池水、溪流、亭台楼阁等，特别是留园中的花窗，式样有 20 种。留园在平面布局上，大致分为四部分，中部为全园精华所在，东、北、西为清光绪年间增建(图 5-31)。中部又分为东西两区，西区以山池为主，东区以建筑庭院为主，两者各具特色。西区西北两面为山，中央为池，东南为建筑，假山为土筑，叠石以黄石为主，成为池岸蹬道。北山以可亭为构图中心，西山正中为闻木樨香轩，池水东南成湾，临水有绿荫轩，池东以小岛(小蓬莱)和平桥划出一小水面，与东侧的濠濮亭、清风池馆组成一个小的景区，池东曲谿一带

(*a*)

(*b*)

图 5-30　苏州留园景色

(*a*)苏州留园冠云峰；(*b*)苏州留园涵碧山房

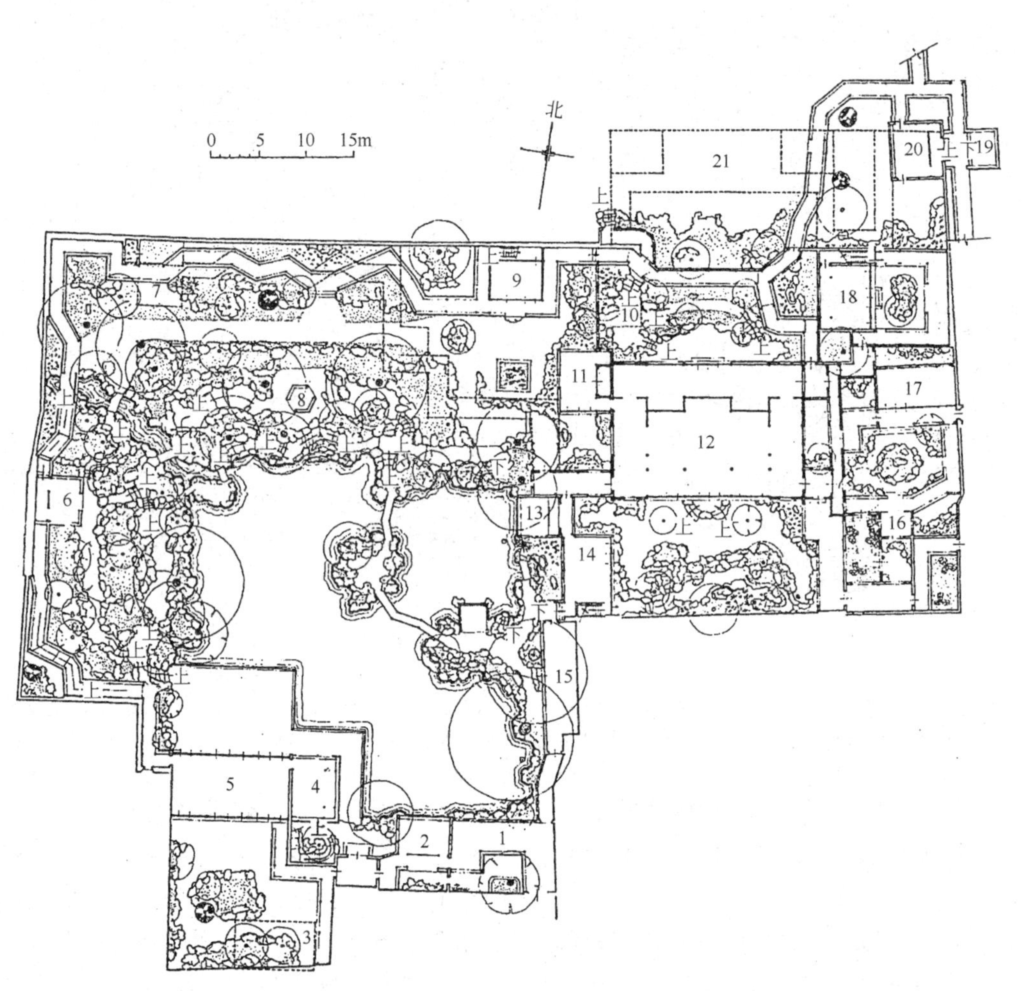

图 5-31　苏州留园中部平面

1—寻真阁(今古木交柯)；2—绿荫；3—听雨楼；4—明瑟楼；5—卷石山房(今涵碧山房)；6—餐秀轩(今闻木樨香轩)；7—半野堂；8—个中亭(今可亭)；9—定翠阁(今远翠阁)；10—原佳晴喜雨快雪之亭(今已迁建)；11—汲古得修绠(今汲古得绠处)；12—传经堂(今五峰仙馆)；13—垂阴池馆(今清风池馆)；14—霞啸(今西楼)；15—西奕(今曲溪楼)；16—石林小屋；17—辑峰轩；18—还我读书处；19—冠云台；20—亦吾庐(今佳晴喜雨快雪之亭)；21—花好月圆人寿

重楼杰出，池南有涵碧山房、明瑟楼、绿荫等建筑，白墙灰瓦以栗色门窗装修，色调温和雅致，可称为江南园林建筑的代表作品。

东部主厅为五峰仙馆，梁柱用楠木，又名楠木厅，宽敞精丽，是苏州园林厅堂的典型。庭院内叠湖石假山，是苏州园林中厅山规模最大的一处，厅东两处小庭院为揖峰轩及还我读书处，幽静偏僻。自揖峰轩东去，是一组围绕冠云峰的建筑群，冠云峰在苏州各园湖石峰中为最高。旁有杂云、岫云两峰做伴，此组石峰的观赏点是池南的鸳鸯厅——林泉耆硕之馆。厅南原为戏台，已废去。峰之北面以冠云峰为屏障，远借虎丘之景，峰之东西两侧为曲廊，有贮云庵、冠云台等建筑。

西部之北为土阜，为全园最高处，各园之冠。无论是从园门入园，还是从鹤所入园，空间明暗、开合、大小、高低参差错落，形成节奏较强的空间联系，衬托了各庭院的特色。

纵观全园，最大的特点是建筑数量大，且厅堂建筑在苏州诸园中规模最为宏大华丽，这也充分体现了古代建筑和造园匠师的高超技艺。

5.2.6　住宅

明代住宅中，以安徽徽州住宅最具代表性(图5-32)。

一般住宅多以一家一宅为单位的小型住宅，大型住宅则数量较少。

图5-32　明代徽州住宅

小型住宅平面基本形式多作方形，一般布局都以三合院和四合院作为基本单位。在较大住宅中只是间数加多，规模较大，平面布局仍为上述方式。一般住宅平面正房三间，或单侧厢房，或两侧厢房，用高大城垣包绕，庭院狭小，成为天井，利用屋顶高低错落，窗口形状位置，屋檐的变化和墙面镶瓦、披水等方法，使之活泼多变化。

徽州明代住宅特点是楼上楼下分间常不一致，楼上分间立柱点在下层无柱支撑，只能落在梁上，各间梁架，中间两缝常用偷柱法。而山面则每步有柱落地，如此内部空间较开敞而结构的整体稳定较好。住宅内的木雕精美，刀法流畅，丰满华丽而不琐碎；室内彩画淡雅醒目，既起到装饰效果，又改善了室内的亮度；楼层表面铺方砖，利于防火、隔声。

5.3　清朝的建筑(1644～1911年)

1644年，满族贵族夺取农民起义胜利果实，建立清朝。为巩固其统治，清初采取了积极恢复生产，稳定封建经济的措施，但对手工业和商业采取压制政策，如限制商业流通，禁止对外贸易等，使自明代发展起来的资本主义萌芽受到抑制。直至乾隆时，农业、手工业、商业达到了鼎盛时期。清朝基本沿袭了明代的政治体制和文化生活，在建筑上也是一脉相承，没有明显差别。清代建筑艺术发展的划时代成就，表现在造园艺术方面，在200余年间，清代帝王在北京西郊兴建了圆明园、清漪园、静明园等一大批园林，在明代西苑基础上扩建三海(北海、中海和南海)，在承德兴建避暑山庄，到乾隆时已达到一个造园高潮。喇嘛教建筑这时期逐渐兴盛，如西藏的哲蚌寺，青海的塔尔寺，甘肃的拉卜楞寺。顺治二年(1645年)起在西藏依山而建的布达拉宫，共9层，雄伟峭拔，显示出高度的创造才能。在建筑艺术上，一些简单机械，如“刨子”、“千斤顶”得到应用，清颁布的《工部工程做法则例》统一了官式建筑的规模和用料标准，简化了构造方法。这时期工艺美术艺术对建筑装饰产生了深刻的影响，镏金、贴金、镶嵌、雕刻、丝织、磨漆，配以传统彩画、琉璃、装裱、粉刷，使建筑更加丰富、绮丽。

5.3.1 皇家园林

皇家园林是以园林为主的皇家离宫，因此除了供游憩外，还包括举行朝贺和处理政务的宫殿、居住建筑及若干庙宇等。这些就决定了皇家园林既要具有一般园林的灵活、自然的特色，又要具有富丽和庄重的气概。清皇家园林是在明代基础上加以扩建和发展的。主要有扩建明西苑，在北京西郊兴建圆明园、长春园、万春园、静明园、静宜园、清漪园(后重建改为颐和园)。京城以外最大行宫是承德避暑山庄。清代皇家园林布置一般分为两部分，一部分是居住和朝见的宫室，位于前面；另一部分是游乐的园林，处在后面。根据各园的地形，将全园划分成若干景区，宫殿部分集中于平坦地带，自成一区，其他景区根据内容和景物划分成不同的风景点。皇家园林与私家园林相比，最大的不同点在于皇家园林其宫室建筑由于所处的政治地位不同，要求宫室建筑极其庄重、严肃。其他部分则和私家园林布置大体相近，讲究灵活、随意、亲切、自然，建筑式样变化多，体量小巧，和山水、花木、地形结合紧密。但在山石处理上，皇家采用山中叠山，真水与假山相结合的手法，这是与私家园林不同之处。皇家园林较私家园林显得堂皇而壮丽，常将尺度与体量较大的庙宇作为构图中心或重要风景点。清皇家园林中具有代表性的要数颐和园和清三海。

1) 颐和园

颐和园位于北京西郊。它的前身为清漪园，后经两次毁坏，于1905年着手重修，遂成今日之观。全园面积约340hm^2，水面占3/4。从总的空间布局看，它以高耸的万寿山和广阔的昆明湖为主要风景(图5-33)。

全园大致分为四部分。

第一部分是东宫门和万寿山东部的朝廷宫室部分，地势平坦，建筑严谨，属宫廷禁地。主要建筑有东宫门仁寿殿、德和园戏楼及乐寿堂寝宫等。其中，德和园戏楼宽敞高大，是我国古代现存最大的戏楼(图5-34)。居住部分未用琉璃瓦，体量也不大，庭院气息较浓厚。这些建筑的东北有一水院为谐趣园(图5-35)，仿无锡寄畅园，自然小巧，为颐和园中最秀丽的一处风景。

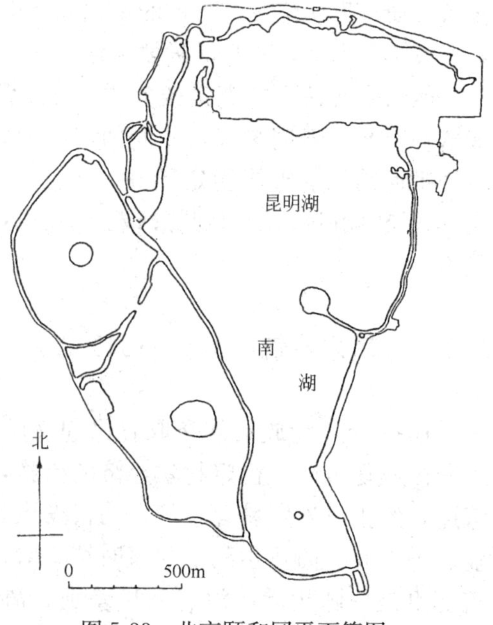

图5-33 北京颐和园平面简图

图5-34　颐和园德和园戏楼

图5-35　颐和园水院—谐趣园

第二部分为万寿山前山部分，它包括中部排云殿和山顶的佛香阁及两侧的转轮藏、宝云阁、画中游等建筑，还有沿湖长达700m的长廊。这里为全园的重心所在，排云殿和佛香阁则为全园的主体建筑(图5-36)。排云殿是举行典礼和礼拜神佛之所，是园中最堂皇的殿宇。佛香阁高38m，四层八角，建于高大的石台上，为全园制高点，它和下面的排云殿共同构成万寿山的轴线。这里复道回廊，白栏玉瓦，金碧辉煌，充分体现了皇家园林建筑的豪华风格。

图5-36　颐和园排云殿和佛香阁

第三部分是万寿山后山和后湖部分，这里林木茂盛，环境幽雅，溪流曲折而狭长，和前山殿堂廊阁形成鲜明对照，后湖两岸布列藏式喇嘛庙以及模仿苏州的临水街道。

第四部分为昆明湖的南湖和西湖部分，这里主要是水面，一条长堤将昆明湖分为东西两部分，东湖中设立龙王庙，与东堤以十七孔桥相连(图5-37)；西湖有二处小岛，水面之大，浩淼开阔，湖中建筑隔水和万寿山相望，形成对景。颐和园在环境创造方面，利用万寿山的地形，造成前山开阔的湖面，后山幽深的曲溪，形成强烈的环境对比；在建筑布局和体量上，创造出一种和谐、统一的效果，前山中轴线上的建筑群采用明显的对称布局，其他广大空间则多采用灵活布置。佛香阁、十七孔桥体形硕大，其他建筑体量较小。同时颐和园采用了较多的官式做法，与一般私家园林不同，通过巧妙地利用自然景物，创造出一种富丽堂皇而富于变化的艺术风格，集中体现了皇家园林的特点。

图5-37　颐和园昆明湖十七孔桥

2）清三海

清三海位于北京中心地区，历经金、元、明三个时代至清又加以扩建，清三海距宫城较近，是皇帝游憩、居住、处理政务的重要场所。三海分为中海、南海、北海三处，其中中海、南海水面稍小，建筑规模也不大，北海则为三海中风景最胜的一处。同时，北海也是皇家园林中现存最完整的一处(图 5-38)，占地面积 $70hm^2$。其中水面占 $38hm^2$，北海布局以池岛为中心，四周环池建有多处建筑，琼华岛居于全园构图中心，高 32.8m，周长 973m，以土堆成(图 5-39)。琼华岛北坡叠石成洞，山顶建有白塔一座，高 35.9m，全部用砖石和木料建造(元、明时为广寒宫)，建于清顺治八年(1651 年)，为瓶形。琼华岛上有许多各具特色的建筑：正觉殿、悦心殿、漪澜堂、庆宵楼等。在岛的北面建有长廊，长廊外绕白石栏杆，长达 300m，隔岸相望，甚为壮观。岛的南坡隔水为团城，是一座近似圆形的城台，墙高约 4.6m，占地 $4553m^2$，上建承光殿，重檐歇山顶，黄瓦绿剪边，飞檐翘角，此种造型在我国古代建筑中很少见。团城与琼华岛间以一座曲折的拱桥相连。北海

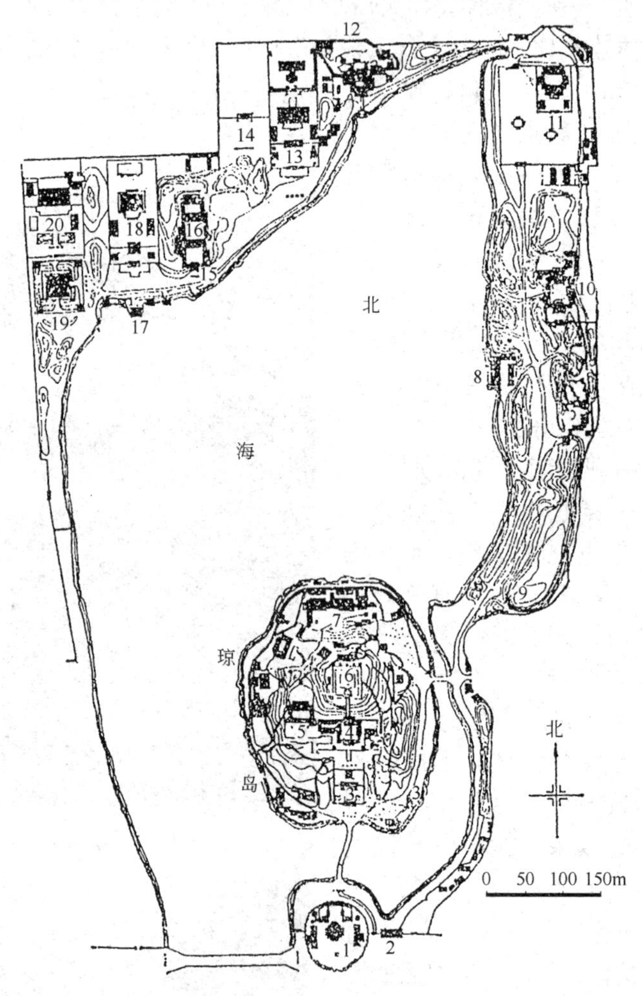

图 5-38 北京北海平面

1—团城；2—门；3—永安寺；4—正觉殿；5—悦心殿；6—白塔；7—漪澜堂；8—船坞；9—濠濮涧；10—画舫；11—蚕坛；12—静心斋；13—小西天；14—九龙壁；15—铁影壁；16—澄观堂、浴兰轩；17—五龙厅；18—阐福寺；19—极乐世界；20—大西天

东岸与北岸布列许多建筑，有濠濮涧、画舫斋、静心斋三组封闭景区及大、小西天、阐福寺、西天梵境等宗教建筑，还有九龙壁与五龙亭。其中，静心斋的布置在几组建筑中最为精巧清秀，其地形极不规则，堂亭廊阁，棋布其间，环境幽雅，有“北海公园里的公园”美誉(图 5-40)。

图 5-39　北海琼华岛

图 5-40　北海静心斋

5.3.2　住宅

清代住宅建筑，在原有基础上有了很大的发展，住宅的类型、样式繁多，有西北、华北黄土地区的窑洞住宅，北京四合院式住宅，长江下游院落式住宅，闽南土楼住宅，云南一颗印住宅，西南的干阑式住宅，云南与东北森林地区的井干式住宅及维吾尔住宅，藏式碉式住宅，蒙古包等。但最能反映清代住宅特点，最具代表性的要首推北京四合院住宅(图 5-41)。

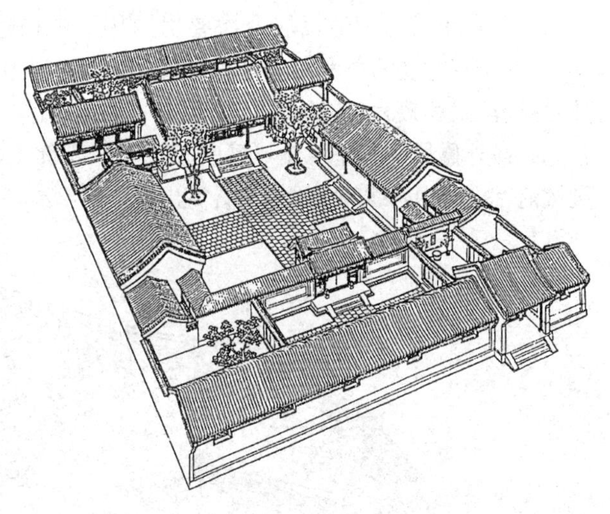

图 5-41　北京典型四合院住宅鸟瞰

四合院建筑早在商代甲骨文中就已有它的踪迹，到清代已形成了一套成熟的布局方式。传统的四合院以南北为中轴线，宅院大门，一般多设在东南角，门前设一影壁，如屏风，入大门，迎面仍为影壁，清水砌水磨砖，加以线脚修饰。入门折西，为前院，其南侧房子称倒座，作门房、书塾、客房或男仆居住用。北部轴线上做成华丽的垂花门，造型华美，为全宅醒目之处。门内为四合院的主体，北为正房，两边附有耳房，东西两面为厢房，正房供长辈居住，厢房是晚辈的住处，周围用走廊联系，为全宅核心部分。正房后面一排罩房，布置厨、厕、贮藏、仆役住宅等。大型住宅在二门内，以两进或两进以上四合院向纵深方向排列，有的左右还建有别园和花园。住宅周围均由各座房屋的后墙或围墙封闭起来，一般对外不开窗，使住宅成为整体，在院内常栽植花木或盆景，使环境显得十分幽静和舒适。四合院在结构上有许多特点，如在梁柱式木构架的外围，一般砌有砖墙，屋顶以硬山样式居多，次要房屋用单坡或平顶，墙壁和屋顶较厚，室内设炕床取暖，内外地面铺方砖，室内用罩、博古架、槅扇等分间，顶棚用纸裱或用天花顶格。在色彩上，除贵族府第外，一般住宅不得使用琉璃瓦、朱红门墙和金色装饰，墙面和屋顶只允许用青灰色，或在大门、中门、上房、走廊处加简单彩画，影壁、墀头、屋脊等略加砖雕。所以，北京四合院在整体上比较朴素、淡雅，有良好的艺术效果。

长江下游江南地区的住宅，较北京四合院建筑有自己的特色。它以封闭式院落为单位沿纵轴布置，方向不像四合院规定的必须正南正北那样严格。其中大型住宅在中轴线上建门厅、轿厅、大厅及正房，在左右轴线上布置客厅、书房、次要住房、厨房、杂屋等，形成中、左、右三组纵向布列的院落组群。住宅外围包绕高大的院墙，其上开漏窗，利于通风。客厅和书房前凿池叠石，栽植花木，形成幽静、舒适的庭院。现存的杭州吴宅是这地区的典型住宅之一。江南住宅在结构上，采用穿斗式木构架，或穿斗式与抬梁式的混合结构，外围砌较薄的空斗墙，屋顶也较北方住宅为薄，厅堂内部也用罩、屏门、槅扇等分隔。梁架与装修不施彩绘，仅加少数雕刻，住宅外部木构部分用褐、黑、绿等色，与灰瓦、白墙相结合，色调素雅明净，和谐统一。

5.3.3 官式建筑

在清代木结构建筑中，官式建筑占有很重要的位置，而大木作在官式建筑中起到极其重要的作用，它是我国木构架建筑的主要承重构件，由柱、梁、枋、斗栱等组成，是木构建筑形体和比例尺度的决定因素。大木作又分为大木大式和大木小式两种，大木大式为宫殿、庙宇用，大木小式为一般民居及次要房屋用。木构建筑正面两檐住间的距离称面阔（又叫开间），各面阔宽度的总和称“通面阔”。建筑开间为 11 以下的奇数间（12 以上有奇数又有偶数），故宫太和殿为 11 开间。建筑正中一间称明间（宋称当心间），左右两侧称次间，再外称梢间，最外称尽间。屋架檩与檩中心线间距离称步，各步距离总和称“通进深”。若有斗栱，则按前后挑檐中心线间水平距离计算出通进深，清各步距离相等（宋各步相等或不等）（图 5-42）。

图 5-42 北京故宫太和殿梁架结构示意图

1—檐柱；2—老檐柱；3—金柱；4—大额枋；5—小额枋；6—由额垫板；7—挑尖随梁；8—挑尖梁；9—平板枋；10—上檐额枋；11—博脊枋；12—走马板；13—正心桁；14—挑檐桁；15—七架梁；16—随梁枋；17—五架梁；18—三架梁；19—童柱；20—双步梁；21—单步梁；22—雷公柱；23—脊角背；24—扶脊木；25—脊桁；26—脊垫枋；27—脊枋；28—上金桁；29—中金桁；30—下金桁；31—金桁；32—隔架科；33—檐椽；34—飞檐椽；35—溜金斗栱；36—井口天花

斗栱是木构架建筑中的重要构件，由方形的斗，矩形的栱，斜的昂组成(图 5-43)。斗栱一方面承重，另一方面起装饰作用。斗栱在官式建筑中分为外檐斗栱和内檐斗栱两大类，详细的又分为柱头科(宋称柱头铺作)、平身科(宋称补间铺作)、角科(宋称角铺作)等。还有平坐科和支承在檩坊间的斗栱等，科指一组斗栱，即一攒(宋称一朵)。斗栱中最下的构件叫坐斗(宋称栌斗)，坐斗正面的槽口叫斗口，在大式建筑中用斗口宽度作尺度计量标准。斗口按建筑等级分为11等，用于大殿的斗口一般为5等、6等。栱是置于斗口内或跳头上的短横木，向内外出跳的栱，叫翘。昂是斗栱中斜置的构件，起杠杆作用，有上昂下昂之分，下昂使用居多，上昂仅用于室内。翘或昂自坐斗出跳的跳数，称为踩(宋称铺作)，一般建筑(楼牌除外)不超过九踩(七铺作)。斗栱经历一段漫长的时期，至清代斗栱结构机能发生了变化(图 5-44)。梁外端做成巨大耍头，伸出斗栱外侧，直接承拖挑檐檩，梁下昂失去原来的结构机能，补间平身科的昂多数不延至后侧，栿成为纯装饰性构件，斗栱比例较以前大大缩小了，排列密集，内檐斗栱减少，梁身直接置于柱上或插入柱内。

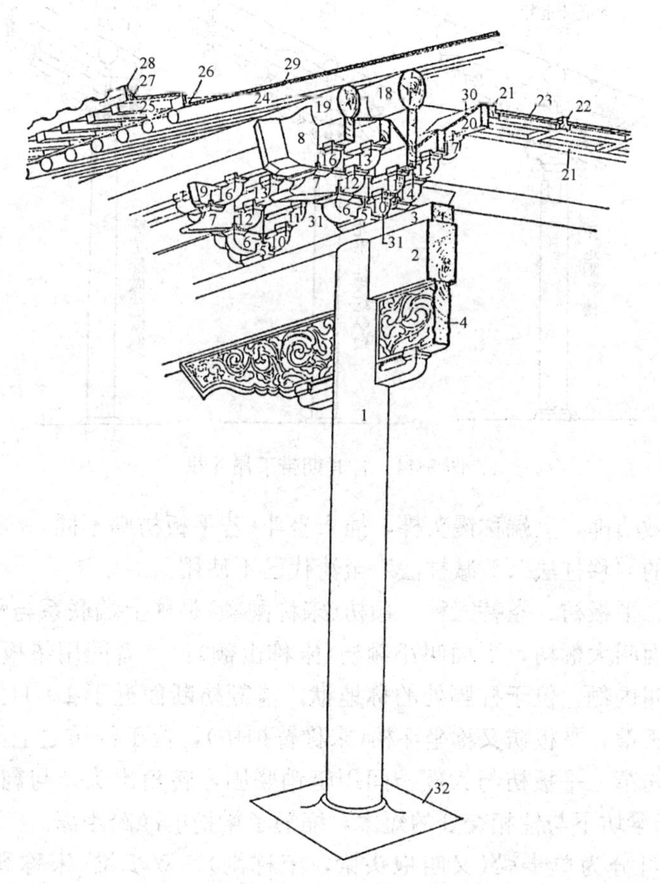

图 5-43 清式五踩单翘单昂斗栱

1—檐柱；2—额枋；3—平板枋；4—雀替；5—坐斗；6—翘；7—昂；8—挑尖梁头；9—蚂蚱头；10—正心瓜栱；11—正心万栱；12—外拽瓜栱；13—外拽万栱；14—里拽瓜栱；15—里拽万栱；16—外拽厢栱；17—里拽厢栱；18—正心桁；19—挑檐桁；20—井口枋；21—贴梁；22—支条；23—天花板；24—檐椽；25—飞椽；26—里口木；27—连檐；28—瓦口；29—望板；30—盖斗板；31—栱垫板；32—柱础

柱可分为内柱和外柱，按其结构又分为檐柱、金柱、中柱、山柱等。清代檐柱、金柱、中柱等断面大多为圆形，体直，只在上端做小圆卷杀。其柱径与柱高间的比例较以前有较大变化，一般由大到小，至清约为1/10～1/11。檐柱发展到清代已无侧脚和升起。柱

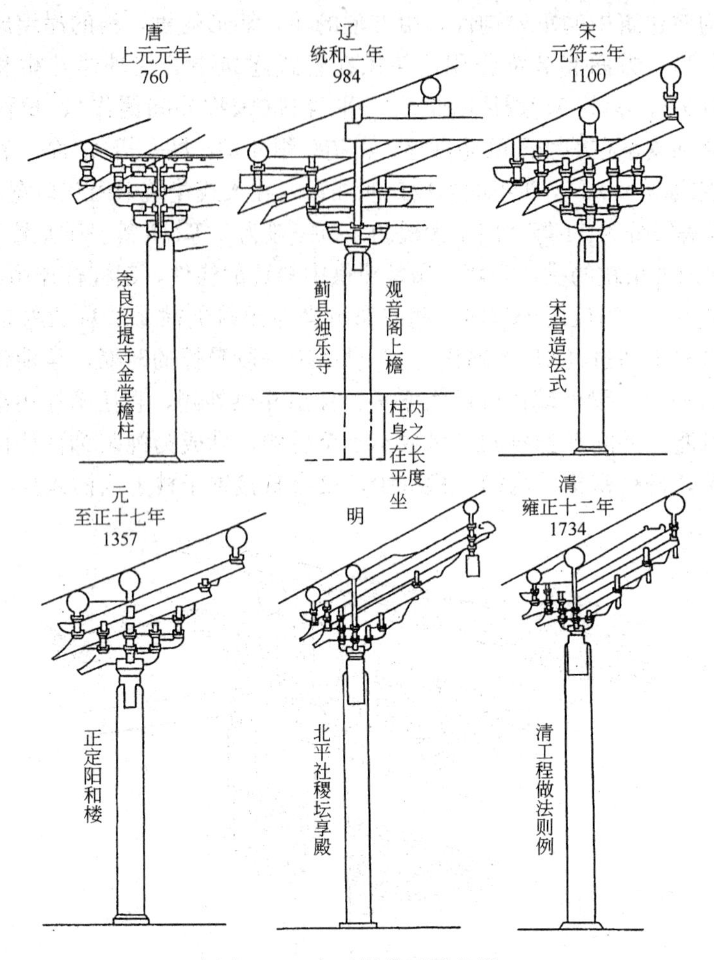

图 5-44　各时期带下昂斗栱

的上端和下端都做凸榫，上端称馒头榫，插入坐斗(若平板枋则不同)；下端称管脚榫插入柱础。明清以前的“移柱法”、“减柱法”至清代已不使用。

枋分为额枋、平板枋、雀替三种。额枋(宋称阑额)是柱上端联系与承重的构件，它有时两根叠用，上面叫大额枋，下面叫小额枋(宋称由额)，二者间用垫板(宋称由额垫板)，使用于内柱间的叫内额，位于柱脚处的称地栿。清额枋断面近于 1∶1(宋阑额断面为 3∶2)，出头多用霸王拳。平板枋又称坐斗枋(宋称普拍枋)，位于额枋之上，起承拖斗栱的作用，其宽度较额枋窄。平板枋与大额枋间用暗销联固，转角出头，与霸王平齐。雀替(宋称绰幕枋)是置于梁坊下与柱相交处的短木，缩短了梁枋的净跨距离。

梁(宋称栿)可分为单步梁(又叫抱头梁，宋称劄)、双步梁(宋称乳栿)、三架梁(平梁)、五架梁(四椽栿)、角梁(阳马)、顺梁、扒梁等。梁的名称按其上所承的檩数来命名(宋按其所承椽数来定)，梁据其外观可分为直梁和月梁，其断面近于方形，高宽比 5∶4(宋高宽比 3∶2)，梁头多用卷云或挑尖。角梁分老角梁和仔角梁，老角梁高宽比约 4∶3，仔角梁置于老角梁上，用暗销结合，宽度同老角梁。

檩(宋称槫)按其位置分为脊檩(宋称脊槫)、上金檩、中金檩、下金檩、正心檩、挑檐檩等，一般檩径等于檐柱径，同时，脊檩、金檩、正心檩均相等，挑檐檩直径较小。

椽垂直于檩上，直接承受屋面的荷载，按部位分飞檐椽(宋称飞子)、檐椽、花架椽、脑椽、顶椽等，断面有矩形、圆形、荷包形等。飞檐椽断面为方形，伸出长度为上檐出的 1/3；檐椽断面为圆形，伸出长度为上檐出的 2/3。椽在屋角近角梁处的排列有平行和放射两种，清代以后者为主，即自金檩中线向角梁放射形排列，逐渐升高与老角梁上皮平齐，同时将飞檐椽作成折线形，在挑檐檩和正心檩上放枕头木，使角部屋面缓曲抬起，这部分檐椽称为翼角翘飞椽。椽径尺寸随建筑的大小而定，而椽头上的卷杀在清代已极少使用。

清建筑高度分为台基、屋身、屋顶三部分，台基高是地面到阶条石上皮高度，城台明高，一般台基高等于檐柱高的 15/100。屋身高在大式建筑中包括柱础、柱身和斗栱高。柱础高为柱径的 2/10，柱身高为檐柱径的 10 倍。屋顶高是根据各步举架举高之和与屋顶形式而定，一般等于檐柱高。清举架(宋称举折)高即指屋架高，其举高按表 5-1 计算。

清式建筑各步举高 **表 5-1**

	飞檐	檐步	下金步	中金步	上金步	脊步
五檩	三五举	五举				七举
七檩	三五举	五举		七举		九举
九檩	三五举	五举	大五举		七五举	九举
十一檩	三五举	五举	六举	六五举	七五举	九举

清代各步距离相等，其中三五举表示此步升高是水平距离的 35%，愈往上屋面坡愈陡(亭、塔攒尖顶除外)，一般建筑的脊步不超过九举，其计算顺序清代由下而上(宋代由上而下)(图 5-45)。

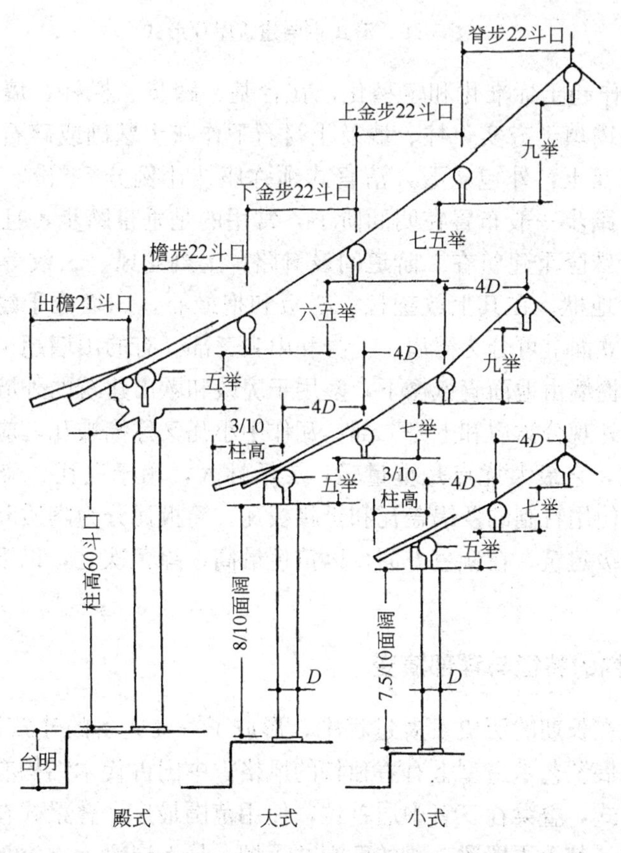

图 5-45 清式建筑举架

清代屋顶形式在原有基础上加以发展，如庑殿、歇山、悬山攒尖、囤顶等(图 5-46)。其处理手法主要有推山、收山、挑山等。推山是庑殿(宋称四阿)建筑处理屋顶的一种特殊手法。将正脊向两端推出，四条垂脊由 45°斜直线变为柔和曲线，使屋顶正面和山面的坡度与步架距离不一致。收山是歇山(宋称九脊殿)屋顶两侧山花自山面檐柱中线向内收进的做法，虽使屋顶不致过大，但引起了结构上的变化，增加了顺梁或扒梁和采步金梁架等，收山收进的距离依立面要求和山面结构而定。悬山顶挑山是将悬山建筑两山的檩头向山柱或山墙外伸出 5～8 椽径的做法，若屋面荷载过大。可将檩下垫板同时伸出，称燕尾枋，山面用以遮护檩头并起装饰作用的称搏风板，表面涂以朱红或栗红色。在山尖处用悬鱼做装饰，檩头部位钉以铜钉。

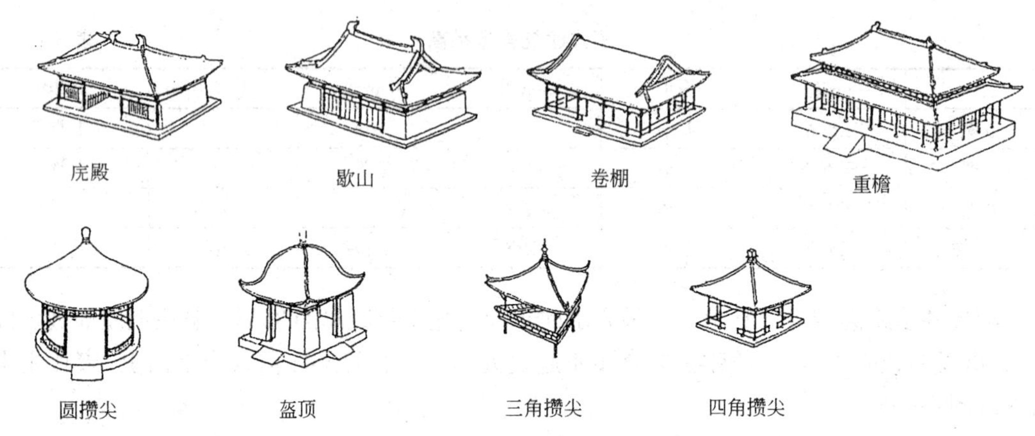

图 5-46　清式主要建筑屋顶形式

清代石作与瓦作趋于标准化和定型化，在台基、踏步、栏杆、墙、瓦等方面均有所体现。普通台基基内填土夯实，柱、墙及土衬石下作灰土基础或碎石基础。高级台基用须弥座，内填碎石及土，外包条石，清官式须弥座按比例分 51 份，一般用青灰石，高级用汉白玉砌成。踏步一般布置在明间阶下，常用的是垂带踏步，且垂带石中线与明间檐柱中线重合，特殊隆重建筑在二阶道间设御路，上刻龙凤、云纹等，称龙凤石。栏杆是在台基或地面置地栿，在其上放望柱、栏板和抱鼓石。山墙位于建筑两端，止于檐下(硬山建筑除外)，立面上可分为裙肩、上身和山尖三部。有的山墙超出屋面很多，起着装饰和封火的作用。檐墙由地面直抵檐下，多用于庑殿和歇山建筑的外墙，悬山与硬山建筑一般只用于后檐，外观分裙肩和上身二部。瓦作中小瓦又称蝴蝶瓦，应用于最广的屋面覆材，只有一种形式，它最大优点是重量轻，灵活性大，用于底瓦、盖瓦、屋脊或构成装饰。在卷棚屋顶中使用特制的罗锅盖瓦和折腰板瓦。筒板瓦分为陶质和玻璃的，常用于宫殿、庙宇官署等高级建筑。在颜色方面，以黄色最高，绿色次之，以下有蓝、紫、黑、白诸色。

5.3.4　木结构的特征与详部演变

中国木构建筑在长期的历史发展过程中。形成了一套完备的建筑体系，在材料选用、平面处理、结构发展及艺术造型上有着独特的风格。中国古代木结构有叠梁、穿斗、井干三种不同的结构方式，叠梁在三者中居首位，使用范围最广。叠梁式在基础上立柱，柱上架梁，梁上放短柱，其上再置梁，梁的两端并承檩，最上层梁上立脊瓜柱以承脊檩。其优点是室内少柱或无柱，缺点是柱、梁等用材费。这种木构建筑在北方应用较广(图5-47)。穿斗式又称为立贴式，用落地柱(柱距离、柱径细)与短柱直接承檩，柱间不施梁而用若干穿枋联系，并以挑枋承拖出檐。优点是用料较小，山面抗风性能好，缺点是室内柱密而空间不够开阔，在南方应用十分普遍(图5-48)。井干式是将圆木或半圆木两端开凹榫，组合成一个矩形木框，层层累叠形成墙体，井干式木构建筑的缺点是耗材大，外观厚重，且面阔、进深受到木材长度的限制，仅在木材丰盛的地区较多见。

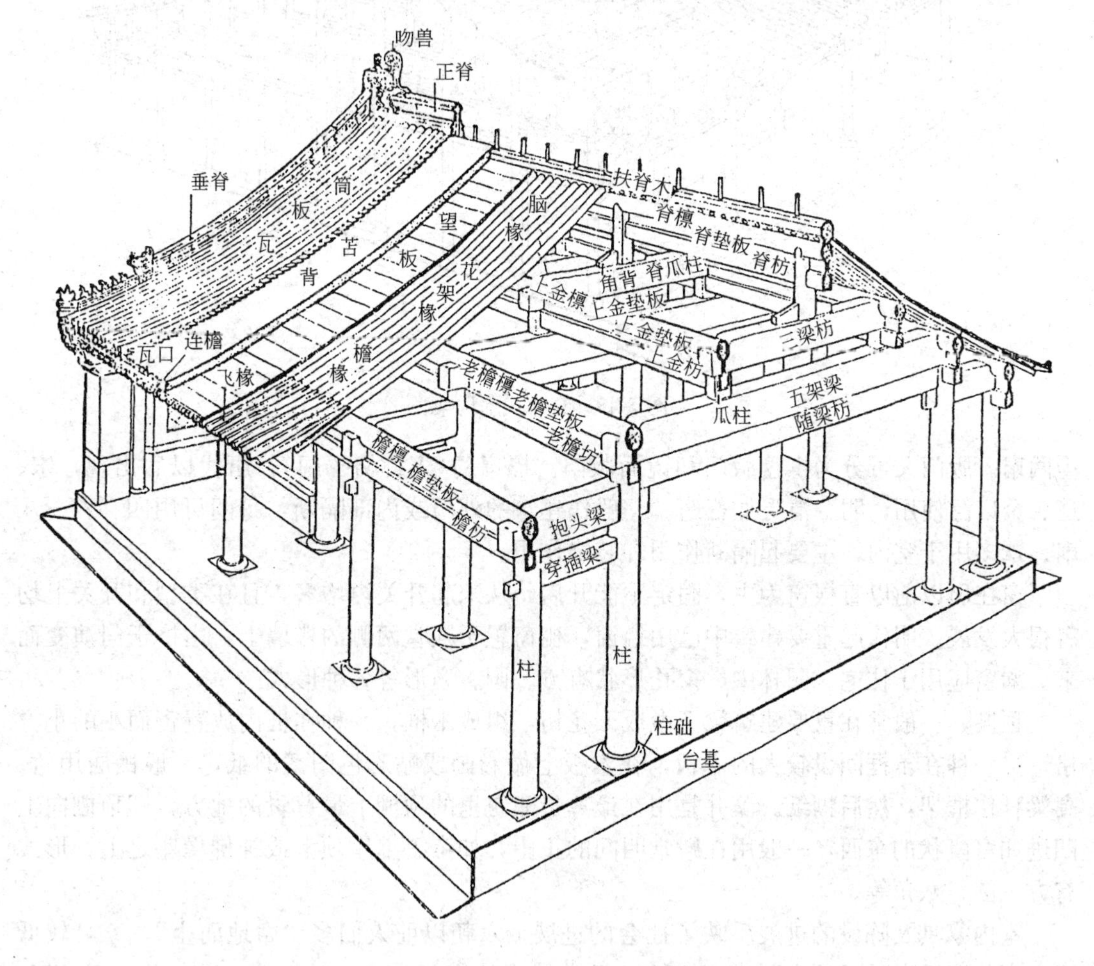

图5-47　清官式建筑木构架(叠梁式)

木构建筑在结构上基本采用简支梁和轴心受压柱的形式，局部使用了悬臂出挑和斜向支撑，同时还采用了斗栱。在构造上各节点使用了榫卯，在设计和施工上实行类似近代建筑模数制(宋用“材”，清用“斗口”作标准)和构件的定型化。北宋《营造法式》和清代的《工部工程做法则例》，都是当时的官式建筑在设计、施工、备料等各方面的规范和经验总结。

大木作在清官式建筑中已作详尽介绍。装修(宋称小木作)分为外檐装修和内檐装修，外檐装修指在室外，如檐下的挂落，走廊的栏杆和外部门窗，内檐装修指在室内，如隔断、天花，罩、藻井等。

门分为版门、槅扇门和罩。版门用于城门，宫殿、衙署、庙宇、住宅的大门等，一般

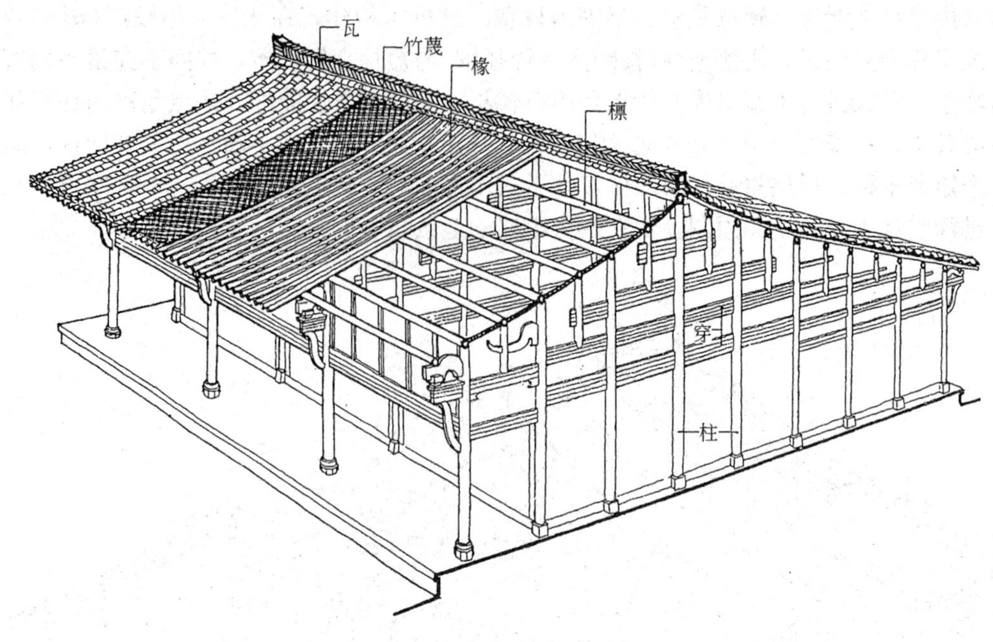

图 5-48　穿斗式木构架

为两扇。版门又可分为棋盘版门和镜面版门。槅扇门(宋称格子门)，唐代以后出现，宋、辽、金广泛使用，明、清更加普遍。一般作建筑的外门或内部隔断，每间可用四、六、八扇。罩多用于室内，主要起隔断作用和装饰作用。

窗在唐以前以直棂窗为主，固定不能开启，从宋起开关窗增多，且在类型和开关上均有很大发展。明代起重要建筑中已用槛窗，槛窗置于殿堂两侧的槛墙上，由格子门演变而来。漏窗应用于住宅、园林中，窗孔形状有方、圆、扇形等各种形式。

顶棚，一般常在重要建筑梁下做成天花枋，组成木框，一种在框内放置密而小的小方格，另一种在木框间设较大的木板，在木板上做彩画或贴彩色图案的纸，一般民居用竹、高粱秆作框架，然后糊纸。藻井是用在最尊贵建筑里的顶棚上最尊贵的地方，即顶棚向上凹进如穹窿状的东西，一般用在殿堂明间的正中，如帝王宝座顶上或神佛像座之上，形式有方、圆、八角等。

室内家具及陈设的进展反映了社会的进展。六朝以前人们多“席地而坐”，家具较低矮；五代以后“垂足而坐”成为主流，日常使用的家具有床、桌、椅、凳、几、案、柜、屏风等；明代家具在原基础上又有发展，榫卯细致准确，造型简洁而无过多的修饰等；清代家具注意装饰，线脚较多，外观华丽而繁琐。室内陈设以悬挂在墙面或柱面的字画为多，有装裱成轴的纸绢书画，也有刻在竹木版上的图文。

建筑色彩基本源于建材的原始本色，随着制陶、冶炼和纺织等行业的发展，人们认识并使用了若干来自矿物和植物的颜料，这样就产生了后天的色彩。周代规定青、赤、黄、白、黑五色为正色；汉除上述单色外，在建筑中运用几种色彩相互对比或穿插的形式；北魏时在壁画中使用了“晕”；宋代在其基础上继续发展，规定晕分三层；到明、清时又简化为两层。

室内装饰包括粉刷、油漆、彩画、壁画、雕刻、泥塑及利用建筑材料和构件本身色彩和状态的变化等。粉刷最初用来堵塞墙体或地面的缝隙，并作为护面层，使壁、地面光洁平整，以消除或减少毛细现象，并改进了室内采光。在墙体大量使用后，壁体表面仍用粉刷，室外主要是为了外观，室内是为了清洁和改善采光，对墙体的保护功能退居次要位置。壁画在商代已有记载；汉、晋时实物见于墓中，一般以墨线勾出轮廓，再涂以颜色；唐代壁画得到迅速发展；明代后，壁画渐少，艺术水平有所下降。我国石窟中的壁画也占有很大比例。雕刻依形式有浮雕和实体雕，依材料有砖、石、木等。古代建筑石刻现遗留下来的以汉代为最早，宋代对石料加工分六道工序，清代分四道工序。砖刻常见于牌坊、门楼、墙头、照壁、门头、栏杆、须弥座或墓中，最早的砖刻实例见于汉代墓中的画像砖。

思　考　题

1. 北京妙应寺白塔有何特点?
2. 北京故宫在平面布局上有何特点?
3. 故宫三大殿各有何特点?
4. 北京天坛由几部分组成?
5. 圜丘与祈年殿就其作用而言各有何特点?
6. 明十三陵在平面布局上与以往朝代的陵墓有何不同?
7. 举例说明明、清两代私家园林与皇家园林各有何特点?
8. 北京四合院建筑的平面布局特点是什么?
9. 中国古代木构建筑有几种类型?

第6章　中国近代建筑

（1840～1949年）

6.1　中国近代建筑的发展

中国从1840年鸦片战争开始进入半殖民地半封建社会，建筑的发展也在此期间转入了近代时期，前后大致可分为四个发展阶段。

6.1.1　19世纪中叶到19世纪末

随着中国在鸦片战争的失败，英、法、美、德、日、俄等国展开了对中国的政治、经济、文化等方面的侵略，在许多城市形成了作为外国侵略基地的商埠，割让出的香港、九龙和台湾完全殖民化，上海、天津、汉口等地则形成几个帝国主义国家共同占领的大片租借地。租界中成立了外国侵略者的行政、税收、警察和司法机关，建立了殖民地式的统治，外国教会则夺取了可随意到内地传教的特权。

封建的都城，州府县域还继续着原来的功能性质和格局。中国封建社会商品经济内部孕育的资本主义萌芽，在鸦片战争后，城市手工业和农村家庭手工业受到破坏及城乡商品经济取得发展的条件下，从19世纪下半叶开始产生了微弱的资本主义。在甲午战争前，民族资本办了100多个诸如纺织、化学、食品、机械、五金等大小企业。

这个时期的建筑活动很少，是中国近代建筑的早期阶段。由于广大人民的极端贫困化，使得劳动人民的居住条件非常恶劣，因此民居的发展受到很大局限。北京圆明园、颐和园的重建与河北最后几座皇陵的修建，成了封建皇家建筑的最后一批工程。城市的变化主要表现在通商口岸，在租界地形成了不少新区域，其区域内出现了早期的外国侵略者的教堂、领事馆、洋行、银行、饭店、俱乐部及独立式住宅等新建筑。建筑形式大部分是资本主义各国在其他殖民地国家所用的同类建筑的“翻版”，多数是一二层楼的“卷廊式”和欧洲的古典式建筑。这类建筑采用的是砖木混合结构，用材没有大变化，但结构方式则比传统的木构架前进了一步。

6.1.2　19世纪末到20世纪20年代末

19世纪90年代前后，各主要资本主义国家先后进入帝国主义阶段。中国被纳入世界市场范围，为了强化对中国的控制与掠夺，各帝国主义国家竞相加强对中国的投资，在中国开办各种工矿企业，外资几乎控制了所有的铁路，英、德、俄、日、法、美在中国掠夺了近9000km的铁路建造权，并且随着铁路的修建，肆意扩大帝国主义的势力范围。青岛、大连、哈尔滨分别成为德、俄、日帝国主义先后独占的城市。侵华的各资本主义国家纷纷将代表本国文化特色的建筑形式带入其中国的租界地，使延续发展了几千年的中国传统建筑体系受到强烈冲击。

中国国内的封建王朝统治虽然被辛亥革命推翻了，但延续下来的却是帝国主义支持的大军阀、大地主、大资产阶级的统治和随后大小军阀的割据局面。在文化思想领域，“中学为体，西学为用”的主张曾在洋务派、改良派中盛极一时。激进的民主主义在“五四”运动前夕领导的新文化运动，提倡资产阶级民主，与当时出现的一股反动的“保存国粹”、“尊孔读经”的逆流相对抗，主张用近代自然科学向封建礼教进行激烈的挑战。甲午战争后有了初步发展的民族资本主义，在第一次世界大战期间进入了发展的“黄金时代”，轻工业、商业、金融业都有一定的发展，水泥、玻璃、机制砖瓦等近代建筑材料的生产能力也有了初步的发展。国内开始兴办土木工程教育，这个时期建筑施工技术有较大提高，建筑工人队伍也有所壮大。虽然1910年后有少数留学回国的建筑师，但建筑设计仍为洋行所操纵。

在这一时期，近代建筑活动十分活跃，陆续出现了许多新类型建筑，如公共建筑中形成的行政、金融、商业、交通、教育、娱乐等基本类型，城市的居住建筑方面也由于人口的集中，房产地产的商品化，里弄住宅数量显著增加，并由上海扩展到其他商埠城市。在这些建筑活动中，开始有了少数多层大楼，有了较多的钢结构，并初步采用了钢筋混凝土结构。建筑形式主要仍保持着欧洲古典式和折中主义的面貌。仅少数建筑闪现出新艺术运动等新潮样式。一批“中国式”的新建筑出现在外国建筑师设计的教堂和教会学校建筑中成为近代传统复兴建筑的先声。

6.1.3 20世纪20年代末到30年代末

在经历了一段军阀割据局面以后，中国形成了以四大家族为首的垄断的封建买办官僚集团，并控制了中国的政治、经济。军阀割据时期的战乱，迫使当时的有钱阶层涌入租界避难，随之带来大量资产刺激了这一时期租界内的房地产业和公共服务事业的发展，第一次世界大战后至20世纪20年代初期，在各资本主义参战国家战后喘息期间，中国的民族资产阶级也得到了发展机会。这个时期的中国建筑得到了比较全面的发展，是中国近代建筑的最主要活动时期。

首先是中国开始有了自己的建筑师，1921年留美归国的建筑师吕彦直独立创办中国建筑师开设的首家建筑事务所——彦记建筑事务所，以后又陆续开办了数家以中国建筑师为主的建筑事务所。其次，建筑产业的规模愈来愈大，施工技术提高也快，建筑设备水平也相应得到了发展。广州、天津、汉口、东北的一些城市中，陆续建造了八九层的建筑，尤其是上海出现了28座10层以上的建筑，最高的达到24层。国内的建筑教育也有了初步的发展，并陆续成立了“上海建筑师学会”(1927年，该组织后扩为“中国建筑师学会”)、“中国营造学社”和“中国建筑协会”等组织。在复杂的意识形态背景和资本主义世界建筑潮流的影响下，我国建筑的设计思想既受到学院派的影响，也开始受到现代派的影响。建筑形式大体上从“折中主义”、“中国固有形式”向“国际式”现代建筑的趋势发展。这一时期日本统治的大连、长春、哈尔滨等远离战争前线的城市，也出现了一些新的建筑，主要是军事基地用房、工业产房、金融企业机构、商业建筑及侵略者的生活用房等。尤其是在长春(当时的伪满州国“首都”)，由日本建筑师主持设计，建造了一批具有复古主义和折中主义色彩的伪满军政办公建筑。

6.1.4 20世纪30年代末到40年代末

这期间正逢我国抗日战争与第三次国内革命战争时期，中国建筑活动很少，基本上处于停滞状态。位于抗战大后方的成都、重庆(临时首都)因经济的发展和人口的增加，城市建筑有一定程度的发展。由于部分沿海城市的工业随之向内地迁移，四川、云南、湖南、广西、陕西、甘肃等内地省份的工业有了一些发展。近代建筑活动开始扩展到一些内地的偏僻小县镇。

20世纪40年代后半期，战后的资本主义各国进入恢复时期，现代派建筑普遍活跃，发展很快。通过西方建筑书刊的传播和少数回国建筑师的介绍，中国建筑师和建筑系师生较多的接触了国外现代派建筑，由于当时建筑活动不多，在实践中还没有产生广泛的影响。

6.2 近代城市规划与建设

6.2.1 中国封建社会城市发展特点

中国古代城市发展亦如中国古代建筑，持续不断发展了数千年，形成了鲜明的民族特色。中国古代城市自进入封建社会起，就走上了一条与西方城市截然不同的发展道路。长达数千年的中国封建社会，是一个大统一的中央集权制国家，因此，中国的封建社会城市就有以下几个特点：

(1) 城市的建立与发展完全是以政治、军事需要为目的，根本不考虑其社会分工与商品经济发展水平。

(2) 城市因此具有明显的封建等级标志和军事防御功能。如各个朝代的最大城市往往都是都城所在地，其次是按行政级别大小来确定城市规模，行政级别愈小，其所在城市规模也相应小。

(3) 城市人口组成中，消费人口多于生产经营性人口，消费意义大于生产意义，商业的繁荣程度远远超过商品生产的水平。中国历史上数十万人口的城市比比皆是，各个朝代都不乏百万人口的城市。

(4) 城市发展兴衰无常，人口数量忽高忽低，一旦改朝换代或各级行政(军事)中心迁移，都有可能造成城市的兴盛与衰败。

(5) 中国封建城市布局一般特点。

① 城市中心为皇家宫殿或各级官府衙门，居于支配地位，商业活动用地少量在城市内偏远地带，多数设在城外。

② 城市道路一般为方格网式，因宫殿或官府占据中心大量用地，致使大多数城市中心地带交通不畅，东西或南北经过的中心地区一律绕行。

③ 直到宋代前，城市一直奉行里坊制，城市居民受到严格控制，临街建筑不许开窗，晚上街坊均要上锁。同时期的西方封建城市则正与之相反，因为西方的封建社会一直处于分裂，没有统一过，富裕阶层与统治者都住在农村地区的城堡，城市居民以手工业者为主，故西方封建城市规模都不大，城市规模受到城市生产水平的制约，其城市中心多为教堂广场，工商业市场相对发达。

6.2.2 中国近代城市的发展

鸦片战争以后的中国，社会政治经济发生了巨大的变动，使近代的中国城市也随之产生急剧的变化。帝国主义各国通过一系列不平等条约，夺取租界地，划分势力范围，疯狂地展开了瓜分中国的活动，控制了从沿海到内地的70余座被强迫开辟为商埠的重要城市，作为对中国进行经济、政治和文化侵略的据点。除了外国资本家在各通商口岸建立起的工商企业，清政府的洋务派也曾一度兴办了一批近代军事工业与民用企业，国内的民族资本家亦随之发展。随着工商业，交通事业的发展，一些新兴的资本主义工商业城市先后在沿海(江)和铁路沿线形成并发展起来。这些城市大体可分如下几种类型：

1) 帝国主义租界城市

这类城市又可分成多个帝国主义国家共同侵占的租界城市和一个帝国主义国家占领的城市。前者如上海、天津、汉口等，这些城市因各国租界各自为政，故城市布局不合理，城市面貌混乱；后者有青岛(德、日)、湛江(法)、大连与旅顺(俄、日)、哈尔滨(俄、日)。还有一些是帝国主义独占的割让地，如香港(1842年，英国)、澳门(1849年，葡萄牙)、九龙(1895年，英国)、台湾的一些城市(1895年，日本)。

2) 新兴的中国资本主义工商业城市

这类城市又可分成因近代修筑铁路形成的交通枢纽而发展起来的新兴城市与因民族资本和官僚资本的工矿企业的开办而兴起的两种类型。前者如郑州、蚌埠、石家庄、宝鸡等；后者有唐山、无锡、南通、大冶等。

3) 由古代旧城市演化发展起来的半殖民地城市

这类城市原为封建社会的各级行政中心，近代产生了较发达的手工业和商业。在近代资本主义的发展带动下，城市发生结构变化，出现新的工业区和商服中心，一般在原有旧城的基础上稍有扩大。这类中心城市有北京、南京、兰州、长沙、太原、昆明、重庆、安庆等；这类的商埠城市有苏州、杭州 、宁波、芜湖、烟台、沙市、营口、福州等。

因此，中国的近代城市与中国近代建筑的相同之处是，都是由于近代西方文化的巨大冲击而中断了原来的封建主义的轨道开始转向资本主义发展。尽管在中国的明代就已有了早期资本主义发展的萌芽，但就鸦片战争时期的中国社会形态而言，还是正处在封建社会中(后)期阶段，其结果是对中国近代城市产生了多方面影响。

(1) 改变了原有以政治职能为中心的封建社会的城市性质，突出了城市经济职能。突出表现是中国近代经济较发达的城市，都出现了集中或分散的工业区、商贸中心区，开放性代替了封建城市的闭塞。

(2) 城市用地布局也随之发生变化，除了新增加的城市工业区和商服娱乐中心用地外，还增加了对外交通用地，尤其是沿海、沿江和沿铁路的大中城市。

(3) 市政设施有了较大规模的发展，这也是近代城市与旧有封建城市的重要区别之一。从19世纪60年代开始，许多城市从无到有，规模从小到大，逐渐发展了煤气、电力、自来水、排水与污水处理、电话、电报、公共电汽车等市政公用事业，从根本上改变了城市的生产与生活条件，促进了城市的进一步发展。

(4) 出现了一批西方近代城市规划理论指导下建设的城市。在由一个帝国主义国家管辖的城市中，为其长期占领着想，在城市大规模建设之前都做了比较深入的城市规划，并在城市建设中能认真实施，正因为如此，这些城市都有着比较合理的布局结构，城市市政设施也反映了较先进的水准，并形成了具有不同特色的城市风貌。如青岛在德国占领后的建设中，港口与工业用地布局合理，留下了最好的面海东南地段作为生活居住用地，重视绿化和建筑群体的布局，形成了富于海滨城市特色的碧海、蓝天、绿树、红房子的景观。再如中东铁路枢纽城市哈尔滨，在城市规划中体现了合理的城市功能分区，道路网充分依托自然地形，不强求朝向正南正北，在松花江流过城市段的下游设置了码头与仓库区，上游段则建设成了景色宜人的江滨公园，并用绿化将之引向商业中心中央大街，因整个城市主要是由在法国留学的俄罗斯建筑师主持规划建设的，故形成了比较统一的来自欧洲的折中主义风格和最新潮的新艺术运动风格，使哈尔滨这个城市获得了“东方小巴黎”的美称(图 6-1～图6-3)。

图 6-1　波兰籍商人葛瓦里斯基私邸

图 6-2　东正教圣·阿列克谢耶夫教堂

图 6-3　圣·索菲亚教堂

在众多的中国近代城市中，南通市的发展建设独树一帜，在著名的民族资产阶级工业实业家张謇的主持下，南通旧城不变，在其南面开辟新城区，形成了工业区、港口区、生活区三足鼎立的组团式城市结构，建实业，办学校，修马路，筑海堤，创办了全国第一条城市公共交通路线，利用城壕水面造成良好的城市风貌，其建设成就曾获得了巴拿马世界博览会大奖。

中国近代城市确实较封建时期有了明显的进步，如上海由一个普通的县城发展成远东第一大城市，一些大城市步入了当时的国际性大城市行列。但这些都是用中国人民付出的高昂代价换来的，城市的两极分化十分严重。就是在一些布局基本合理的城市中，中国人民也是同样受到不合理的待遇，他们干的是最重、最脏的工作，住的却是最差的城市区域，根本谈不到生活方便，有时连起码的上水、照明条件都不具备，与华丽的高楼大厦和花园洋房组成的环境优雅的高级住宅区形成了鲜明的对比。

6.3 居住建筑

在近代中国城市中，居住建筑发展的最显著的特点是两极分化。由于中国近代社会阶级矛盾激化，破产的农民纷纷涌进城市，城市人口急剧增长，城市地价也不断上涨，房荒成为严重的城市社会问题，住宅商品化在城市中得到迅速的发展。这样自然形成了一种反差，有权势的中外大资产阶级与民族资产阶级上层人物，利用近代的建筑技术和市政设施条件，占据了城市中最优越的地段，建造适应资产阶级生活方式的各种类型的高标准住宅；而城市中最贫困阶层的居民，自然被挤到城市环境最恶劣的地段，栖身于最简陋的棚户。为适应城市不同阶层居民需求，近代城市中的住宅类型也呈现出多种式样。

6.3.1 独院式住宅

这是近代的一种高标准住宅类型，盛行于1910年前后的大城市，一般位于市区内最好地段，总平面宽敞，讲究庭院绿化和小建筑处理，建筑面积很大，有数间卧室及餐厅、厨房、卫生间等。多为一二层楼，采用砖石承重墙，木屋架、铁皮屋面，设有火墙、壁炉、卫生设备，极力讲究排场，追求华丽装饰。外观随居住者国别采用其本国的府邸形式(图6-4、图6-5)。这类住宅首先在当时是最为时髦，同时也确实较中国传统住宅更舒适、方便，所以为当时上流社会所追慕。近代实业家张謇在南通建了7幢类似别墅(图6-6)，又如上海的同孚路住宅(图6-7)等。这些住宅虽然在建筑样式上、技术与设备上吸取西方的一套，但在平面布置、装修、庭园绿化等方面则保存中国传统形式。

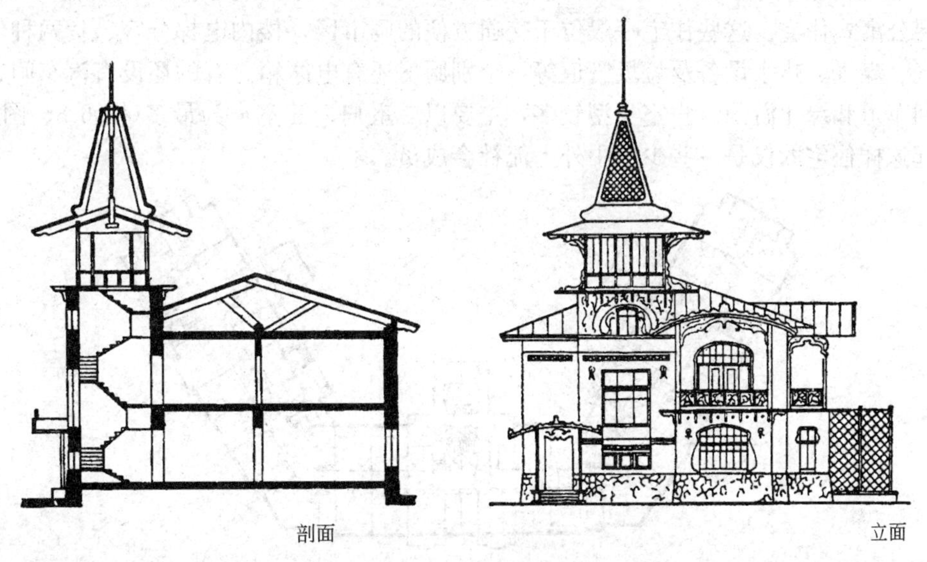

图6-4 哈尔滨中东铁路高级职员住宅剖面、立面

图 6-5 哈尔滨中东铁路高级职员住宅外观

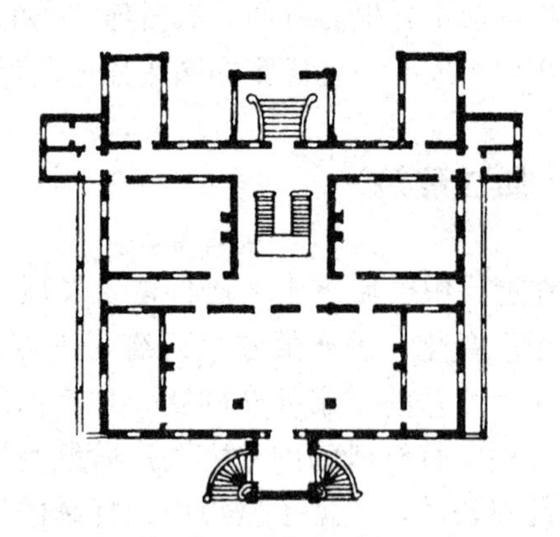

图 6-6 南通“濠南别业”平面

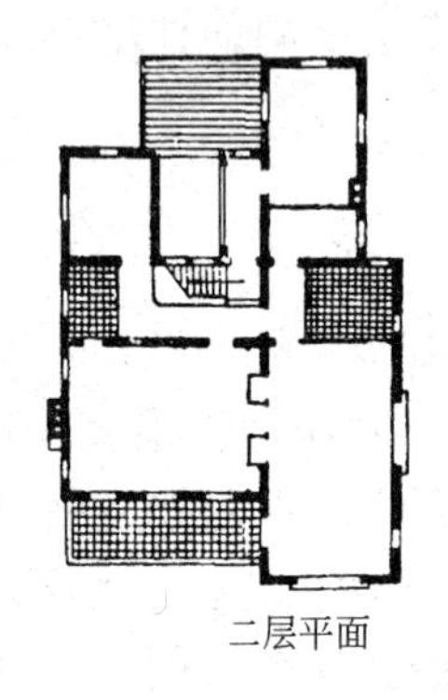

二层平面

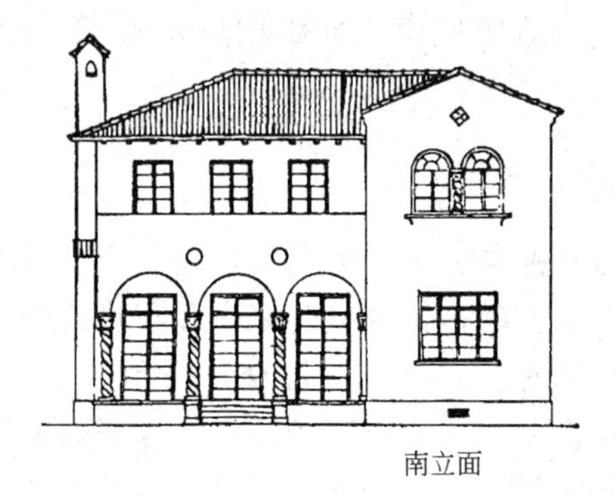

南立面

图 6-7 上海民孚路住宅

6.3.2 公寓式住宅

20 世纪 30 年代以后，一些大城市因地价昂贵，受国外现代建筑运动影响，出现了一些高层公寓式住宅。这些住宅一般位于交通方便的闹市区，楼内电梯分客、货两种，安装有暖气、煤气、热水设备及垃圾管道等，个别厨房还有电冰箱。有的还设有汽车间、工友间、回车道和绿化游园。户室类型较多，主要以二室户、三室户为最多(图 6-8、图 6-9)。住得起这样住宅的仅是一些少数中外上流社会成员。

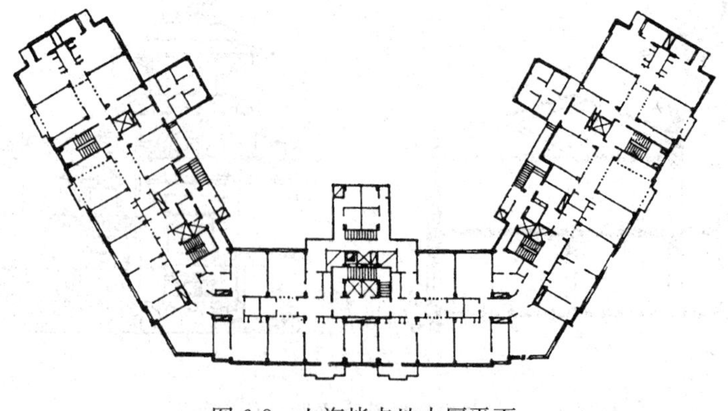

图 6-8 上海毕卡地大厦平面

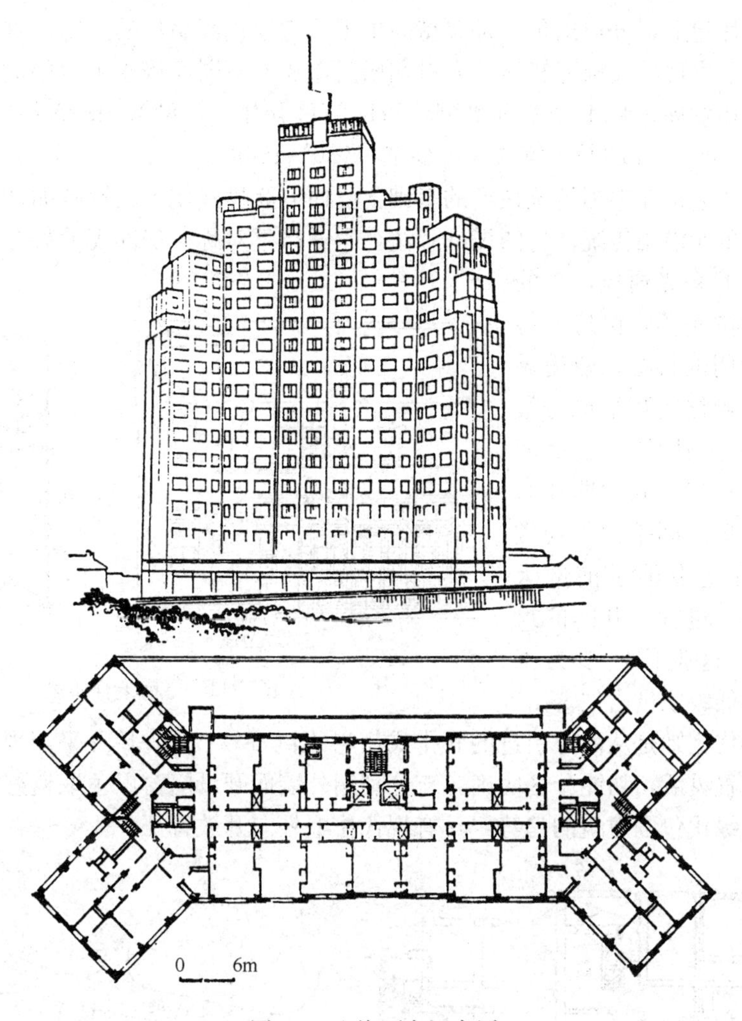

图 6-9　上海百老汇大厦

6.3.3　居住大院与里弄住宅

这是近代城市居住建筑中数量较多的两种类型。居住大院是在四合院基础上加以扩大的，多分布在北方，如青岛、哈尔滨、沈阳等城市。这是一种十几户至几十户集中居住的住宅形式(图 6-10)，多为砖木结构，二三层的外廊式楼房，形成大小不等的院子，院内有集中的公用自来水龙头、下水口和厕所。这类建筑密度大，卫生条件差，一般居住对象为城市普通职员和广大劳动者。

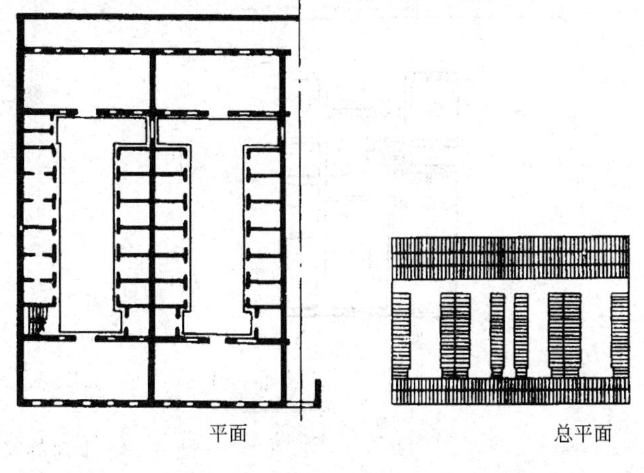

图 6-10　青岛居住大院

里弄住宅最早出现在上海，是上海、天津、汉口等大城市建造最多的一种住宅类型。它是由房地产商投资集中成片建造，分户出租，是典型的中国住宅建筑商品化的产物。这种类型住宅适应了当时社会上出现的大家庭解体，人口剧增后造成的不同经济水平阶层的住房需求。上海的里弄住宅在发展过程中分三种类型：石库门里弄住宅（1870～1919 年），新式里弄住宅（1919～1930 年），花园与公寓式里弄住宅（1930～1949 年）。

旧式里弄住宅是在中国传统住宅的基础上受西方联排式住宅的影响而产生的一种联排式住宅，分户单元沿用传统住宅的设计手法，平面严整对称，房间无明确分工，所有房间依靠院内及天井采光通风，总的印象是建筑包围院落，保持着传统住宅内向封闭的特征。建得最早的石库门里弄住宅数量也是最多，占上海里弄住宅总数量的 2/3 以上（图 6-11）。同时期还有一种更经济的单开间平面外观类似广东的旧住宅取消了前部天井，房屋层高、进深、开间的尺度都缩小了，这类住宅多为工人，小商贩和低级职员居住。

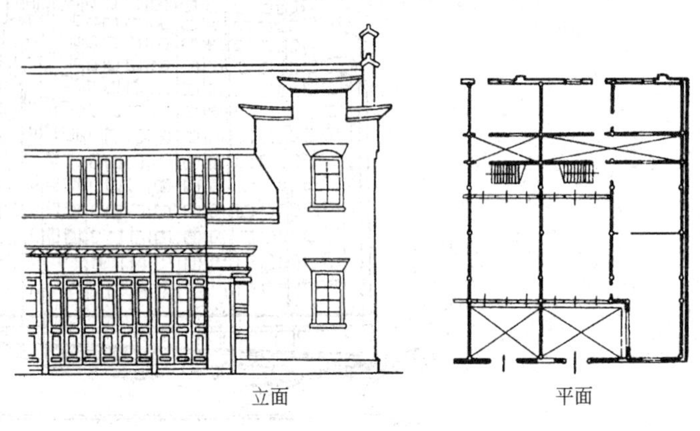

图 6-11　上海老祥康里

新式里弄住宅则是从西方引进的联排式住宅（图 6-12）。分户单元采用现代住宅的设计手法，平面布置灵活，功能分区明确，充分利用外墙面开设门窗以争取良好的采光通风条件，有院落及绿化包围建筑的趋势，具有现代住宅外向开放特征。

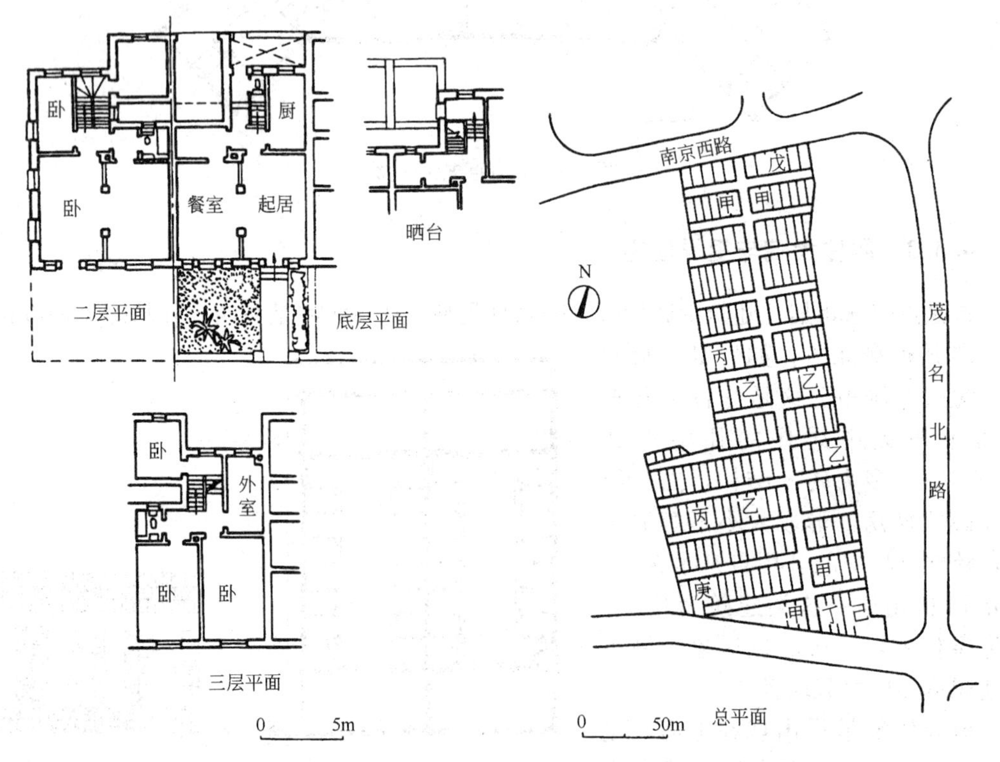

图 6-12　上海静安别墅

花园式里弄住宅与公寓式里弄住宅建造数量不多，主要是供中上层资产阶级、官僚地主和上层知识分子居住。花园式里弄住宅与公寓试里弄住宅的主要特点是去掉老式里弄住宅的天井，由联排式里弄住宅发展而成半独立式住宅建筑。花园式绿化空地大，房屋占地较小，环境幽静。底层多作汽车间、厨房、贮藏室，二、三层为起居室、卧室、浴室，阳台较大，通风、采光条件较好，水、暖、电、卫生、煤气等设备俱全(图 6-13)。公寓式里弄住宅内部布局与花园式有所不同，各层有成套房间，自成一独立单元。全栋由若干单元组成，已趋向集体住宅形式。

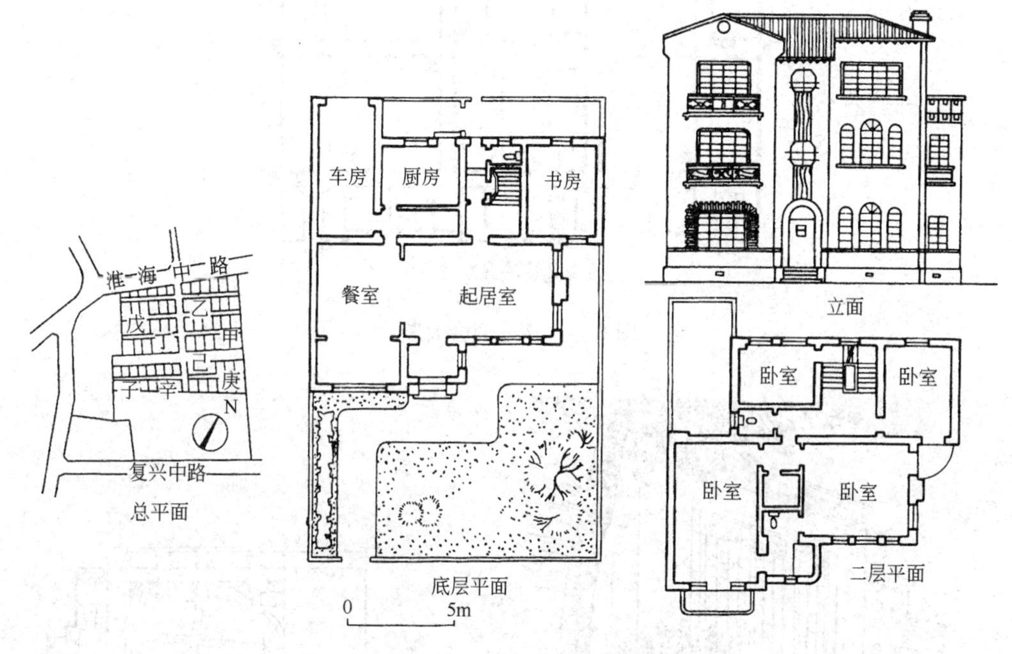

图 6-13 上海上方图花园

里弄式住宅是经过近代匠师、建筑师的实践探索和住户在使用过程中的改进形成的江南城市多见的一种住宅形式，在紧凑布局，利用天井，利用居室空间和楼梯间、屋顶空间等方面，借鉴了江浙民居和国外住宅的一些手法，积累了许多增加使用面积和有效空间经验，对今日的住宅设计仍有一定的借鉴价值。

6.4 公共建筑

进入 20 世纪后，随着各帝国主义的经济文化入侵与租界地的建设，建设活动剧增，建筑的功能状况改观了，建筑的规模扩大了，高层建筑也出现了，尤其是增加了许多新类型的公共建筑。

行政、会堂建筑。早期这类建筑主要有外国侵略者的领事馆、工部局、提督公署和清政府的“新政”活动，军阀政权的“咨议”机构以及商会大厦(图 6-14)，其形式多为欧洲古典主义、折中主义风格。20 世纪 20 年代后，国民党政府在南京、上海等地建造了一批行政办公和会堂建筑，形式多为“中国固有式”(图 6-15～图 6-17)，其中 1928 年建造的中山纪念堂可容纳 6000 人，是当时最大的会堂建筑。

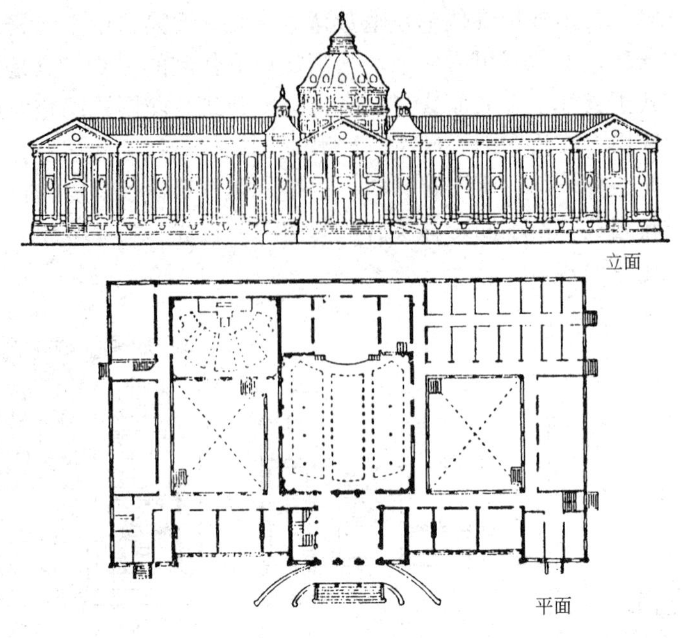

图 6-14　南通商会大厦

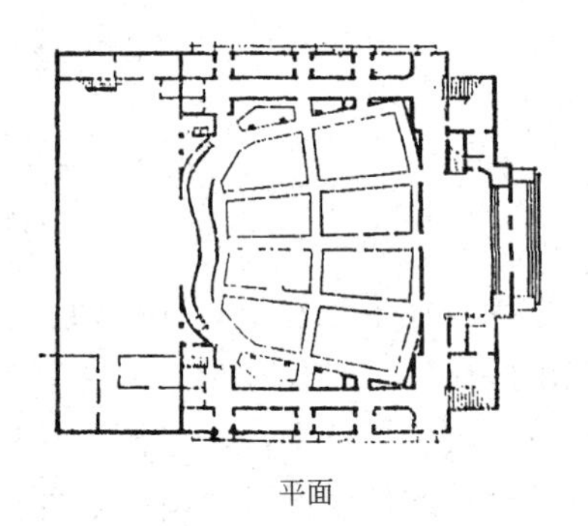

图 6-15　原南京国民大会堂

银行建筑在近代公共建筑中发展较快，从 1845 年第一家外国银行在中国开始营业，到 20 世纪 20 年代，外国银行已遍布中国各大城市(图 6-18)。20 世纪 30 年代开始，四大家族官僚资本的银行建筑也在各地普遍设立。银行建筑的特点是竞相追求高耸、宏大的体量和坚实、雄伟的外观及内景，成为近代大城市中最触目的建筑物(图 6-19)。比较典型的有建于上海外滩的英国汇丰银行新楼(1921～1923 年)。这栋银行建筑耗资 1000 余万元，英国人自诩是“从苏伊士运河到远东的白令海峡最华贵的建筑”(图 6-20)。它占地约 9000m^2，8 层，近似四方形平面，总建筑面积为 32000m^2，一、二层为银行，上面各层出租给洋行做办公室，其库房可收藏白银数千万两。钢筋混凝土结构，仿砖石结构外观，典型的古典主义风格。中部冠戴高突的圆穹顶，强调出建筑物的主轴线。内部采用爱奥尼柱式的柱廊和藻井式的顶棚，极力追求富丽堂皇的装饰效果，也是典型的古典主义形式。汇

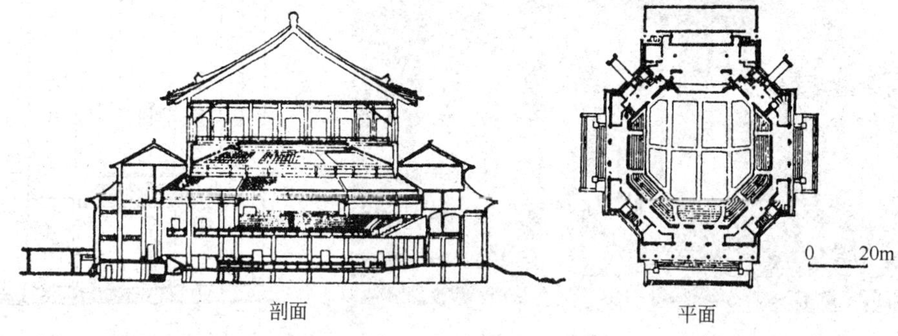

图 6-16 广州中山纪念堂

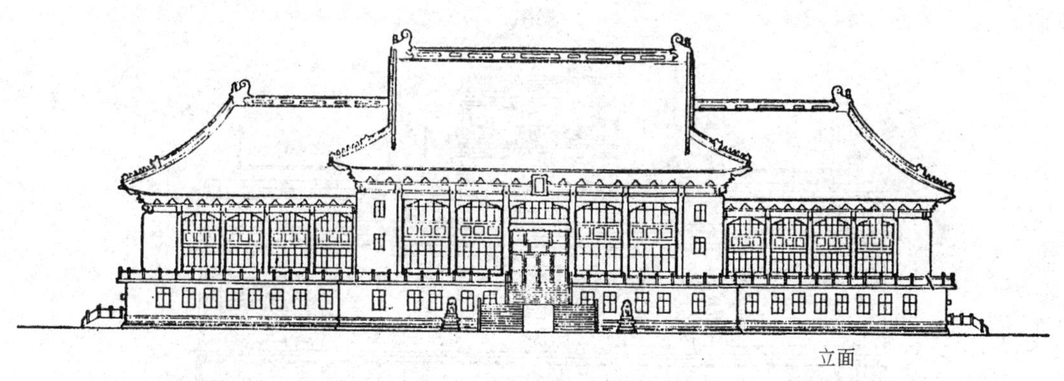

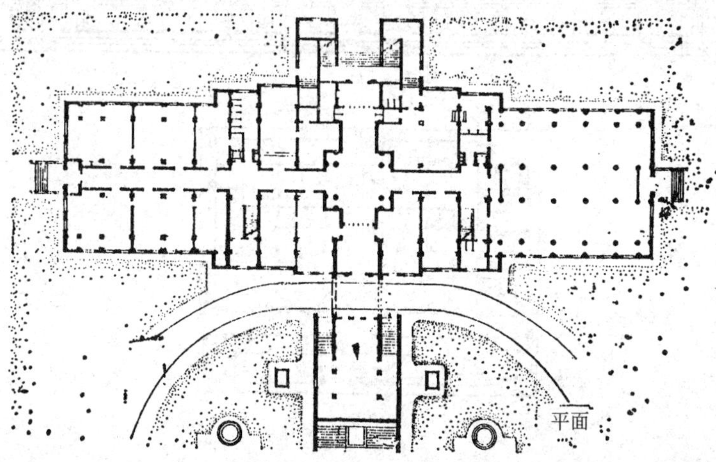

图 6-17 原上海市政府大厦

图 6-18　英国汇丰银行

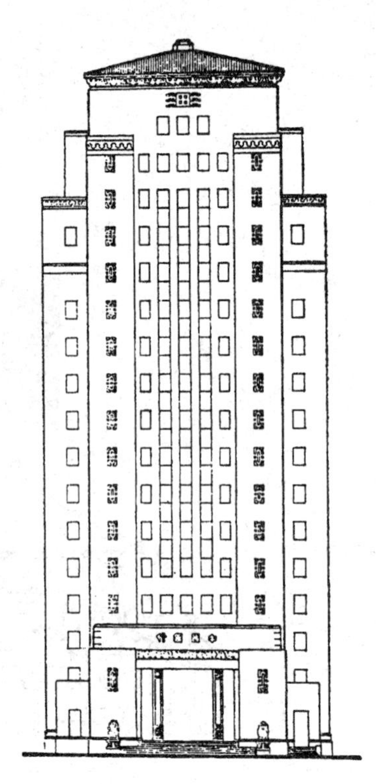

图 6-19　上海中国银行

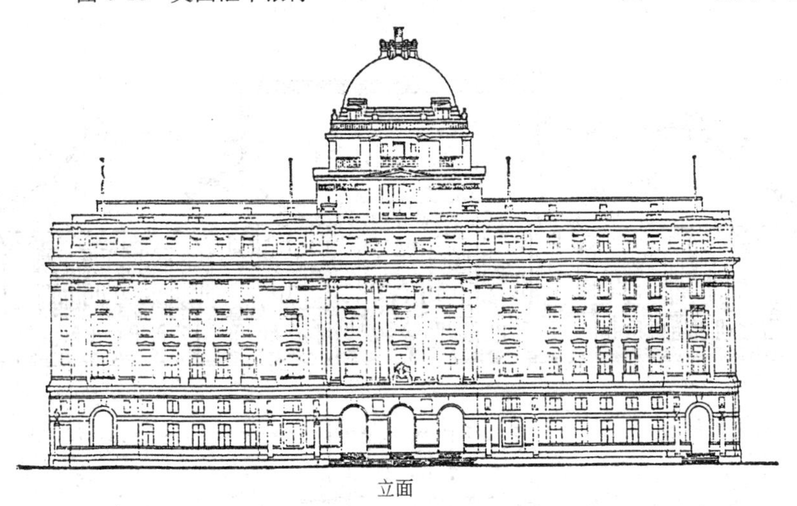

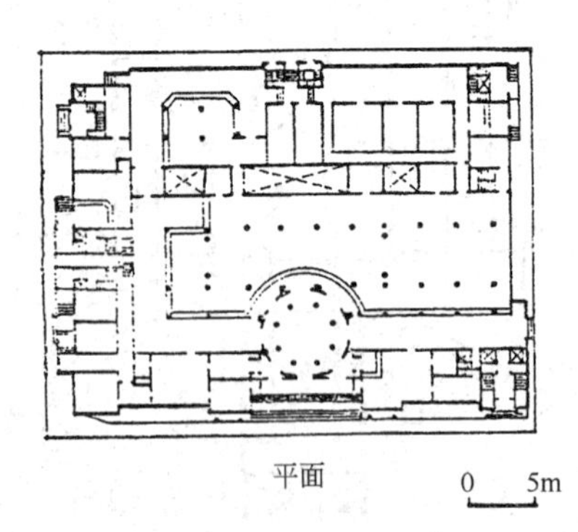

图 6-20　上海汇丰银行

丰银行一直充当英帝国主义侵华的大本营，其精神作用也是向中国人民耀武扬威地宣扬侵略势力和显示雄厚资金，典型的反映了近代银行建筑的功能本质。

近代在中国所修建的铁路，大多为帝国主义所控制，因而各地的火车站建筑也就多直接套用各国的火车站形式。建于1903年的哈尔滨火车站，是中东铁路一等大型客站，采用了当时欧洲最流行的新艺术运动风格，建筑平面功能合理。1937年日本在大连建造的火车站建筑，受到当时资本主义国家现代建筑运动影响，造型简洁明快，功能明确合理，是近代中国为数不多的现代派风格的典型建筑之一(图6-21)。

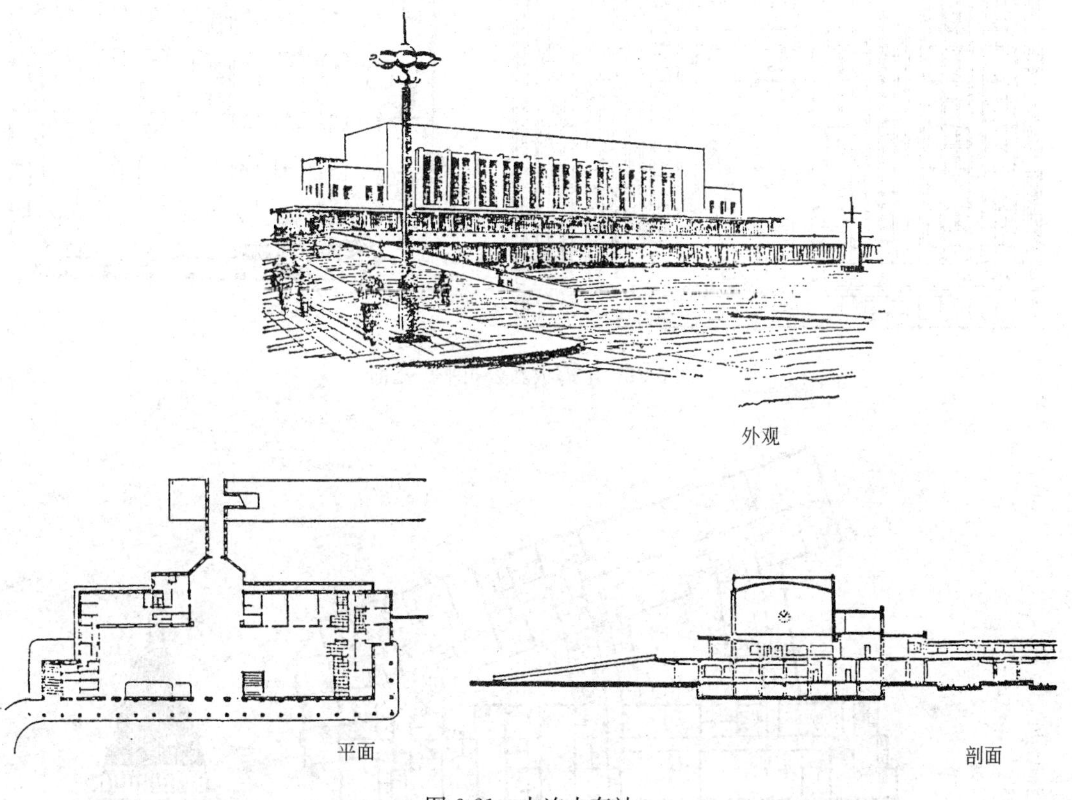

图6-21 大连火车站

商业、服务业和娱乐性建筑，是近代公共建筑中数量最大，影响面最广的重要类型，尤其是以城市中上层顾客为营业对象的大型百货公司、大型饭店和高级影剧院等，得到显著的发展，以上海、天津、汉口等商业活动集中的城市分布最多(图6-22)。

建于1926～1928年的上海沙逊大厦，是当时标准很高的一幢大型饭店(图6-23)。建筑为钢结构的10层大楼(部分12层)。平面为三角形。外观以花岗石贴面，处理成简洁的直线条。建筑物前部顶上耸立一个19m高的方锥体屋顶，是没有实用意义的庞大的装饰物，表现出从折中主义向“装饰艺术”风格过渡的特点。底层一部分为商场，一部分为饭店的接待室、管理室、酒吧间、会客厅等，2、3层为出租写字间，四层至七层为旅客客房，八层为中国式餐厅、大酒吧间、舞厅，九层为夜总会、小餐厅。十层为沙逊和旅馆经理住宅，客房分为三个等级。9套一等客房分别做成中国式、英国式、法国式、意大利式、德国式、印度式、西班牙式等九国不同风格的装饰和家具，借以显示建筑的豪奢，迎合旅客的不同口味和好奇心理。

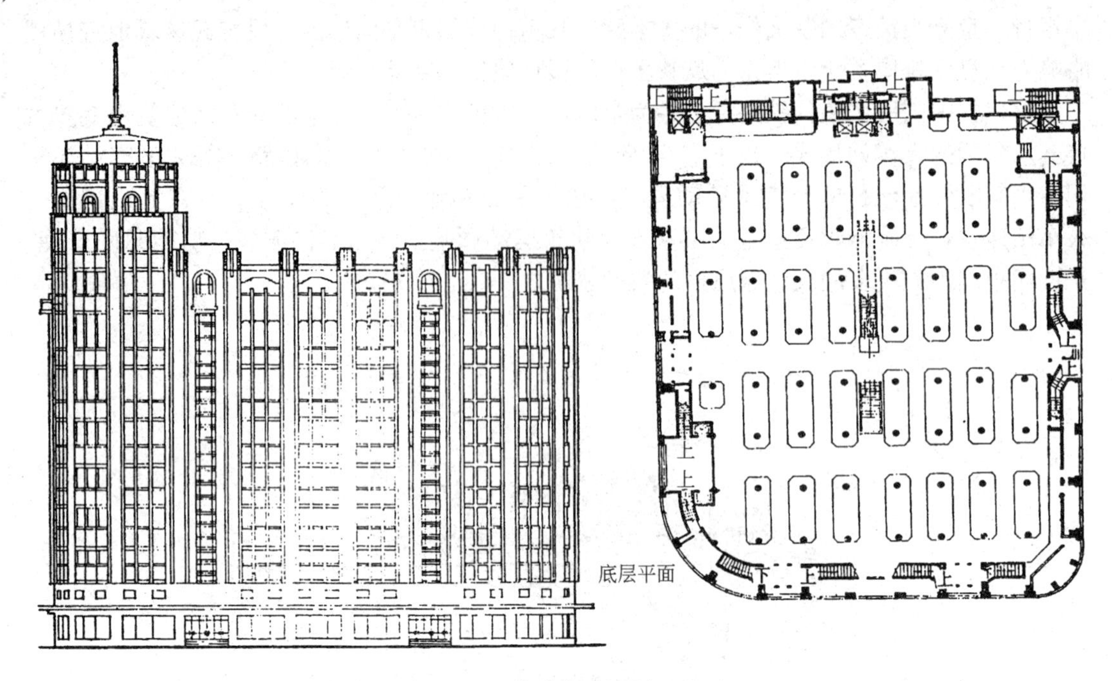

图 6-22　上海大新公司平、立面

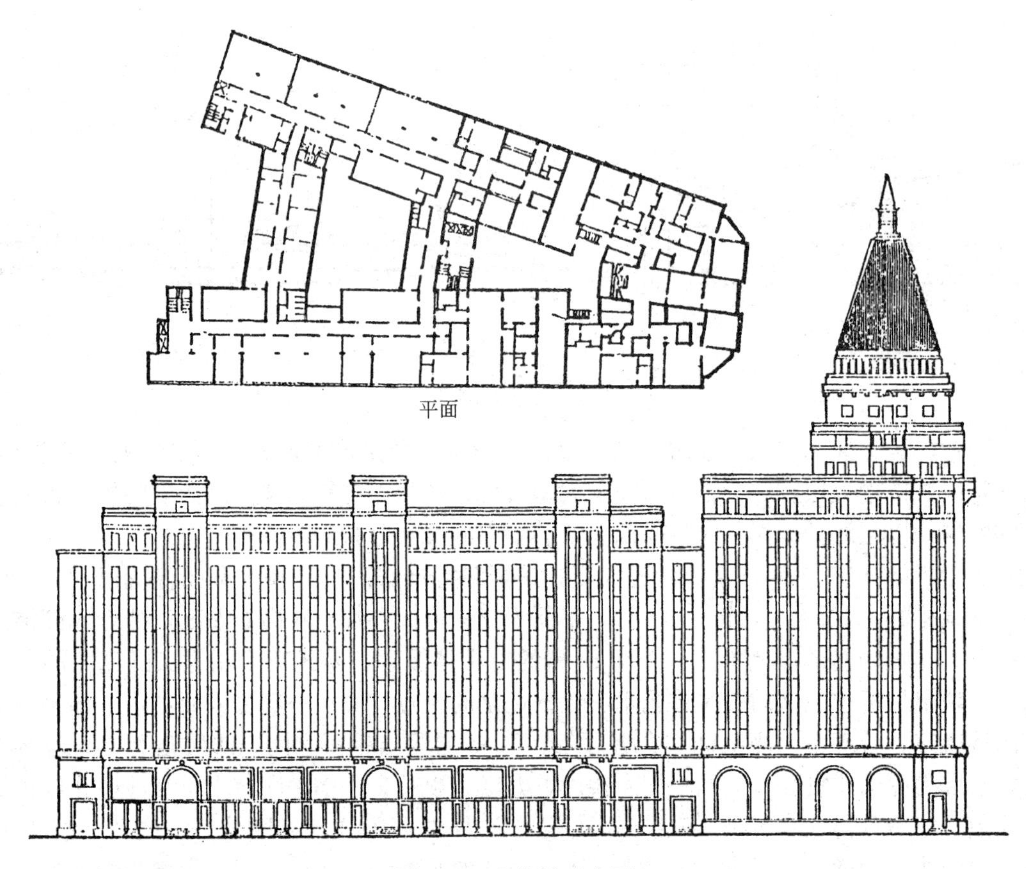

图 6-23　上海沙逊大厦

近代新类型的公共建筑较之封建时代的建筑类型显然是个重大发展，它突破了我国封建社会后期建筑发展的停滞状态，跳出了传统的木构架建筑体系的框框，刻印下我国建筑走向现代的步伐，是中国近代建筑发展的一个重要侧面。这些新公共建筑，都达到相当大的规模和很高的层数，如1931～1933年建造的上海国际饭店达24层(图6-24)。这些新公共建筑采用了钢铁、水泥等新材料，采用了砖木混合结构、钢架结构、钢筋混凝土框架结构等新结构方式，采用了供热、供冷、通风、电梯等新设备和新的施工机械。一些高级影剧院，在音响、视线、交通疏散、舞台设备等方面，也达到较高的质量水平(图6-25)。1934年在上海建造了容纳6万观众的江湾体育场(图6-26)。所有这些意味着我国建筑活动从20世纪初到30年代，随着国外建筑的传播和中国近代建筑师的成长，在短短的30年间有了急剧的变化和发展。其中有一些建筑，无论从规模上、技术上、设计水平和施工质量上，都已经接近或达到国外的先进水平。

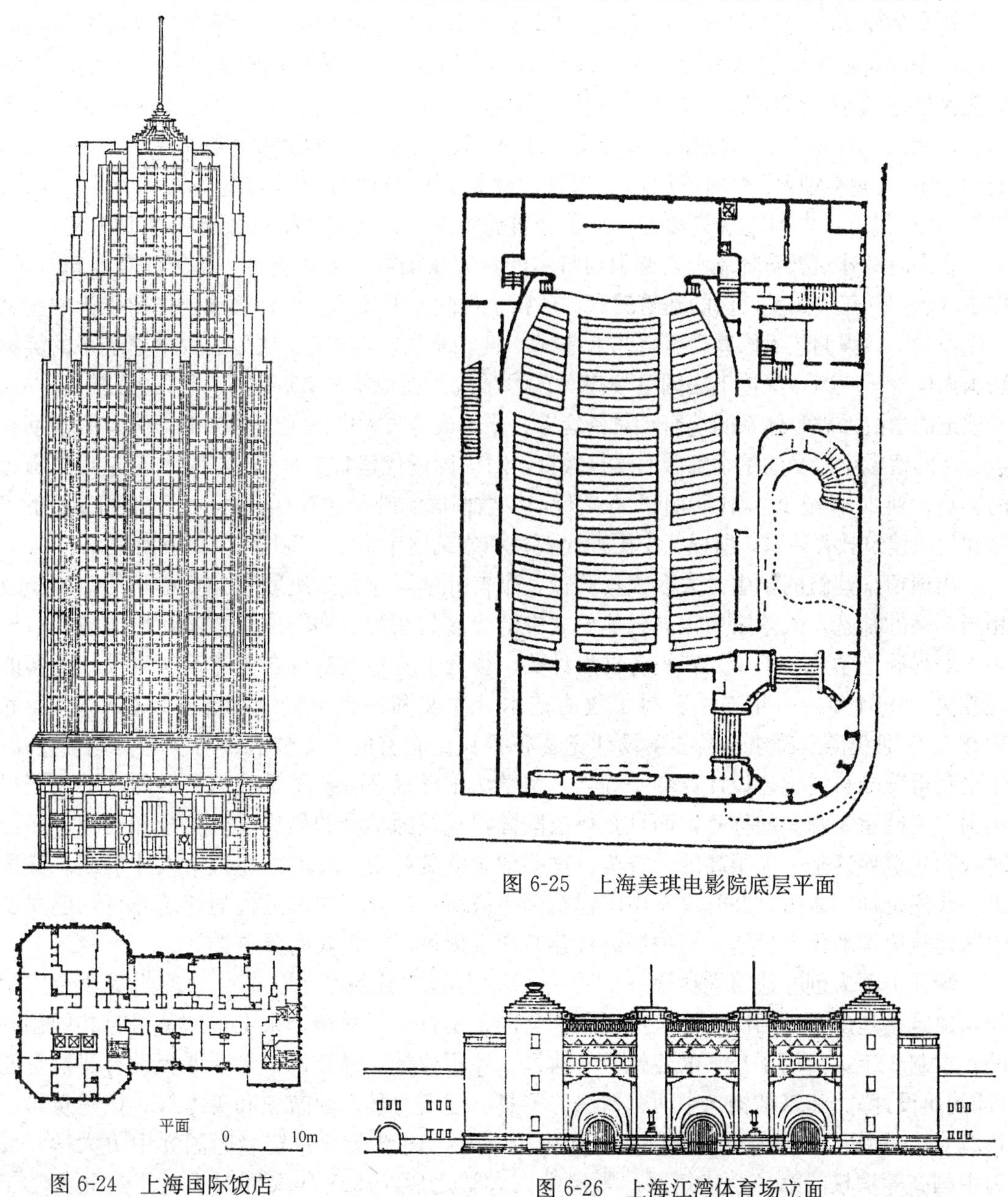

图6-25 上海美琪电影院底层平面

图6-24 上海国际饭店

图6-26 上海江湾体育场立面

6.5 近代中国建筑教育与建筑设计思潮

6.5.1 中国近代建筑教育

中国的近代建筑教育起始于派留学生到欧美和日本学建筑，国内的建筑学科是建筑留学生回国后才正式开办的。

中国近代留学建筑的起步是比较晚的，当时主管部门并没有通盘的派遣计划或指导意向，出国留学建筑多是学生自选的。最早到欧美和日本留学建筑的分别是徐鸿与许士谔，当年是1905年。1910年赴美国伊利诺伊大学建筑工程系学习的庄俊，是庚款留美的第一位学建筑的学生，受其影响，先后通过清华庚款赴美留学建筑的人数颇多。受庚款留美的制约，先期赴欧美的建筑留学生中，以留美占绝大多数，其中影响最大的是美国的宾夕法尼亚大学建筑系，范文照、朱彬、赵深、杨廷宝、陈植、梁思成、童寯、卢树森、李杨安、过元熙、吴景奇、黄耀伟、哈雄文、王华彬、吴敬安、谭垣等，都先后毕业于该系，他们之中的许多人成了中国近代建筑教育、建筑设计与建筑史学的奠基人和骨干。至20世纪30年代末，中国赴欧美和日本留学建筑的官费、自费留学生总数已超过130人。

在当时的建筑教育体制上，德国与日本的建筑系偏重于工程教育，比较注重建筑技术。在20世纪20年代的美、法的建筑教育，还属于学院派的体系，设计思想还偏留于折中主义的创作路子，强调艺术修养，偏重艺术课程。如当时主持美国宾夕法尼亚大学建筑系的美籍法国人保罗·克芮，深造于法国巴黎高等艺术学院。在他执教35年里，把宾大建筑系办成了地道的学院派教学体系的学府，对杨廷宝、梁思成等宾大中国留学生影响很大。因前期在美、法的留学生接受的是学院派的建筑教育，对中国近代建筑教育和建筑创作都造成了深远的影响。到20世纪30年代后期和40年代，少数回国的赴美建筑留学生，由于他们接受的正是现代派建筑教育体系，所以为中国近代教育和建筑创作添注了现代主义的新鲜血液。

出国留学建筑的学生，大多天资聪颖，勤奋好学，尤其是庚款和公费留学的，都经过相当严格的筛选，人才素质很高。他们之中的大多数在留学期间成绩斐然，出类拔萃。许多人取得硕士学位，不少人获得各种设计奖。杨廷宝曾多次获得全美建筑学生设计竞赛的优胜奖。1924年内一年连续获得了政府艺术社团奖和爱默生奖。童寯连续在1927年和1928年分别获得全美建筑系学生设计竞赛布鲁克纪念奖的二等奖和一等奖。陈植于1927年也获得美国科浦纪念设计竞赛一等奖。留学法国巴黎高等艺术学院的虞炳烈，不仅获得法国“国授建筑师”的称号，而且获得法国国授建筑师学会的最优学位奖金和奖牌，在当时国际建筑界这是一项很高的荣誉奖。这些留学欧美与留学日本的建筑学人才形成了我国第一代建筑师的队伍，并开设了中国建筑师事务所，创办了中国近代的建筑教育，建立了中国建筑史学的研究机构，对中国近代建筑的发展做出了重大的历史贡献。

翻开中国人创办建筑学科第一页的是1923年设立建筑科的江苏公立苏州工业专门学校，建筑科是由留日回国的柳士英发起，与同是留日的刘敦桢、朱士圭、黄祖淼共同创办的。学制3年，沿用了日本的建筑教学体系，课程偏重工程技术，专业课程设有建筑意匠(即建筑设计)、建筑结构、中西营造法、测量、建筑力学、建筑史和美术等。该建筑科于1927年与东南大学等校合并为国立第四中山大学，1928年5月定名为国立中央大学，成为中国高等学校的第一个建筑系。紧接中央大学之后，1928年又同时成立了东北大学工学院和北平大学艺术学院。东北大学建筑系由梁思成创办，教授有陈植、童寯、林徽因、蔡方荫，都是留美学者。教学体系仿照美国宾夕法尼亚大学建筑系，学制四年，建筑艺术和设计课程多于工程技术课程。该系招收了三届学生，后因“九一八”事变而被迫停办。北平大学艺术学院建筑系，则是从院长杨仲子开始，包括他聘请的系主任汪申，任教的沈理源和华南圭等都是清一色留法的，自然基本上沿用法国的建筑教学体系，学制4年。

从这以后，中国又陆续开办了一系列建筑系科。其中在1942年成立的上海圣约翰大学建筑系，与奉行学院派建筑教育体系的中央大学、东北大学建筑系明显不同，实施了包豪斯的现代建筑的教育体系，聘请的几乎都是德、匈、英等外国新派建筑师任教，为中国的现代建筑教育播撒了种子。

经梁思成建议，清华大学于1946年开办了建筑系，由梁思成任系主任。同年年底，他赴美考察“战后的美国建筑教育”，并于1947年担任联合国大厦设计顾问。经过一年多在美期间的建筑活动，梁思成回国后提出了“体形环境”设计的教学体系。他认为建筑教育的任务已不仅仅是培养设计个体建筑的建筑师，还要造就广义的体形环境的规划人才，因此将建筑系改名为营建系，下设“建筑学”与“市镇规划”两个专业。梁思成说：“建筑师的知识要广博，要有哲学家的头脑，社会学家的眼光，工程师的精确与实践，心理学家的敏感，文学家的洞察力……但最本质的他应当是一个有文化修养的综合艺术家。这就是我要培养的建筑师。”他把营建系分为文化及社会背景、科学及工程、表现技巧、设计课程和综合研究五大部分。分别在建筑学与城市规划专业加设了社会学、经济学、土地利用、人口问题、雕塑学、庭园学、市政卫生工程、道路工程、自然地理、市政管理、房屋机械设备、市政设计概论、专题报告及现状调查等课程，供学生专修或选修。他还推广了现代派的构图训练作业，按包豪斯的做法聘请了手工艺教师，以培养学生的动手能力。这些，意味着理工与人文结合，广博外围修养和精深专业训练结合的建筑教学体系的建构，梁思成的建筑教育思想和实践，推进了中国建筑教育的现代进程。

6.5.2 中国近代的建筑设计思潮

中国近代建筑处于承上启下、中西交汇、新旧接替的过渡时期，既交织着中西建筑的文化碰撞，也经历了近、现代建筑的历史搭接，它所关联的时空关系是错综复杂的。因此，其建筑表现形式也是多种多样的，在同样是新的建筑中，既有形形色色的西方风格的“洋式”建筑，又有为新建筑探索“中国固有形式”的“传统复兴”。在同样是西方洋建筑中，既有近代折中主义建筑的广泛分布，也有“新建筑运动”和“现代主义建筑”的初步展露。中国近代建筑形式和建筑思潮是非常复杂的。

1）中国近代建筑形式中的折中主义和现代建筑思潮

中国近代建筑师所受的建筑教育体系，都直接或间接来自资本主义国家，正是由于他们的勤奋学习和努力工作，推进了我国近代建筑设计水平的提高，形成了一支数量不大的新建筑设计队伍。同时也使我国建筑界纳入世界资本主义建筑潮流的影响圈。在中国近代先出国的几批留学生在国外学习建筑的时候，在美国、欧洲的建筑潮流中，折中主义还占据着相当地位，所受的建筑教育，完全是学院派的一套体系。而当时在中国的洋打样间设计的建筑活动，大多数也是折中主义的建筑。西方折中主义有两种形态，一种是在不同类型建筑中，采用不同的历史风格，如教堂要哥特式的，银行则建成古典式的，剧场要选巴洛克式的，住宅要造成西班牙式的等，形成建筑群体的折中主义风貌。另一种是在同一幢建筑上，混用希腊古典、罗马古典、文艺复兴古典、巴洛克、法国古典主义等各种风格式样和艺术构件，形成单幢建筑的折中主义面貌。这两种折中主义形态，在近代中国都有反映。如建于 1893 年的上海江海关(中期)为仿英国市政厅的哥特式；建于 1907 年的天津德国领事馆，为日耳曼民居式。在折中主义思想指导下，建筑师的设计焦点是艺术造型，对建筑的新技术、新功能并不很关心。古希腊、古罗马、哥特、文艺复兴、巴洛克等历史上的建筑形式被教条地认定为各具某种特定的艺术特征，成为不同的建筑类型模仿的特定形式。这样，建筑师如同一部建筑百科全书，通晓历史上的各种建筑“词汇”，并善于组合构图，可以根据不同业主的审美癖好和口味，创造出不同的艺术格调，如北京大陆银行、青岛交通银行(图 6-27)、日本商人水上俊比左开办的松浦洋行(图 6-28)、同义庆百货商店(图 6-29)等。

图 6-27　青岛交通银行立面

图 6-28　松浦洋行

图 6-29　同义庆百货商店

值得注意的是，西方折中主义在近代中国的传播、发展，恰好与中国各地区城市的近代化建设进程大体同步，许多城市的发展期正好是折中主义在该城市的流行盛期，因此，西方折中主义成了近代中国许多城市中心区和商业干道的奠基性的、最突出的风格面貌，对中国近现代城市面貌具有深远的影响。时至今日，在上海、天津、汉口、青岛、大连、哈尔滨等一大批城市中，近代遗存的大批以折中主义为基调的西方建筑，成了城市建筑主脉的重要构成。这些建筑的性质与意义随着时间的推移都起了变化。文化本身具有巨大的融合性和吸附性。这些建筑所关联的殖民背景已经成为历史的过去，而固着在中国土地上的异国情调的建筑文化，经历岁月的积淀，已经转化为中国近代建筑文化遗产的组成部分，我们应以开放的意识来看待这份近代建筑遗产，明确它在今天作为人类文化遗产的历史价值(图 6-30)。

图 6-30　天丰原杂货店

在近代建筑发展过程中，学院派的创作方法已经越来越暴露出折中主义建筑形式与新的建筑功能、经济、结构、施工方法的尖锐矛盾。20 世纪 20 年代后期到 30 年代，欧美等各资本主义国家进入现代建筑活跃发展和迅速传播时期，其各国的在中国的建筑师的建筑活动也开始向“现代建筑”的趋势转变。上海沙逊大厦(图 6-23，现和平饭店北楼)、都城饭店(现新城饭店)等反映了其早期趋势；上海百老汇大厦(图 6-9，现上海大厦)、毕卡第公寓(图 6-8，现衡山饭店)等反映了它的进一步发展；而上海国际饭店(图 6-24)、大光明电影院、大连火车站(图 6-21)等则已是很地道的“现代建筑”了。上海国际饭店建于 1931～1933 年，当时是四行储蓄会大厦，匈牙利籍建筑师邬达克设计，高 24 层，是当时全国最高的建筑，号称远东第一高楼。立面用泰山面砖贴饰，下部用黑色大理石贴面，外观几乎没有图案雕饰，是仿美国摩天大楼的现代风格。大连火车站曾于 1924 年由南满洲铁路株式会社主办设计竞赛，满铁建筑课建筑师小林良治的现代主义设计方案获头奖，后因车站改换地点，又重新设计，由满铁工事课太田宗太郎主持，仍然保持现代建筑风格，形式比原设计方案更为简洁。这个车站建于 1935～1937 年，规模较大，总建筑面积达 14000m^2，功能设计合理，旅客直接由坡道进入二层大厅候车，并由天桥通向站台。围绕大厅的服务设施空间和其他房间，都压低层高，空间紧凑、妥帖，在当时是很先进的设计。

几乎在欧美和日本建筑师在中国进行的“现代建筑”活动的同时，中国建筑界也开始导入现代派的建筑理论和展开一股现代风格的创作热潮。当时中国建筑师对现代主义建筑的认识是不平衡的。不少建筑师主要着眼于它的“国际式”的外在式样，认为建筑样式存在着由简到繁的循环演变，认为“繁杂的建筑物又看的不耐烦了，所以提倡什么国际式建筑运动”。有的建筑师把它看成是一种经济的建筑方式，认为“德国发明国际式建筑，不雕刻、不修饰，其原因不外节省费用，以求挽救建筑上损失”。基于这样的认识，“国际式”往往被视为折中主义诸多形式中的一个新的样式品种。不少建筑师既设计西洋古典式、传统复兴式，也设计“国际式”。《中国建筑》二卷八期(1934 年 8 月)发表了何立蒸的《现代建筑概论》一文，文中颇为精要地概述了现代建筑的产生背景和演进历程，论及了一些著名的学派和柯布西耶等建筑大师，阐述了“功能主义”理论和“国际式”的特点，并对现代建筑做出七点归纳。何立蒸的分析，代表了当时中国建筑师对现代建筑的较为准确的认识。

20 世纪 30 年代的中国建筑师几乎都或多或少地参与了“现代建筑”的设计。从事现代建筑创作较为显著的是华盖建筑事务所，在中国建筑师设计的现代建筑中，具有较大的影响。1936 年在上海举办的首次中国建筑展览会上，华盖送的均是现代派作品。在华盖主持设计的童寯，创作思想具有明显的现代主义倾向。他不赞成滥用大屋顶，他曾说：“在中国，建造一座佛寺、茶室或纪念堂，按照古代做法加上一个瓦顶，是十分合理的。但是，要是将这瓦顶安在一座根据现代功能布置平面的房屋头上，我们就犯了一个时代性的错误。”李锦沛也是一位现代主义倾向的建筑师。他在 1934 年前后连续设计了几座现代风格的银行建筑，即使是教堂，他也做了创新处理，颇有现代净化的意韵。启明建筑事务所的奚福泉在 20 世纪 30 年代也设计了几座有影响的现代风格作品，他在上海一块狭长的不利地段，为业主设计了一座非常新颖的现代建筑，还为欧亚航空公司设计了一座展现了大型工业建筑新姿的外观简洁流畅的龙华飞机棚厂。他设计的上海虹桥疗养院(建成于 1943 年)是一座很有特色的引人注目的现代主义作品(图 6-31)。设计中对疗养功能考虑得十分周到，为照顾肺病患者需要阳光，全部疗养室都朝南布置，每室都设有大阳台，呈阶梯形层叠，使每间疗养室都能获得充足的阳光，并在阳台上方伸出小雨棚，用以遮挡上层阳台的投射视线。疗养院、病房、诊室、走廊，全部采用橡皮地板，以消除噪声，减少积垢。各室墙角都做成半圆形，以免堆积尘垢，便于消毒清洁。特等病房的门窗还配以紫色玻璃，以取得紫光疗病。由于疗养室呈阶梯形，整个建筑外观成层叠式的体量，十分简洁、醒目、新颖，建筑的功能性和时代性都得到充分的展现。还有杨锡镠(上海百乐门舞厅设计人)、黄元吉(上海恩派亚大厦设计人)等，都设计出了一些很有味道的现代建筑。即使以设计西方古典式或中国复兴式著称的建筑师，如庄俊、沈理源、董大酉、杨廷宝等人也做了一些现代风格的设计。

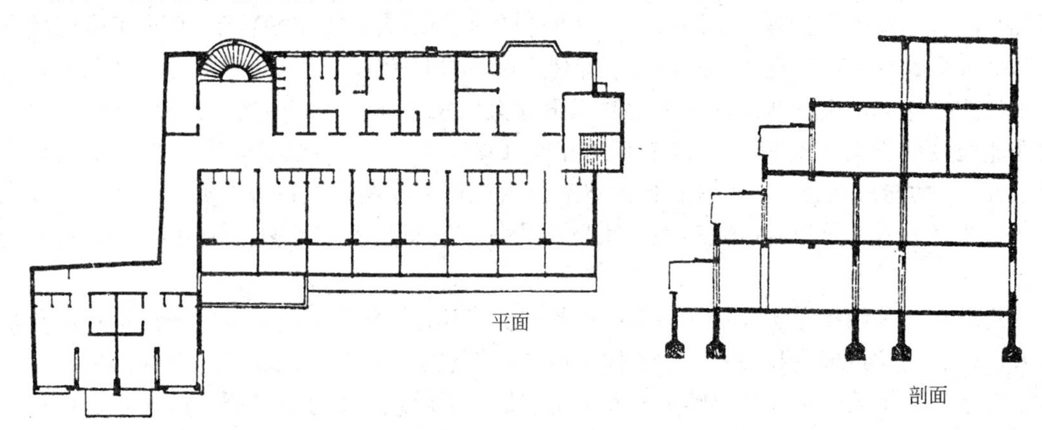

图 6-31　上海虹桥疗养院

总体来说，中国现代建筑运动虽然在近代大中城市有一些作品出现，但由于近代中国的工业技术力量薄弱，缺乏现代建筑发展的雄厚物质基础，再加上中国长期的战争环境，所以现代建筑仅仅活跃了六七年就中断了，没有能得到正常发展的机会，在实践中也没有产生广泛的影响(图 6-32、图 6-33)。

图 6-32 中东铁路、中长铁路管理局办公楼

图 6-33 哈尔滨弘报会馆

2) 中国近代建筑民族形式的探讨

“中国固有形式”建筑活动，主要集中在20世纪的二三十年代。最初则是出现在教会系统的学校、医院、教堂建筑上。外国传教士经历了与中国传统思想观念的矛盾冲突，他们懂得了着华服、说华语、取华名，将基督教义掺进儒、释、道家经典以适应迎合中国人心理的重要性。在中国人还没有自己的建筑师，一般的洋建筑师对中国的营造术不屑一顾之时，教会便表现出了对中国传统建筑、民族形式的尊重。北京协和医院和燕京大学是这类建筑的范式。这些建筑的普遍的特点是：采用新材料、新结构，平面按功能要求设计，而外观则以美国建筑师墨菲(H. K. Murphy)的影响最大。他毕业于耶鲁大学，在美国以设计殖民地式建筑著称。1914 年主持清华大学校园规划和建筑设计时，设计了湘雅医学院等“中国式”校舍建筑。1918 年再度来中国，先后规划、设计了金陵大学(现南京大学)、金陵女大(现南京师范大学)、燕京大学(现北京大学)等校园、校舍，还设计了南京灵谷寺阵亡将士墓和纪念塔等工程。墨菲对研究中国建筑甚感兴趣，曾说：“中国建筑艺术，其历史之久与结构之严谨，在使余神往。”他设计的上述建筑都是中西交汇的“中国式”风格。在金陵大学北大楼设计中，他在歇山顶两层楼房的中部，突起五层的“塔楼”，上冠十字脊歇山顶，四面挑出带中国式石栏杆的阳台，体量组合显得生硬，设计手法却很大胆。在 1920 年进行的燕京大学校园规划中，他针对海淀校址处于古典园林遗址的优越条件，充分利用湖岛、土丘、曲径和充沛的水源，把校园规划成园林化的环境。总平面组织东西向和南北向的T形轴线。校园建筑组成多组三合院，形成规整的院落群体与蜿蜒曲折的湖岛环境的有机结合。单体建筑着意模仿传统宫殿形式，运用庑殿、歇山屋顶、深红色的壁柱、白色墙面、花岗石基座和青绿色彩画等，形成古色古香的风格基调。但功能、结构是全新的，室内设备是很先进的，有冷热自来水、水厕、浴盆、饮水喷头、电灯、电

风扇、暖气等。当时认为这样的规划设计体现了西方近现代的物质文明与中国固有的精神文明的结合。后来墨菲担任了“国民政府建筑顾问”，对20世纪30年代中国建筑师的传统复兴建筑创作有较大影响。

随着“五四”运动以后民族意识的普遍高涨，中国人民对民族精神的追求，对中国近代的建筑也提出了民族性的要求。由于中国建筑师多数是在欧美留学(1938年前赴欧、美、日学建筑的留学生有50人，其中去美国的有37人)，接受的是学院派的建筑教育，设计中重视追求建筑形式、风格和历史，其所在的年代又正是具有灿烂历史文化的中华民族被帝国主义列强任意欺辱的时期，“民族主义”成了拯救民族危亡的强心剂，建筑也成了一个民族不朽的纪念碑。中国当时的国民党政权定都南京后，着手实施文化本位主义，在1935年发表了《中国本位的文化建设宣言》，极力提倡“中国本位”、“民族本位”文化。实际上在这之前国民党政府早已将这种文化方针渗透到其官方建筑活动中了，1929年制定的南京《首都计划》和上海《市中心区域规划》，都以反映出这个指导思想。《首都计划》提出：“要以采用中国固有之形式为最宜，而公署及公共建筑物当尽量采用。”上海《市中心区域规划》指定：“为提倡国粹起见，市府新屋应用中国式建筑。”显然，这对当时中国建筑师的传统复兴建筑思潮是重要的推动因素，特别是对于这两个规划所涉及的具体工程，更具有指令性的制约。中国近代传统建筑的艺术形式(尤其是大屋顶)就是在这样的情况下得到了肯定，同时也开始了对中国古典复兴式的建筑探讨活动。1925年南京中山陵设计竞赛是这个活动开始的标志(图6-34)。

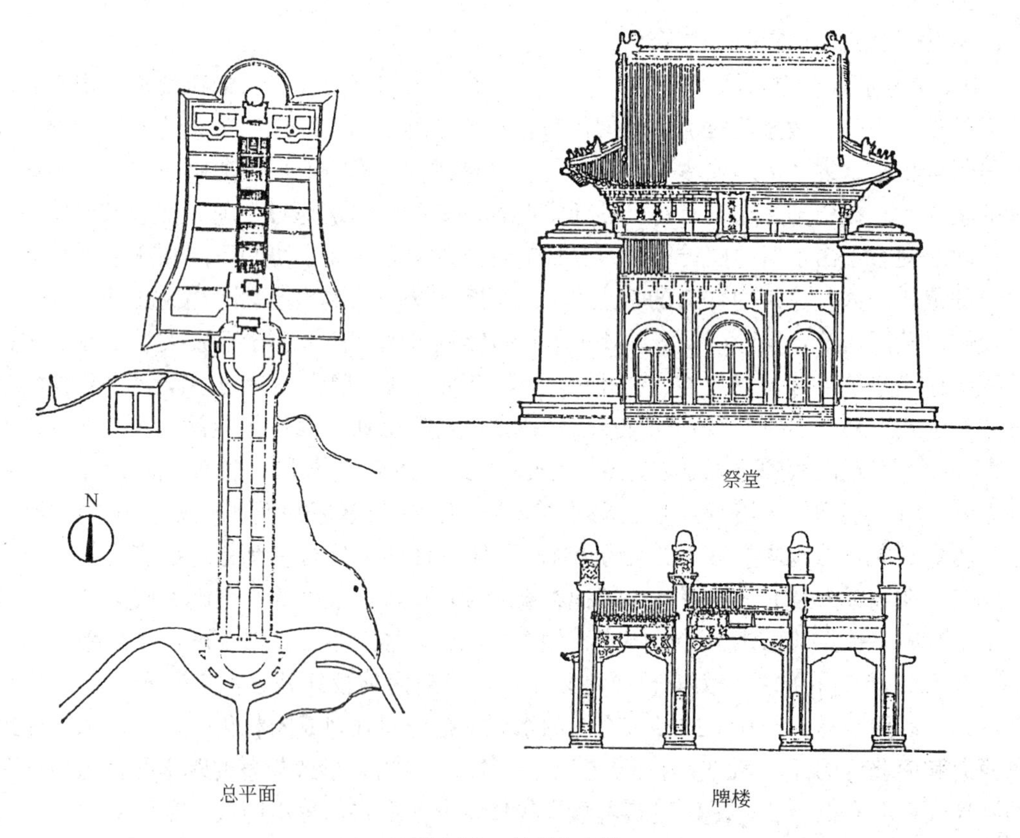

图6-34 南京中山陵

中山陵建筑悬奖征求图案条例中指定："祭堂图案须采用中国式而含有特殊与纪念之性质者，或根据中国建筑精神特创新格亦可。"在有中外建筑师参加的这个设计竞赛中，吕彦直、范文照、杨锡宗三位中国建筑师分获一、二、三等奖。选用了头奖吕彦直的方案，于1926年开始兴建，1929年建成。这是近代中国建筑师第一次规划设计大型性建筑组群的重要作品。

中山陵位于紫金山南麓，周围山势雄胜，风光开阔宏美。陵园顺着地势，坐落在绵延起伏的苍翠林海中。总体规划吸取中国古代陵墓的布局特点，突出天然屏障，注意结合山峦形式。石牌坊、陵门、碑亭等传统陵墓的组成要素和形制经过简化，运用了新材料、新技术，采用了纯净、明朗的色调和简洁的装饰，取得了较好的使用效果。通过大片的绿化和宽大满铺的平缓石级，把孤立的、尺度不大的个体建筑联成大尺度的整体，整个建筑群取得了一定的庄严、雄伟气势，恰如其分地创造了孙中山陵园所需要的气势。整个陵园分成墓道和陵墓两部分，主题建筑祭堂用新材料、新技术，借用了旧形式加以革新。其平面近方形，出四个角室，构成了外观四个坚实的墩子，上冠重檐歇山蓝琉璃瓦顶，赋予建筑形象一定的壮观和特色。祭堂内部以黑花岗石立柱和黑大理石护墙，衬托中部白石孙中山坐像，构成宁静、肃穆的气氛。因为功能的特定性质和技术经济的有利条件，设计者又没有局限于单纯采用传统建筑形式，而是既吸收了传统陵墓总体布局的某些手法，对于个体建筑也有一定程度的创新，从而使得中山陵成为了中国近代传统复兴的一次成功的起步。

以南京中山陵为起点，以后又出现了广州中山纪念堂(1926年吕彦直设计，图6-16)、上海市政府大厦(1931年董大酉设计，图6-17)、南京国民党党史陈列馆(1934年基泰工程司设计，图6-35)、南京中央博物馆(1936年徐敬直、李惠伯设计，梁思成顾问)、上海中国银行(1936年，陆谦受设计)、南京中心陵藏经楼(1936年，卢树森设计)等，相继建成了具有不同程度的传统特色的建筑。

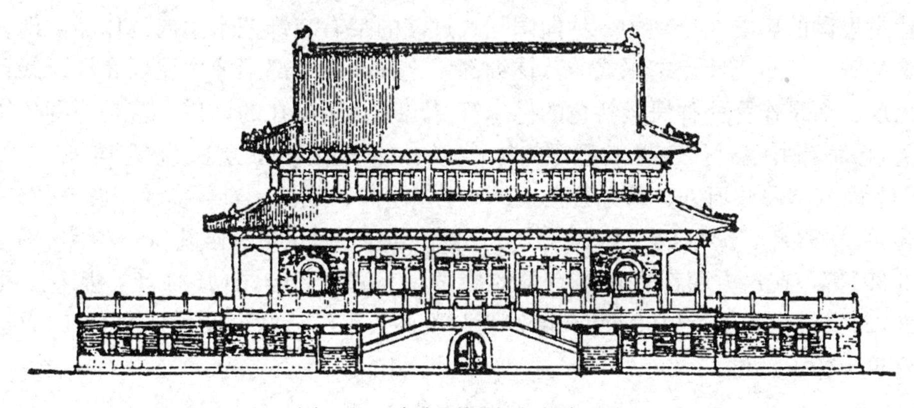

图6-35 南京国民党党史陈列馆

上述以中山陵为起点的这批建筑，涉及会堂、行政办公、展览、研究机构、高校、官僚住宅等许多类型，采用新的平面布置，采取钢结构、钢筋混凝土结构或砖石承重的混合结构，而外观则保留了传统复兴风格。从中可以看出中国建筑师在为新功能、新结构创造"中国传统形式"的建筑过程中，也探讨了教会建筑采用的两种途径：一种是完全模仿古建筑形式，如仿辽代佛寺大殿的南京中央博物院等；另一种是在新建筑上套用大屋顶和其他建筑部件，如广州中山纪念堂、上海市政府大厦、南京国民党党史陈列馆等一大批带大屋顶的建筑。相比较而言，中国建筑师在建筑处理上，古建筑的法式、则例都用得很到家，比例严谨，形象也比较完整，其设计技巧比外国建筑师设计的宫殿式的教会建筑要高明很多。但毕竟也暴露出新功能、新技术与复古的旧形式之间的尖锐矛盾，使内部空间迁就外观形体，以新材料、新结构勉强做出古典形象，都造成难以适用、结构复杂、施工累赘、造价高昂的后果。上海市政府大厦就是一个典型。其主题结构建筑约 9800m^2，平面为一字形，中部进深稍微扩大。四层楼中，一层开小窗，外观成一台基，二、三层作出中国木构架形式。四层仅靠微小的“栱眼”采光，作宿舍及档案室。立面中部作歇山顶，两侧以庑殿插入。钢筋混凝土框架结构(图 6-17)。由于大小不同功能房间的建筑被勉强框在宫殿式的轮廓里，出现了一系列的实用问题。一层小办公室进深过大，光线不足；二层中部礼堂成为横长形，很不适用；尤其是四层宿舍采光太差，通风不良，夏季闷热难以住人；楼梯间也因窗户小、窗花密而影响采光。各主要房间因采用井字顶棚，将宫殿庙宇内高大空间上部使用的天花彩画，用在近代的要求明亮采光的小空间室内，造成繁琐、古旧、压抑、阴沉等不良感觉。档案室放在最上层，徒增建筑荷重，大屋顶空间利用效果很差。由于结构复杂化，屋顶曲线硬用钢筋混凝土屋架做成，屋面也是用现浇的钢筋混凝土一一浇出瓦垄，然后再铺琉璃瓦，给施工造成相当大的麻烦。

为了解决这些问题，寻求新的途径，大体上形成先后两种处理方式：一种当时称为“混合式”，采用局部大屋顶，仅在重点部位模仿古建筑形式，这种方式的代表建筑有上海中心区二期工程——图书馆、博物馆(均为董大酉设计，图 6-36)。这两幢建筑位于当时规划的上海市中心行政区内，东西相对，两建筑外观形态和尺度大体相仿，都是在两层平屋顶楼房的新式建筑体量上，中部突起局部三层的门楼，用蓝琉璃重檐歇山顶附以华丽的檐饰，四周平台围以石栏杆，集中地展示中国建筑色彩。另一种当时称为“现代化的中国建筑”，基本上采用新建筑构图，完全摆脱掉大屋顶，只是通过局部点缀某些中国式的小构件、纹样、线脚等，来取得民族格调。这种形式的建筑实际上是受当时 20 世纪 30 年代国外现代建筑思潮的影响而出现的一种向国际式过渡的带有装饰艺术倾向的作品，即在新建筑的体量基础上，适当装点中国式的装饰细部，这种装饰细部不像大屋顶那样以触目的部件形态出现，而是作为一种民族特色的标志符号出现。用现在的话说，这是一种传统主义的表现。上海市中心区三期工程——体育场、体育馆、市立医院等均属于这一类(图 6-26)。南京国民政府外交部办公楼(1983 年，赵深、陈植、童寯设计，图 6-37)北京仁立地毯公司(1932 年，梁思成、林徽因设计，图 6-38)、南京中央医院(1932 年，杨廷宝设计，图 6-39)等，在这方面都进行了有益的探索。上海大新公司(1934 年，基泰工程司设计，图 6-22)上海中国银行(1936 年，陆谦受与英商公和洋行联合设计，图 6-19)更进一步在高层建筑上作了探讨。

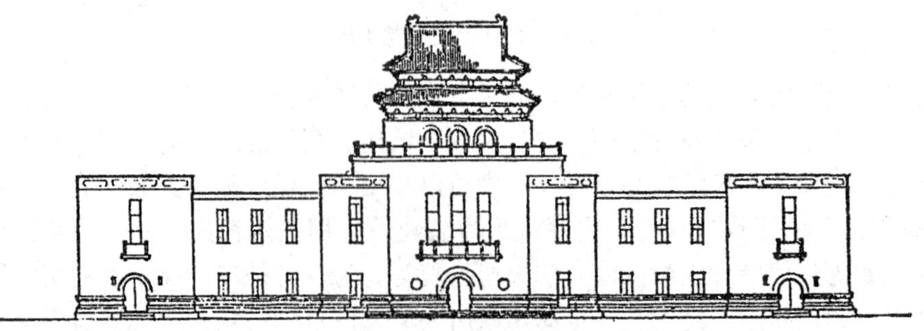

图 6-36 上海图书馆立面

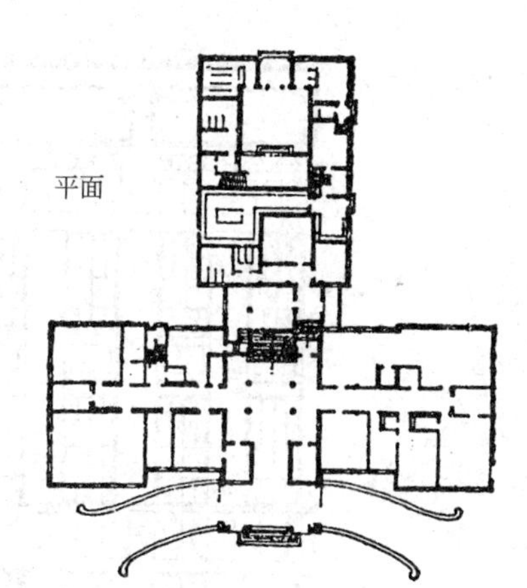

外观

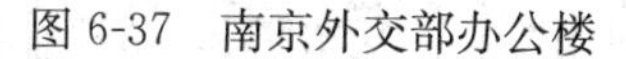
图 6-37 南京外交部办公楼

图 6-38 北京仁立地毯公司

南京国民政府外交部原来是基泰设计的宫殿式方案，后被具有“经济、实用又具有中国固有形式”的特点华盖建筑事务所的方案取代了。新设计为平屋顶混合结构，中部 4 层，两翼 3 层，外加地下半层。平面呈丁字形，两翼稍微突出，前部为办公用房，后部为迎宾用房。外观以半地下层作为勒脚层，墙身贴褐色面砖，入口突出较大的门廊，基本上是西方近代式构图。中国式装饰主要表现在檐部的简化斗栱，顶层的窗间墙饰和门廊柱头点缀的霸王拳雕饰。梁思成和林徽因设计的仁立地毯公司，是旧建筑扩建的门面处理。在辟有大面积橱窗的三层建筑立面上，设计者运用了北齐天龙山石窟的八角形柱、一斗三升、人字斗栱和宋式勾片栏杆、清式琉璃脊吻等，这些不同时代的古典细部都仿的十分精致，组合的颇为融洽，把立面装饰得颇具浓郁的民族色彩，同时也有欧美后现代建筑早期的味道。高 17 层的上海银行，外墙用国产花岗石，顶部采用平缓的四角攒尖屋顶，檐部

图 6-39　南京中央医院

施一斗三升斗栱，墙沿、窗格略用中国纹饰。因为建筑很高，扁平的攒尖顶仰视时实际上看不见，整个建筑微微点染着淡淡的中国传统韵味，在外滩建筑群中别具一格。

纵观中国近代传统复兴建筑的发展，可以看出近代中国建筑师为此作出了不懈的努力，既有失败的教训，也有成功的经验。所有这些，在今天探索中国建筑发展中的民族风格的工作中有十分重要的意义，值得我们认真总结。

思　考　题

1. 中国封建社会城市的发展和城市布局有哪些特点？
2. 中国近代城市发展有哪些特点？
3. 中国近代城市住宅大致有几种类型？各有什么特点？
4. 中国近代新类型的公共建筑的出现有什么意义？
5. 梁思成在近代建筑教育中提出的“体形环境”设计教学体系的内容是什么？意义如何？
6. 西方建筑的折中主义有哪两种形态？对中国近代城市建筑发展有何影响？
7. 现代建筑运动对中国近代建筑的发展影响如何？
8. 中国近代的传统复兴建筑活动的历史背景是什么？作了哪些实践活动？

第2篇

外国建筑史

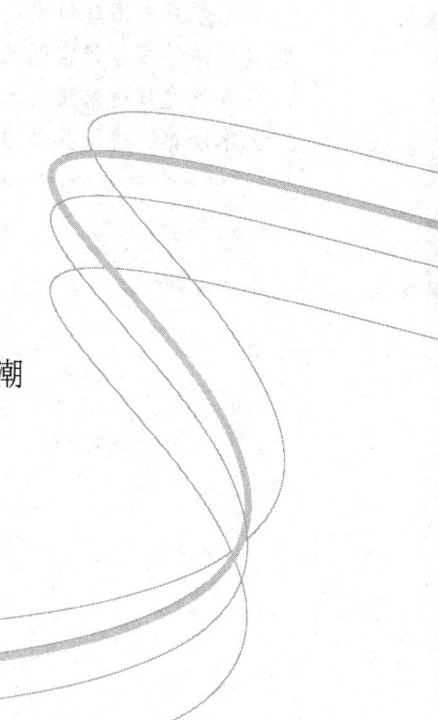

外国建筑史主要讲述在中国以外国家建筑发展的历史。由于各国的自然条件、哲学思想、社会经济发展、生活习惯等各种因素的不同，形成了各自的建筑体系。它们在建筑风格、建筑材料、建筑构造、建筑施工等诸多方面存在很大的差异。每个建筑体系的发展是不平衡的，有早有迟、有快有慢，每一个历史时期，往往只有少数几个国家代表着一个时期建筑发展的主流，具有典型意义，这些国家的典型建筑就是本书主要介绍的内容。在当代建筑发展中，由于建筑师的作用越来越大，且世界建筑的发展呈国际化趋势越来越明显，本书在关注一些建筑师的杰出作品的同时，也对建筑师进行了简单的介绍。

学习外国建筑史，要注意了解建筑所在时期的社会、哲学、技术、材料背景，要注意学习各种空间运用的手法，了解建筑技术的发展与建筑艺术的关系，还要注意各类建筑所采用的元素、语言之意义。学习外国建筑史，还可以提高个人的建筑艺术修养、建筑鉴赏力以及做建筑设计的能力。

第 7 章　奴隶制社会的建筑

在这个时期内，人类的建筑活动有了大规模的发展。一些建筑物的形制，一些结构和施工技术，一些建筑艺术手法，以及关于各种类型的建筑物基本观念和设计原理，从很原始的状态下发展出来，并达到了相当高的水平。

在奴隶制时代，埃及、西亚、波斯、希腊和罗马的建筑成就比较高，对后世的影响比较大。由于这些地区国家的社会制度、生产力水平、自然条件及风土人情不同，所以其建筑活动是不同的，建筑的风格也是千姿百态的，它们对后世的影响程度也不尽相同。其中埃及、西亚和波斯的建筑传统流传甚少，唯独希腊、罗马的建筑在欧洲一直流传，得以发展，并统称希腊、罗马的文化为古典文化，把它们的建筑统称为古典建筑。

7.1　古埃及的建筑

埃及是世界上最古老的文明古国之一。位于非洲东北部尼罗河的下游，古埃及的领土包括上、下两部分(图 7-1)。上埃及位于尼罗河中游峡谷，下埃及是指河口三角洲。由于尼罗河贯穿全境，土地肥沃，成为古代文化的摇篮。

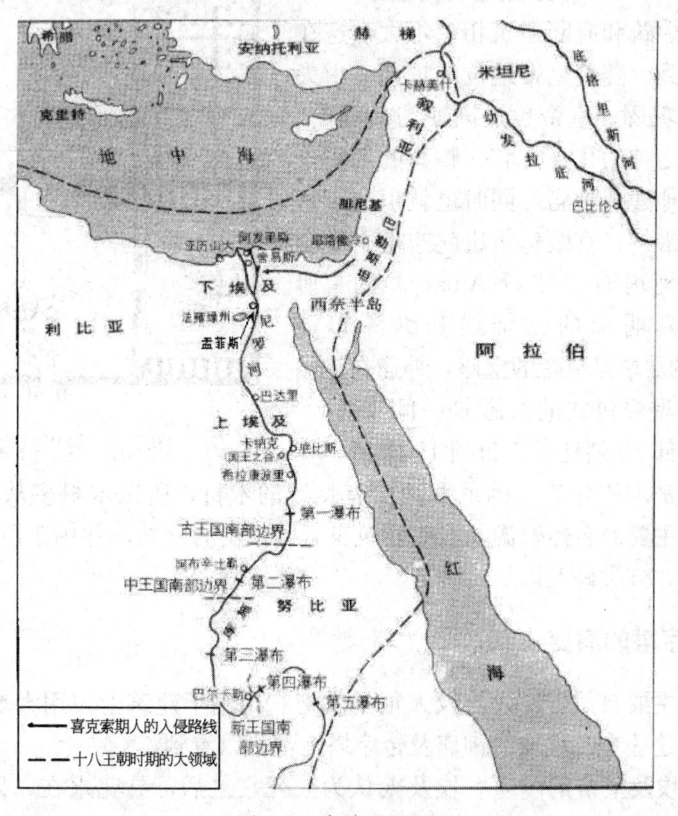

图 7-1　古埃及地图

7.1.1 古埃及的府邸和宫殿

大约在公元前3000年左右，埃及建立了美尼斯王朝，成为统一的奴隶制帝国。由于奴隶主的专制统治，使得宗教成了为统治者服务的工具，所有主要的建筑物也都带有一定的宗教色彩，以达到政教合一、中央集权、震慑人心的目的。

古埃及的建筑史主要有三个时期：

(1) 古王国时期(公元前3200～前2400年)；

(2) 中王国时期(公元前2400～前1580年)；

(3) 新王国时期(公元前1580～前1100年)。

生活在尼罗河两岸的埃及人，曾经使用棕榈木、芦苇、纸草、黏土和土坯等建造房屋。结构方法是梁、柱和承重墙。在下埃及流行以木材为墙基，上面造木构架，以芦苇束编墙，外饰泥土，并用芦苇密排做屋顶。在上埃及，以卵石为墙基，用土坯砌墙，密排圆木做屋顶。

在贵族府邸中，不论是建筑形制或建筑质量上，都不是一般埃及人的住宅能比的。如中王国时期，在三角洲上的卡宏城(Kahun)里的贵族府邸，有的占0.3hm^2，拥有六七十个房间。为避免炎热的气候，住宅布局着重遮阴和通风，采用内院式，主要房间朝北，朝院子里开门窗，外墙不开窗和街道隔离。而在城西的奴隶居住区里，仅260m×108m的地方，就挤着250幢用棕榈枝、芦苇和粘土建造的棚屋。

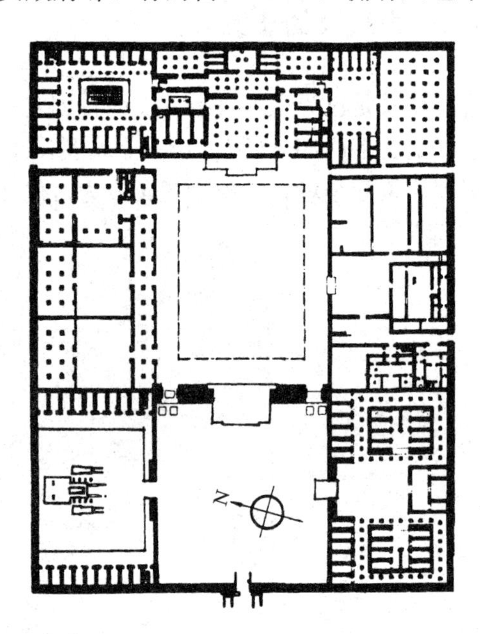

图7-2 阿玛纳宫殿平面

最初的宫殿建筑和府邸建筑相差不大，这在卡宏城里可以看到。随着皇帝地位的提高，中央集权帝国的逐渐巩固，皇帝也逐渐变为最高的、统治一切的众神之神的化身。有一整套的宗教仪典来崇敬他，为他建造神庙，同时也就引起了宫殿建筑的变化。最终，宫殿建筑也就产生了一套严整的布局。在阿玛纳(Tel-el-Amarna)的一所宫殿中可以看到明确的纵轴线和纵深布局(图7-2)。纵轴的尽端是皇帝的宝座，神庙在进门处的左侧。举行重要仪式的大殿是一间130m×75m的大殿，内部30列柱子，每列17棵。

宫殿主要还是木构建筑。因尼罗河少有良好的木材，所以木材多从叙利亚运进。另外，石头是埃及主要的自然资源，石头建筑也得以很快的发展，并用于巨大的纪念性建筑物中，如金字塔、方尖碑及以后的神庙。

7.1.2 金字塔的演变

石头是埃及主要自然资源，埃及人很早就把它用到了建筑上。用大块的花岗石铺地，用石作梁、柱，这些在古埃及的神庙及金字塔上都可以看到。

金字塔是古埃及皇帝的陵墓。埃及人认为人死亡之后，灵魂永在，只要保护好尸体，3000年后就会在极乐世界里复活。因此，他们特别注意建造陵墓。作为法老陵墓的金字塔，其形成是有一个过程的。我们现在所见到的埃及金字塔造型，是经过很长的年代逐渐演变形成的。

初期的法老萨卡拉的陵墓，在建筑手法上，是在地下墓上用砖砌成略有收分的台子，有意模仿当时的住宅及宫殿的样子，设计者在根据现实生活来设想死后的生活。由于对法老崇拜的需要，后来法老的陵墓渐渐改变了形制，陵墓的形式发展成多层砖砌阶形。法老乃伯特卡的陵墓，就在祭祀厅堂之下造了九层砖砌的台基，向上收分集中发展。随着中央集权的巩固、强盛，经过不断发展、演变，终在公元前3000年古王国时期，出现这座金字塔还是一座六层的台阶型，和以往不同的是造型上更加简练、稳定，适合石材的应用。总体造型更具有纪念性建筑的特性，为以后金字塔的发展积累了经验(图7-3)。

公元前3000年中叶，在埃及首都开罗西南约10km的吉萨造了三座方锥体金字塔，它代表了埃及境内已发现的110座金字塔的成就，其中最大的金字塔为库富金字塔。

库富金字塔(Khufu，图7-4)，建于埃及第四王朝第二个法老王库富统治时期，底边原长230.5m，由于塔外层石灰石脱落，现在底边减短为227m，倾角为51°52′。塔原高148.6m，因顶端剥落，现高136.5m，塔底面呈正方形，占地$5hm^2$。库富金字塔的中心有墓室，入口在北侧面离地18m高处，经入口的一段甬道下行通往深邃的地下室，上行则抵达国王殡室(图7-5)。殡室长10.43m、宽5.21m、高5.82m，与地面的垂直距离为42.28m，室内仅一红色花岗岩石棺，别无他物。另外塔内已知还有王后殡室和地下墓室。另两座为哈夫拉金字塔，底边长215.25m，高约143.5m，孟卡拉金字塔底边长108.4m，高约66.4m。三座金字塔都用石灰石砌筑，所用的石块很大，有的达到6m多长。

狮身人面像(the Sphinx，Great Sphinx of Giza，图7-6)，在金字塔附近，有一座巨大的狮身人面像。该像是由天然岩石开凿而成的，像高20m，长约40m，口宽达2.5m，它的巨爪之间尚有祭台等遗物。

图7-3　昭赛尔金字塔

图7-4　吉萨金字塔群

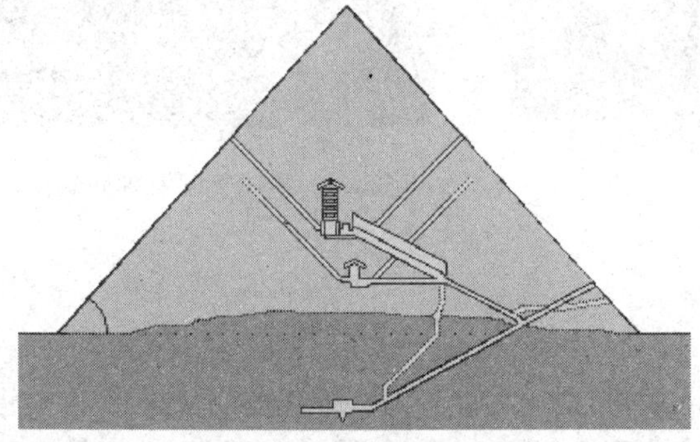
图7-5　库富金字塔剖面

图7-6　狮身人面像

金字塔艺术构思在于它融于自然。高山、大漠、长河之中。金字塔本身的自然造型使人联想起宏大、雄伟的山岩，它们伫立在尼罗河三角洲的大漠中，显得十分协调自然，一眼望去，仿佛大自然送给人类的礼物。

7.1.3 太阳神庙

到新王国时期，适合专制制度的宗教终于形成了，皇帝被喻为太阳神的化身，从此太阳神庙就代替陵墓成为崇拜皇帝的纪念性建筑物，并占了最重要的地位。神庙的形制在中王国时期定型，在一条纵轴线上依次排列高大的门、围柱式院落、大殿和一串密室。后来底比斯的地方神阿蒙(Amon)的庙采用了这个布局，太阳神成为主神之后，和阿蒙神合而为一。于是，太阳神庙也采用了这个形制，而且在门前立上一两对作为太阳神标志的方尖碑。

在这些神庙中，有一些共同的特点。在大门前有一两对皇帝的圆雕坐像，像前有一两对方尖碑，后背是大面积彩色浮雕石墙，使构图主次清楚，层次分明，完整统一。

大殿里总是塞满柱子。高大粗壮的柱子处处遮断人的视线，中央两排柱子特别高，形成侧高窗，并使室内的光线散落在柱子和地面上，增添了大厅的神秘、威严的气氛。在大殿里还布满了浮雕、圆雕等色彩缤纷的雕塑。在新王国时期，神庙遍及全国，其中尤以底比斯为多，这中间规模较大的一个是卡纳克(Karnak)的阿蒙神庙。

卡纳克的阿蒙神庙(图 7-7)，建造时间很长，总长 366m，宽 110m，前后一共造了 6 道大门，第一道最高大，高为 43.5m，宽为 113m。它的大殿内部宽 103m，进深 52m，密排 134 棵柱子。中央两排 12 棵柱子高 21m，直径 3.57m，其余柱子高 12.8m，直径 2.74m。用这样密集的粗壮柱子，是有意为了制造神秘的压抑人的效果(图 7-8)。同时建筑结构及施工技术的不断进步，也使建筑艺术的表现变成了可能。

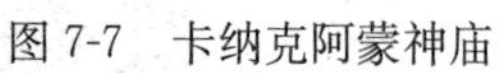

图 7-7 卡纳克阿蒙神庙

图 7-8 卡纳克阿蒙神庙局部

7.2 两河流域和波斯的建筑

在公元前 4000 年前后，在西亚的两河流域有过灿烂的文化，辉煌的历史，希腊人将这一地区称作美索不达米亚，《圣经》中称其为圣地(图 7-9)。这片地区包括现今伊拉克境内底格里斯河与幼发拉底河流域的大片大地(从两河发源地安纳托利亚高原到波斯湾长达 1120km)。在建筑上的发展主要有三个时期，时间从公元前 19 世纪到公元前 4 世纪，分为：①巴比伦时期；②亚述时期；③波斯时期。其中两河下游的高台建筑，叙利亚和波斯的宫殿，尤其是新巴比伦城，是这个区域里的代表性建筑成就。

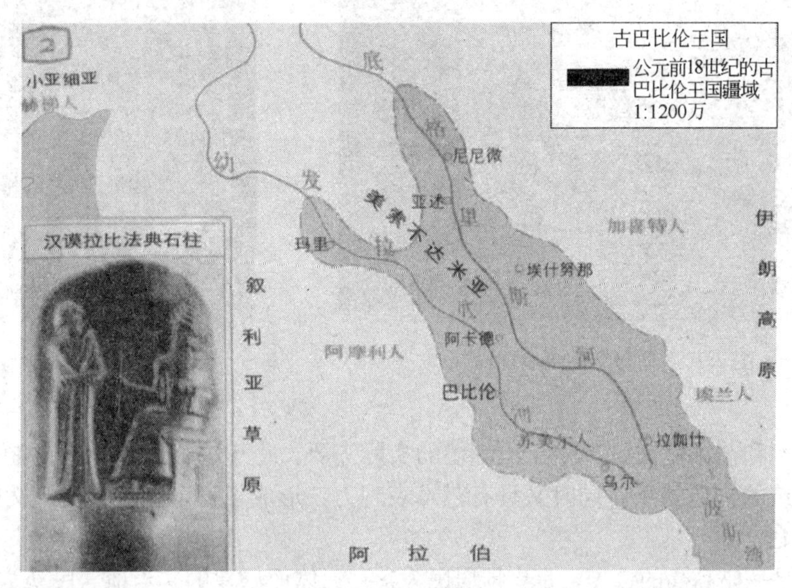

图 7-9　两河流域

7.2.1　土坯建筑

在建筑材料方面，美索不达米亚地区缺乏良好的木材和石材，人们用黏土和芦苇造房屋。基础用乱石垫成。公元前 4000 年起，建筑开始使用土坯砖砌筑，并有了券拱技术。但由于缺少烧砖燃料及砌筑工艺等问题，砖的产量不大，所以券拱结构没有发展，只是在基地及水沟等处使用，住宅及庙宇只用在门洞上。

1) 饰面技术

在建筑上，住宅的房间从四面以长边对着院子。因为当地夏季炎热，冬季温和，风沙大，所以主要卧室朝北，住宅内一般都有浴室，设有下水道。

两河流域因每年多雨水，洪水泛滥，所以西亚建筑物多置于大平台上，以防建筑物被雨水冲刷。另外，在一些重要建筑物的重要部位，趁土坯还潮软的时候，楔进长约 12cm 的圆锥形陶钉。陶钉密密挨在一起，底面形同镶嵌，于是将底面涂上红、白、黑三种颜色，组成各式各样图案，或用石片和贝壳保护墙面(图 7-10)。

在公元前 4000 年西亚人采用了烧制砖和石板贴面作为墙裙。这以后西亚人又发明了琉璃，琉璃的防水性能好，色泽艳丽，又是人工制作，可以大量生产。所以，琉璃逐渐取代了其他饰面材料，并且流传地域广，分布面积大。在巴比伦，琉璃砖的运用是可以引为自豪的建筑成就之一。琉璃的颜色以蓝色为主，有时为了对比也使用天蓝色或金黄色。这些色彩斑斓的琉璃瓦常被用于宫殿建筑和伊斯兰教的清真寺建筑上。尼布加尼撒时期建造的伊什达城门金碧辉煌，城墙以蓝色琉璃砖砌成墙面，并以金黄色琉璃砖构成 152 个兽形图案，图案的大小很接近动物的实际尺寸(图 7-11)。这些头尾似蛇，前脚像山猫，后腿像鹰的动物被看作神话中的神牛。

图 7-10 乌鲁克的土墙饰面

图 7-11 伊什达城门
古西亚新巴比伦城(今伊拉克)

饰面技术和艺术手法都产生于土坯墙的实际需要，适于饰面材料本身的制作和施工特点，反映建筑的构造特点。同时又具有艺术表现力，形成了稳定的传统建筑文脉。

2) 山岳台

山岳台是一座高高的台子，是当地居民为崇拜天体而修建的。当地居民认为山岳支撑着天地，山里蕴藏着生命的源泉，河流从山中来，滋润一方土地，天上的神在山里。人们开始把庙宇造在高高的土台子上，后来经过多年演变，终于形成了叫做山岳台的宗教建筑物。

山岳台是一个多层的集中式的高台，可通过几组坡道或者台阶逐台到顶，在顶上设有神堂。山岳台是夯土的，外围护由一层砖来完成。

乌尔的山岳台(图 7-12*a*)，它的总高约为 21m，基底面积为 65m×45m，第一层高 9.75m，有三条大坡道登上第一层，一条垂直于正面，第二层的基底面积为 37m×23m，高 2.5m，以上部分已经残毁(图 7-12*b*)。

(*a*)

(*b*)

图 7-12 乌尔山岳台

(*a*)乌尔山岳台，古西亚乌尔(今伊拉克)，约公元前 2125 年；(*b*)乌尔山岳台鸟瞰

7.2.2 宫殿建筑

在波斯，皇帝的权威不是由宗教建立的，而是由他所拥有的财富建立的，所以其宫

图 7-13 帕赛玻里斯遗址鸟瞰

殿极其奢华，以炫耀财富。在几处宫殿中，还没有哪个实例能够像帕赛玻里斯遗址(Persepolis，大约公元前600～前450年)给人留下如此强烈的印象(图7-13)。该建筑群经三个波斯王朝才得完成，入口处巨大的台阶通向王宫的台基，台阶两侧刻有23个城邦向波斯王称臣纳贡的场面。整个宫殿依山筑起平台，台高大约12m，面积大约450m×300m。大体分成三区：北部是两个仪典性的大殿，东南是财库，西南是后宫。三者之间以一座“三门厅”作为联系的枢纽(图7-14)。

两座大殿都是正方的，前面一座62.5m见方，厅内36棵石柱子，高18.6m，柱径只有高度的1/12，中心距纵横相等，都是8.74m。后面一座叫“百柱殿”，68.6m见方，有石柱100棵，高11.3m。这两座大殿的结构及空间处理都在当时世界领先。

宫殿内部很华丽。墙体虽然是土坯的，但墙面贴黑、白两色大理石或者琉璃。内部的柱子很精致，柱础是高高的覆钟形的，刻着花瓣。柱身40～48个凹槽。柱头由覆钟、仰钵、几对竖着的涡卷和一对背对背跪着的雄牛组成，雕刻很精巧，柱头的高度几乎占整个柱子高度的2/5(图7-15)。虽然艺术水平很高，但比例关系运用不当，实为美中不足。

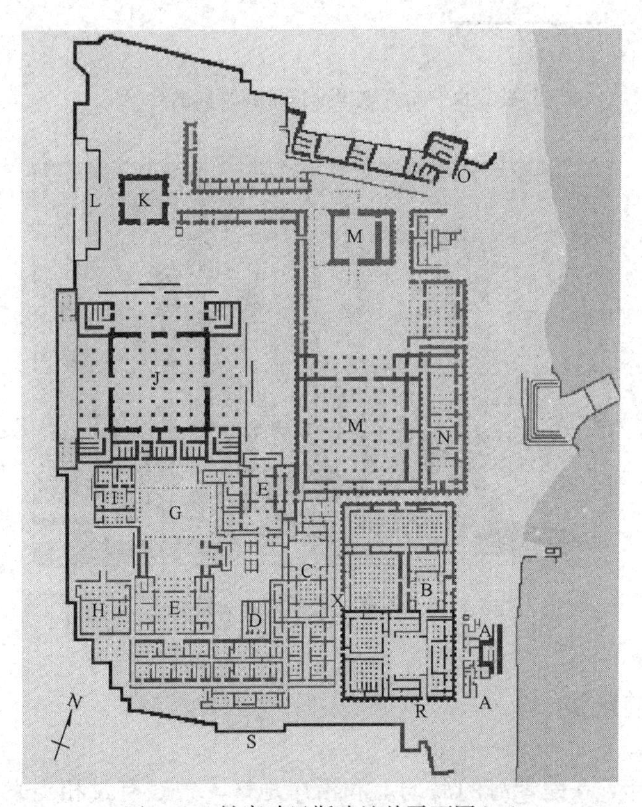

图 7-14 帕赛玻里斯遗址总平面图(一)

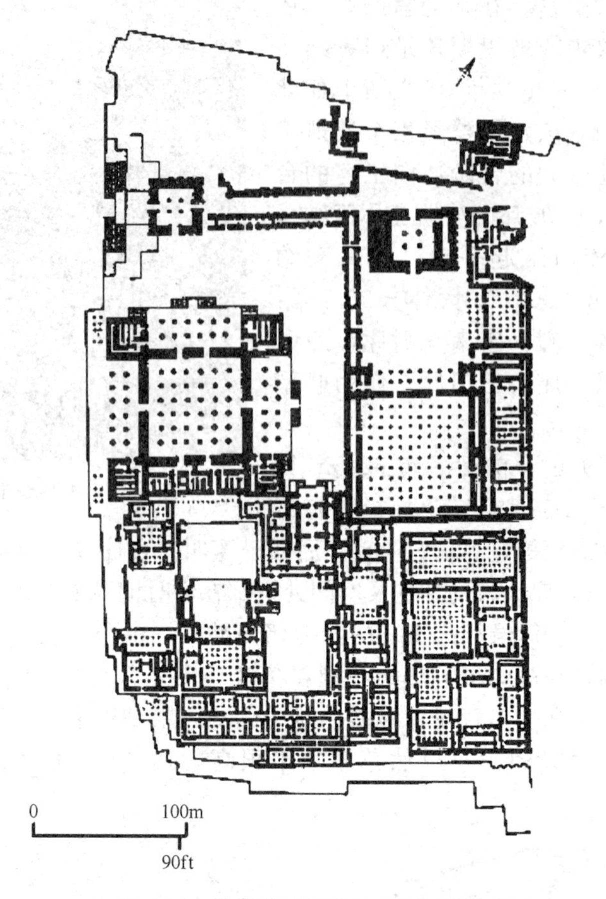

图 7-14　帕赛玻里斯遗址总平面图(二)

图 7-15　帕赛玻里斯遗址大殿柱子

7.3　爱琴文化的建筑

公元前 3000 年，在爱琴海的岛屿上和沿岸地区，曾经有过相当发达的经济和文化，它的中心先后在克里特岛和巴尔干半岛上的迈西尼。爱琴文化的建筑同埃及的互有影响，爱琴文化也被一些人称为希腊早期文化。

在克里特岛的建筑中，主要类型有住宅、宫殿、别墅、旅舍、公共浴室和作坊等。克诺索斯宫殿位于一个不大的山丘上，平面布局杂乱，空间复杂。宫殿里广泛使用圆柱，柱子最大的特点是上粗下细(图 7-16)。这种柱子流行于爱琴海各地，影响到早期的希腊建筑。

迈西尼在希腊的伯罗奔尼撒半岛上。迈西尼卫城有个 3.5m 宽的狮子门。

狮子门(图 7-17)，门上的过梁中央比两端厚，结构合理。它上面发了一个叠涩券，大致呈正三角形，使过梁不必承重。券里填一块石板，浮雕着一对相向而立的狮子，保护着中央一棵象征宫殿的柱子，也是上粗下细，它是一种战争纪念碑式建筑物。

图 7-16　克里特岛克诺索斯宫殿局部

图 7-17　迈西尼岛卫城狮子门，公元前 1250 年

7.4　古希腊的建筑

在公元前 8 世纪，在巴尔干半岛、小亚细亚两岸和爱琴海的岛屿上建立了很多小的国家，以后又向意大利等地拓展，这些国家和地区之间的政治、经济、文化关系密切，总体为古代希腊(图 7-18)。

大约在公元前 1200 年，古代希腊开始了它的文明进程。从时间上看，它的古代历史可分为四个时期：

(1) 荷马时期(公元前 1200～前 800 年)；

(2) 古风时期(公元前 800～前 600 年)；

(3) 古典时期(公元前 500～前 400 年)；

(4) 希腊普化时期(公元前 400～前 100 年)。

在古希腊早期文化上，还记载着爱琴文化时期的人类文明。它的一些建筑技术、形制为古希腊所继承。古希腊是欧洲文化的摇篮，同样也是西欧建筑的开拓者，并且深深地影响着欧洲 2000 多年的建筑史。

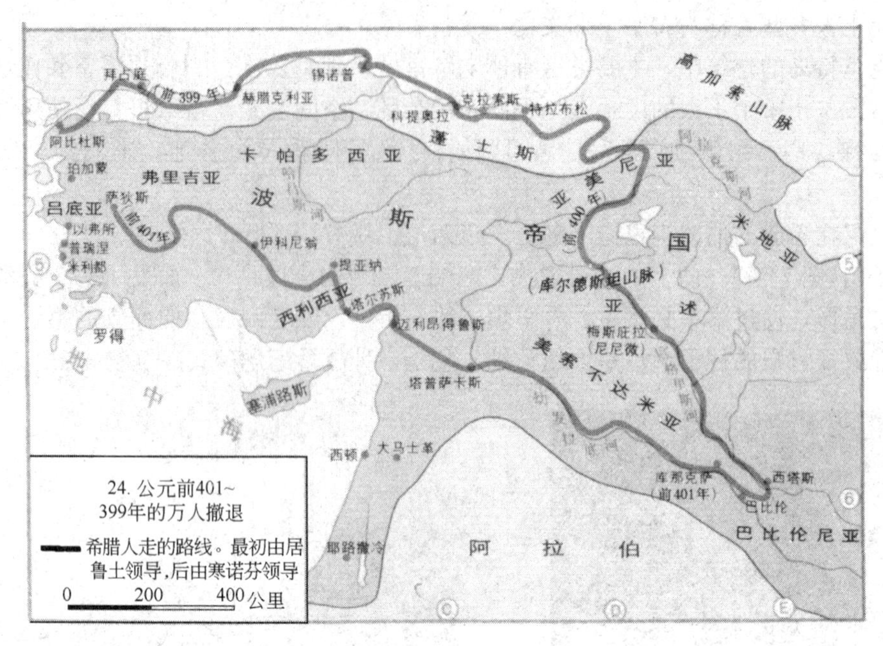

图 7-18 古希腊地图

7.4.1 庙宇的演变及柱式的定型

古希腊是欧洲文化的摇篮。古希腊建筑也是西方建筑的先驱，它所创造的建筑艺术形式、建筑美学法则、城市建设等都堪称西欧建筑的典范，为西方建筑体系的发展，奠定了良好的基础，以至对全世界的建筑发展都起到了相当大的影响。古希腊建筑所取得的伟大成就，从很大的程度上，反映了平民进步文化同贵族的保守文化之间的斗争胜利的结果。可以说，古希腊建筑形象充分地反映出人们的崇高理想，以及希腊人民对自由、民主与共和的强烈愿望。

公元前 8～前 6 世纪的古风时期，在小亚细亚、爱琴海和阿提加地区，许多平民从事手工业、商业和航海业。他们同民族的关系薄弱了，增强了对抗氏族贵族的力量。氏族贵族失去了世袭的特权，平民在由地域部落组成的城邦国家中，获得比较多的政治权利，建立了共和政体。在平民取得胜利的共和制城邦里，原卫城变成了守护神的圣地。在有些圣地里，政治、经济异常活跃，定期地举行各种体育、文学、艺术等比赛及演讲活动。人民需要公共建筑的愿望十分迫切，于是就在各个城邦里建立了一些公共广场及建筑组群，在圣地最突出的地方，建造起整个建筑群的中心。活跃，富于想象力的设计师们突破了旧式卫城的建筑格局，并以自由的布局手法，创造了一些优秀的公共建筑，圣地建筑群和庙宇形制的演变，木建筑向石建筑的过渡及柱式的形成，便成了这个时期的主要建筑内容。这些建筑群追求同自然环境的协调，设计喜欢因地制宜，不求平整、对称，乐于利用各种地形，构成活泼多变的建筑景色，而由庙宇统率全局。它的特点还在于远看是一个整体，近看还有内容，德尔斐的阿波罗(Apollo)圣地就是这类圣地的代表(图 7-19)。

在意大利等地氏族贵族居住的卫城里，可看到富于想象力的建筑群。卫城远离群众，建筑群排列整齐，不分主次，互不照应，同自然环境格格不入。

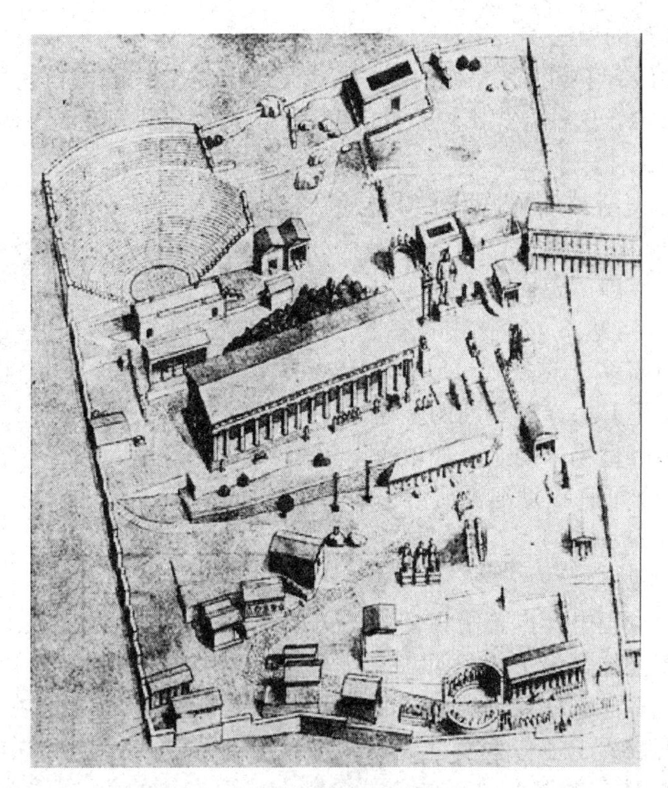

图 7-19　德尔斐的阿波罗圣地

庙宇是卫城里最主要的建筑群。作为公共纪念物，它的位置和样式都代表着卫城的形象，所以格外引人注意。

初期的庙宇，以狭端作为正面。另一端为半圆形，屋顶是两坡的，平面为规则的长方形。在长期的实践过程中，庙宇外一圈柱廊的实用性和艺术性被人认识了，它不但可以避雨，还可以使庙宇四个立面连续统一，阳光的照耀使柱廊形成丰富的光影和虚实变化，消除了封闭墙面的沉闷之感，并创造了与众不同的形象，还可以和其他建筑互相渗透。在公元前 6 世纪以后，这种成熟的围廊式庙宇形制，已经在古希腊被普遍采用了。

这以后的庙宇形制，还有两进围廊式和假两进围廊式。前者有内外两圈柱子，后者只有一圈，但有两圈的深度。这些形制还是围廊式，只是在样式上更追求华丽，更气派开朗而已。如公元前 6 世纪以弗所的第一个阿丹密斯庙便是两进围廊式。

木建筑向石建筑的过渡，对古希腊纪念性建筑形式的演化有很重要的意义，不过这一过渡也是一个漫长的、切磋琢磨的过程。希腊早期的庙宇和其他建筑物一样，是木构架的，怕火和腐蚀。大约在公元前 7 世纪时，古希腊人开始使用陶瓦，先是在额枋上做贴面，既防腐蚀又起装饰作用，而且陶片易着色，使檐部铺满了色彩鲜艳的装饰。石材做建筑，首先是从柱子开始的，起初是整块石头，后来是由鼓形的石料分段拼合的，每段的中心有一个销子。以后石料又用于檐部，再后用于额枋，到公元前 7 世纪末，除屋架之外，整个庙宇建筑都使用石材了。

由于大型庙宇的典型形制为围廊式，因此围廊的艺术处理，柱式的艺术处理基本上决定了庙宇的面貌。所谓柱式，就是指基座、柱子和屋檐等各部分之间的组合都具有一定的格式，施工中有成型的做法。

建筑在不同地区有不同的风格倾向，柱式也是一样。在小亚细亚等共和制城邦中，流行爱奥尼柱式(Ionic)，这种柱式比较秀美华丽，比例轻快、开间宽阔。例如，以弗所的第一个阿丹密斯神庙。

以弗所的阿丹密斯神庙(公元前 6 世纪中叶，图 7-20)，柱子细长比为 1∶8；柱身下部 1/3 全作浮雕。正面中央开间中线距为 8.54m，净空达 3.68 个柱底径。在西西里一带流行着多立克柱式(Doric)，柱式造型粗壮，浑厚有力，但早期的多立克柱式多给人一种沉重粗笨之感，如叙拉古斯的阿波罗庙(公元前 6 世纪上半叶)，柱子的细长比是 1∶3.92～1∶3.96，柱间净空只有 0.707 个底径。

图 7-20　以弗所的阿丹密斯神庙

在柱式的演变过程中，古希腊神话中的美学观点，对柱式的发展有着深深的影响。这种美学观点在于人体是最美的东西。古罗马建筑师维特鲁威在他的《建筑十书》中记载的希腊故事说，多立克柱式是仿男体的，爱奥尼柱式是仿女体的。在希腊建筑中，我们也确实看到了有以男子雕像代多立克柱式，以女子雕像代爱奥尼柱式的，这种审美观自始至终贯彻在柱式的演变过程中。古希腊人认识人体的美，还在于按照人体各部分的式样指定严格的比例，并把这种比例关系应用于建筑物及柱式上，在柱式各部分之间建立相当严密的度量关系，例如奥林匹亚的宙斯庙，多立克柱式的。如以三垄板的宽度为 1，则垄间板的宽度为 1.5，柱底径为 2.5，柱高为 10，柱中线距为 5(角开间为 4.5)，檐部的总高(不计天沟边缘)为 4，台基石长为 61，宽为 26 等，都是简单的倍数。

走向成熟的多立克、爱奥尼柱式不但体现了追求严谨、符合逻辑的理性主义，而且还通过体现人体的美感，使建筑物更和谐，仿佛和人有一种天然的联系。有性格，使每一块石头都充满了生命的活力。

两种柱式各具有性格，各有自己强烈的特色，可以说从整体、局部和细节都不相同。从开间比例到一条线脚，都分别表现着刚劲雄健和清秀柔美两种鲜明的性格(图 7-21)。从以下具体的数字便可明确地看清。

(1) 多立克柱子比例粗壮，与柱高之比为 1∶5.5～1∶5.75，开间比较小(1.2～1.5 柱径)，爱奥尼柱子比例修长，与柱高之比为 1∶9～1∶10，开间比较宽(2 个柱径左右)；

(2) 多立克式的檐部比较重，其高为柱高的 1/3，爱奥尼式的比较轻，其高为柱高的 1/4 以下；

(3) 多立克柱头是简单而刚挺的倒立圆锥台，爱奥尼柱头是精巧柔和的涡卷；

(4) 多立克柱身凹槽相交成锋利的棱角，共 20 个，爱奥尼的棱上还有一小段圆面，共 24 个；

(5) 多立克柱式没有柱础，柱身从台基面上拔地而起，爱奥尼柱式有柱础，看上去富有弹性；

图7-21　多立克、爱奥尼、科林斯柱式

(6) 多立克柱子收分和卷杀都比较明显，极少有线脚，而爱奥尼的却不很显著，线脚上串着雕饰，母题是盾剑饰；

(7) 多立克式的台基是三层朴素的台阶，爱奥尼式的台基侧面壁立，上下都有线脚；

(8) 装饰上，多立克式多以深浮雕饰面，而爱奥尼式则以浅浮雕为主。

首先从上可以看到，两种柱式都有自己的独特性，这种个性使它们有别于其他建筑。它反映了古希腊人民的审美能力，以及把柱式人性化的独特风格。

其次，两种柱式在结构上也体现了严谨的逻辑性。结构体系在外形上脉络分明，层次十分清晰。每一种构件都有它的作用，构造层次非常讲究，从柱身、三垄板、钉板、瓦当上下呼应，一气呵成，给人感觉绝无多余之笔。

再次，柱式的做法虽然十分严格，但其适应性也很强。在古希腊，很多公共建筑，包括庙宇、纪念碑以及住宅都普遍使用柱式。另外，严格的做法并不是一成不变的，随着环境的不同，建筑物性质、体量的不同，柱式也是可以调整、修正的。

在古典时期，古希腊还创造了另外一种柱式，科林斯柱式(Corinthian)，它的柱头由忍冬草的叶片组成，宛如一个花篮，其余部分用爱奥尼的，还没有自己的特色。直到晚期，才形成自己纤巧、华丽的独特风格。

7.4.2　雅典卫城

公元前5世纪，作为全希腊的盟主，雅典城进行了大规模的建设。建设的内容包括元老院、议事厅、剧场、画廊、体育场等公共建筑物，当然建设的重点在卫城。

卫城在雅典城中央一处高于平地70～80m的山冈上(图7-22)。东西长约280m，南北最长处约130m，从外部到卫城只有西面一个通道，给人山势陡峭的感觉(图7-23)。

卫城借鉴了民间圣地建筑群自由活泼的布局方式，并在结合地形、体量布局上更加发展。首先，建筑物的选位是经过周密设计，反复推敲选定的，使卫城的各个主要建筑物处在空间的关键位置上，摒弃了传统的简单轴线关系，是结合地形布局的典范。这种有机的布局考虑了从城下四周仰望形成最佳的美感，也考虑了置身卫城时环看四周产生最佳视线。

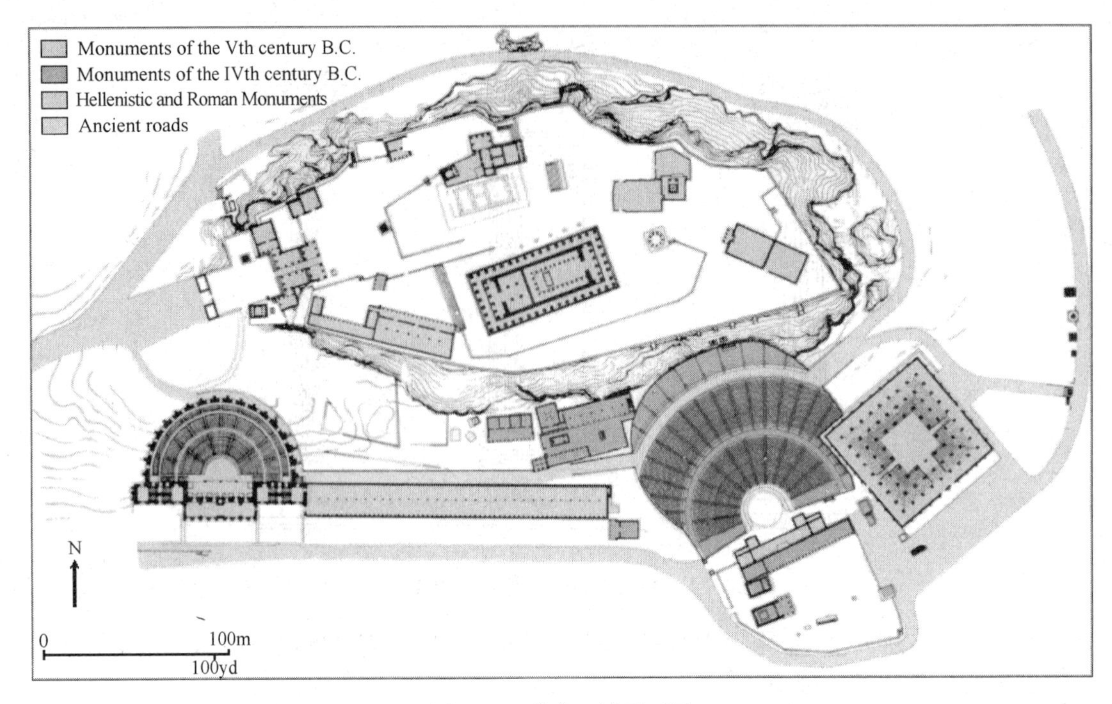

图 7-22　雅典卫城平面图

图 7-23　雅典卫城

祭祀雅典娜大典的队伍是从卫城的西南角开始登山的。在山下绕卫城一周，便可看到陡坡之上的山门。一进山门，迎面是雅典的守护神——雅典娜的镀金铜像，像高 11m，是建筑群内部的构图中心，收拢了沿边布置的几座建筑物。雕像的右前方是雅典娜的庙宇帕提农神庙，左边是伊瑞克提翁神庙，再左侧是胜利神庙，给人的画面是不对称的，但主次分明，构图完整。建筑物中以帕提农神庙位置最高，体积最大，形制最庄严，装饰最华丽，风格最雄伟。其他的建筑物，装饰性强于纪念性，起着陪衬烘托的作用，建筑群的布局体现了对立统一的构图原则。

雅典卫城不但在平面空间布局上，取得了很大的成功，而且在单体建筑上也大胆创新开拓，设计中的技巧是十分卓越的。雅典卫城的主要建筑包括卫城山门、胜利神庙、帕提农神庙、伊瑞克提翁神庙。

卫城山门是一个平面略为长方形的建筑物(图 7-24)。东西向为交通通道，山门正面和背面各有 6 棵多立克式柱子，东面的高 8.53～8.57m，西面的高 8.81m，底径都为 1.56m，细长比为 1∶5.5，檐部高与柱高之比为 1∶3.12。为了更好地体现山门的功能，便于车辆通行，中央开间特别大，柱中线距是 5.43m，净空 3.85m。在建筑物内部通道两侧有 3 对爱奥尼式柱子。在多立克式建筑物里采用爱奥尼式柱子，此为首创。

帕提农神庙(公元前 447～前 438 年)，是希腊本土上最大的多立克围廊式庙宇(图 7-25)。东西立面各 8 棵柱，南北立面个 17 棵柱，台基面 30.89m×69.54m，柱高 10.43m，底径 1.905m，檐部高 3.29m，与柱高之比为 1∶3.17，柱间净空为 2.40m，比较宽，约 1.26 柱径。角柱加粗，底径 1.944m，角开间净空 1.78m。

图 7-24 卫城山门

图 7-25 帕提农神庙

庙宇内部分为两部分，朝东的一半是圣堂，圣堂内部的南、北、西三面都是重叠上下两层的列柱，故意缩小柱子的尺度，突出神像的高大；朝西的一半是放档案的方厅，内有 4 棵爱奥尼式柱子。

帕提农神庙是一座非常华丽的建筑物。白大理石砌筑，铜门镀金，山墙尖上的装饰是金的。神庙的雕刻也是非常成功的，东山花上刻着雅典娜诞生的故事，西山花上刻着波赛顿和雅典难争夺对雅典的保护权的故事，垄间板的浮雕是一幅幅希腊人战胜野蛮人的故事。浮雕雕得很深，构图均衡，是不可多得的杰作。在瓦当、柱头、檐部，雕刻都有浓重的色彩，以红、蓝为主，夹杂着金箔。

伊瑞克提翁神庙(公元前 421～前 406 年)，这座爱奥尼式的神庙，选址在帕提农神庙以北(图 7-26)。建在横跨南北向的断坎上，南墙在东西向断沿的上沿，东部为雅典娜正殿，前面 6 棵柱子，西部有开刻洛斯的墓，比东部低 3.206m。这组建筑物在西立面造了 4.80 m 高基座墙，在上面立柱廊，西部的正门只能朝北，在北门前造了面阔三间的柱廊，覆盖了波赛顿的井和古老的宙斯祭坛。南立面是一大片封闭的石墙，在这片墙的西端造了一个小小的女郎柱廊，面阔三间，进深两间，用了 6 个 2.10 m 高的端丽娴雅的女郎雕像作柱子(图 7-27)。

图 7-26　伊瑞克提翁神庙

图 7-27　女郎柱廊

伊瑞克提翁神庙是爱奥尼柱式的，它的东面柱廊的柱子高 6.583m，底径 0.692m，细长比为 1∶9.5，开间净空 2.05 柱径。神庙各面复杂，但构图均衡，这在那个时代是不多见的。神庙的装饰色彩淡雅，大理石磨光。总之，该庙宇从各个角度都同帕提农神庙形成了鲜明的对比，相互衬托。

在希腊普化时期，随着东方文化与希腊文化的交汇，自然科学和工程技术有了很大的发展。建筑也发生了变化，包括柱式的通俗化。在公共建筑的形制方面，最大的成就就是露天剧场和室内会堂。这时期的公共建筑物在功能方面推敲已经相当深入，对建筑声学也有了初步的认识；会堂的内部空间比较丰富，庙宇形制也发生了变化，往往只在前面设柱廊和台阶；祭坛也在这时发展为独立的建筑物。公共建筑的另一种形式为集中式，如雅典的奖杯亭(公元前 335～前 334 年)，它是放置音乐赛会奖杯的亭子，构图手法中有完整的台基、基座、亭子和檐部，台基稳重而粗犷，亭子轻盈而华丽(图 7-28)。

图 7-28　雅典的奖杯亭

在这个时期，市场边沿的敞廊两侧设有柱廊，有许多敞廊是两层的。两层高的敞廊，采用叠柱式，即下层用比较粗壮的多立克柱式，上层用比较纤巧、华丽的爱奥尼柱式。

7.5　古罗马的建筑

罗马最早只是意大利半岛中部的一个小城邦国家。公元前 5 世纪起实行了共和政体。随着国势的强大，领土日益扩展，到公元前 3 世纪征服了全意大利，又向外扩张。到公元前 1 世纪末竟然统治了大部分欧洲，南到埃及和北非，北到法国，东到叙利亚，西到西班牙等地，从此变成了极为强大的罗马帝国(图 7-29)。追溯古罗马的历史大致可分为三个时期：

(1) 伊达拉里亚时期(公元前 750～前 300 年)；

(2) 罗马共和国时期(公元前 510～前 30 年)；

(3) 罗马帝国时期(公元前 30～475 年)。

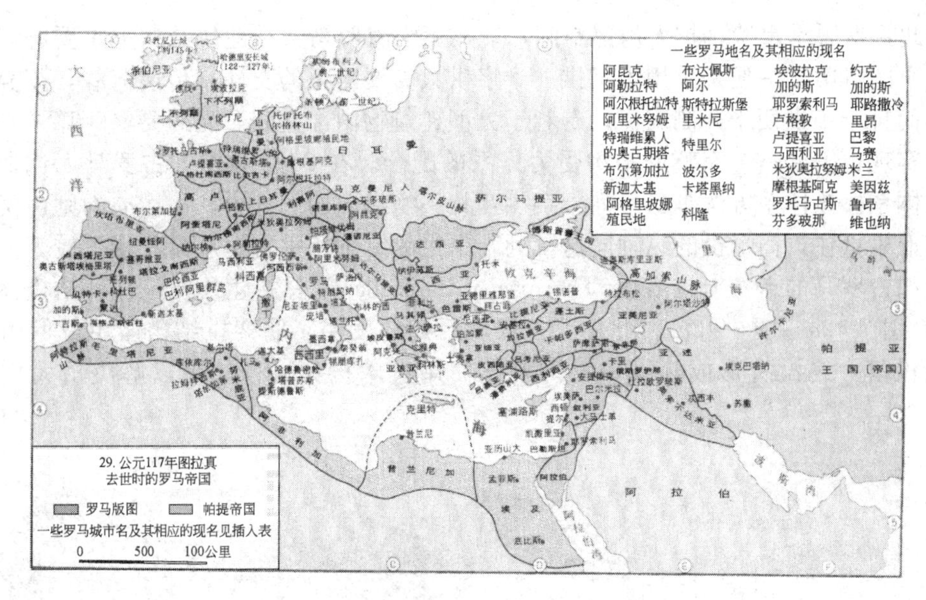

图 7-29　古罗马帝国地图

从 375 年开始，古罗马分裂为东、西两个罗马，东罗马演变为拜占庭帝国，西罗马在 479 年灭亡。

在罗马帝国时期，城市的建设更趋繁荣。建筑创作的领域很广，建筑类型多，形制很成熟，艺术手法丰富。另外，罗马人解决了古希腊人没解决好的大空间问题，使建筑物有可能满足各种复杂的要求。在建造的公共建筑中，包括斗兽场、浴场、剧场等，还有包括凯旋门在内的城市广场。在这时期，在建筑技术、施工、材料、艺术、结构等各个方面，古罗马人都有了突飞猛进的发展。

7.5.1　券拱技术

公元前 4 世纪，罗马城在下水道中已经开始使用发券技术。在公元前 2 世纪，在很多建筑中得以推广，如陵墓、桥梁、城门、输水道等工程。促进古罗马券拱结构发展的是良好的天然混凝土，此混凝土的主要成分是一种火山灰，加上石灰和碎石之后，凝结力强，坚固，不透水，大约在公元前 2 世纪，开始成为独立的建筑材料。到公元前 1 世纪中叶，天然混凝土在券拱结构中几乎完全排斥了石块，从墙脚到拱顶是天然混凝土的整体，侧推力比较小，结构很稳定。如古罗马为供应城市生活而修的输水道，凡逢山遇桥时便筑水道桥，现在法国尼姆的加尔桥(Pont du Gard)便使用了券拱结构(图 7-30)。

图 7-30　加尔桥

筒形拱(Roman Vault)和穹顶，在罗马曾经有一个时期作为大型公共建筑的屋顶，对扩大室内空间起到了不可低估的作用。但它们所覆盖的空间封闭、单一，也给建筑物以极大的束缚。因为它们很重而且整体、连续，需要连续的承重墙来负荷它们。而承重墙要抵御拱顶和穹顶的侧推力，墙体就得相当厚，甚至有厚达几米，十分不利于室内空间的划分。

因此，摆脱承重墙，扩大内部空间，就成了当时罗马人在建筑结构上重要的课题之一。解决的方案之一便是采用十字拱。十字拱只需要四角的支柱来传递荷载，废弃了承重墙，而且十字拱便于开侧高窗，有利于大型建筑物内部空间采光的要求(图 7-31)。十字拱的实现也需要一个完整的结构受力体系的配合。在 2～3 世纪，古罗马人创造了拱顶结构体系。该体系方法是：一列十字拱互相平衡纵向的侧推力，而横向的则由两侧的几个筒形拱抵住，筒形拱的纵轴同这一列十字拱的纵轴相垂直，从而获得了较大的室内空间。如古罗马的卡拉卡拉浴场(Thermae of Caracalla)等公共建筑便是这种结构体系的受益者(图 7-42*a*～图 7-42*c*)。此外，古罗马后期还发明了肋架拱结构体系，但由于罗马日渐没落，终没有形成规模。罗马人还使用过木构架屋顶，用以解决扩大空间的尝试。

图 7-31 筒形拱、十字拱

7.5.2 柱式的发展与定型

古希腊的柱式在古罗马的建筑上被采用，并且逐渐发展、定型，形成了和古希腊风格略有不同的三种柱式：多立克式、爱奥尼式、科林斯式。另外，古罗马人也创造了两种柱式：塔司干柱式(Toscan)，特点是柱身无槽；复合柱式(Composite)，是由爱奥尼和科林斯混合而成，更为华丽。这五种柱式在公元前 2 世纪之后广泛流行。以后，匠师们为了解决柱式同罗马建筑的矛盾，发展了柱式。

1）如何把柱式设计到券拱结构的建筑物上

柱式是产生在梁柱结构体系中，在梁柱体系中，柱式是极其重要的一环。券拱结构外部不需要柱子承重，但又需要和柱式建筑艺术风格相协调，最好的办法是用柱式去装饰建筑外立面。经过长期的摸索，定型的样式称之为券柱式，这种构图是在窗间墙处贴装饰性的柱式，把发券窗套在柱式的开间里，券同梁柱相切，有龙门石和券脚线脚加强联系，装饰线脚风格一致，装饰后的建筑物看上去厚重、结实(图 7-32)。

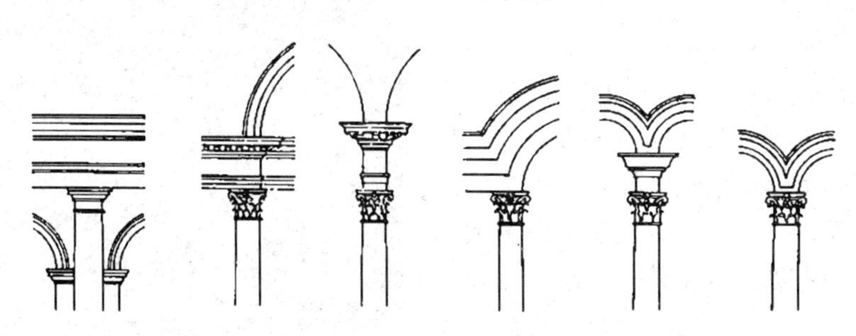

图 7-32 券柱式

券拱和柱式的另一种结合方法是连续券，即把券脚直接落在柱式柱子上，中间垫一小段檐部(图7-33)。

图7-33 连续券

2) 在多层建筑物上如何安排柱式

古希腊晚期创造的叠柱式，罗马在此基础上又加以发展，一层用粗壮的塔斯干或多立克柱式，二层用爱奥尼柱式，三层用科林斯柱式，四层可用科林斯壁柱。但由于不突出水平划分，在罗马几乎都采用券柱式的叠加或采用巨柱式。这种柱式做法是一个柱式贯穿二层或三层，在局部使用巨柱式可以起到突出重点作用。但大面积使用会使尺度失真。

3) 加强柱式的细部推敲，以协调罗马建筑

罗马建筑一般体积都比较大，把古希腊的柱式尺度简单地放大，容易引起局部空疏。所以罗马在古希腊的柱式加了一些线条，使罗马的柱式中的柱子更为细长，线脚装饰也趋向复杂。

7.5.3 罗马广场

罗马共和时期的广场和希腊晚期的相近，是城市的社会、政治和经济活动中心。罗马城中心的罗曼努姆广场(Forum Romanum 公元前504～前27年)就是在共和时期陆续零散地建成的(图7-34)。广场全部用大理石建造，大体呈梯形，在它的四周有作为法庭和会议厅的巴西利卡、庙宇、商店、作坊。

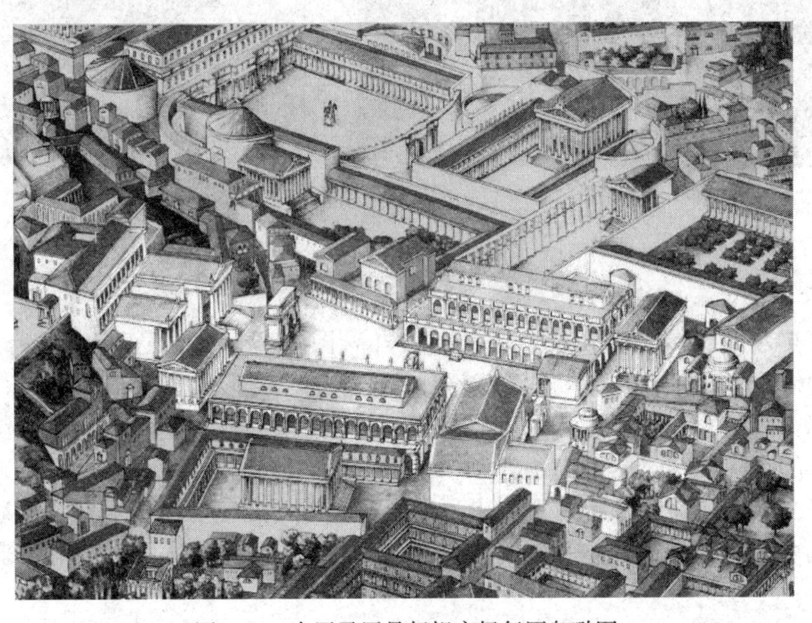

图7-34 古罗马罗曼努姆广场复原鸟瞰图

共和末期，在罗曼努姆广场边上造了一个恺撒广场(公元前54～前46年)，广场封闭，轴线对称，是以庙宇为主体的广场新形制，总面积是160m×75m，广场中间立着恺撒的

骑马青铜像，广场成为了恺撒个人的纪念地。

帝国时期的广场，是以奥古斯都、图拉真两广场为代表的(图 7-35)。

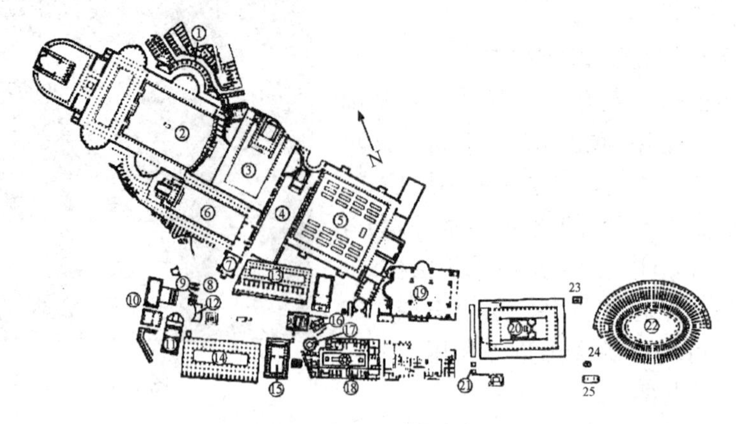

图 7-35　古罗马广场群平面

奥古斯都广场(Forum of Augustus 公元前 42～前 2 年)，在恺撒广场东北边上建成，纯粹是皇帝的纪念地。广场总面积约为 120m×83m，全封闭，墙高 36m，一圈单层的柱廊，把战神庙放到了居高临下的统治位置，两侧各有一个半圆形的讲堂(图 7-36*a*、图 7-36*b*)。

(*a*)

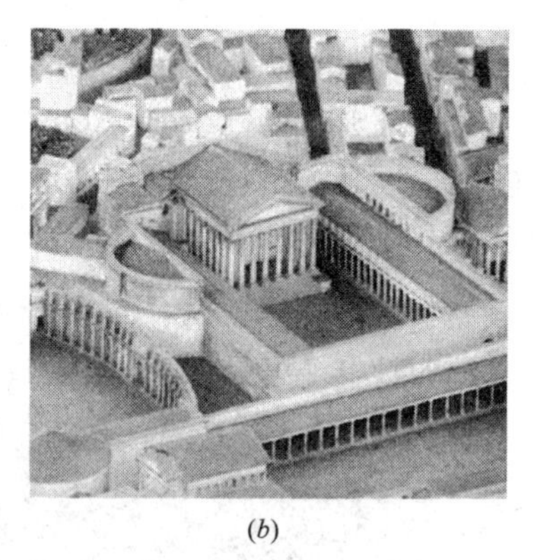

(*b*)

图 7-36　奥古斯都广场

(*a*)奥古斯都广场现状；(*b*)奥古斯都广场复原

图拉真广场(Forum of Trajan，109～113 年，图 7-37)，广场正门是三跨的凯旋门，进门是 120m×90m 的广场。两侧敞廊各有一个半圆厅，形成广场的横轴线。在纵横轴交汇点上立着图拉真的骑马青铜像。广场底部是 120m×60m 的巴西利卡，再后是 26m×16m 的小院子，中央立着高达 35.27m 的纪功柱(图 7-38)。穿过院子又是一个围廊式院子，中央是围廊式庙宇，用以崇拜图拉真本人，是广场的艺术高潮。整个广场轴线对称，有多层纵深布局。这种空间变化神秘、威严的建筑艺术手法，有些来自东方的设计思想。

图 7-37　图拉真广场复原图

图 7-38　图拉真纪功柱

7.5.4　罗马公共建筑

1) 剧场

剧场是在古希腊的基础上，进一步复杂化。首先扩大了化妆部分，并同半圆形的观众席连接成一体。观众厅逐渐升高，以放射形的纵过道为主，圆弧的横过道为辅，视线和交通处理较为合理。支承观众席的拱在立面上形成连续券，外立面重复券柱式构图，不作重点处理。比较著名的有罗马城里的马采鲁斯剧场。

马采鲁斯剧场(Theater of Marcellus，公元前 44～前 13 年，图 7-39*a*、图 7-39*b*)，观众席最大直径为 130m，可以容纳 10000～14000 人。

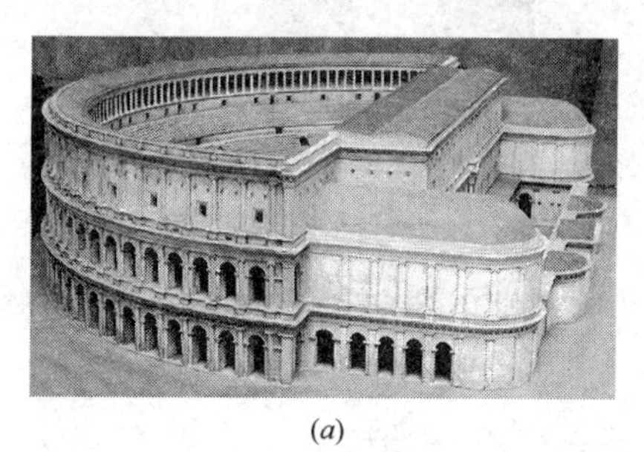

(*a*)

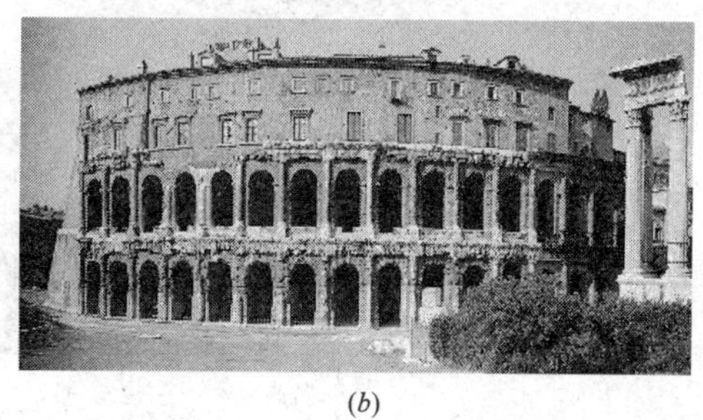

(*b*)

图 7-39　古罗马马采鲁斯剧场

(*a*)古罗马马采鲁斯剧场；(*b*)古罗马马采鲁斯剧场现状

2) 角斗场

角斗场平面一般处理成椭圆形，中央部分为演技场，它们专门用作角斗和斗兽之用。从建筑艺术、功能技术来看，罗马城里的科洛西姆大角斗场最为成功、壮观。

科洛西姆大角斗场(Colosseum，Rome，75～80 年，图 7-40)，大角斗场长轴 188m，短轴 156m；演技区长轴 86m，短轴 54m；观众席约 60 排座位，可容纳5～8 万观众。它

图 7-40　罗马科洛西姆大角斗场

们结构是底层有七圈灰华石的墩子，平行排列，每圈 80 个，外面三圈墩子之间是两道环廊，用顺向的筒形拱覆盖，庞大的观众席就架在这些环形拱上。大角斗场的立面高 48.5m，分为四层，下三层各 80 间券柱式，第四层是实墙。连续券的应用使立面很丰富，各种对比关系十分明确。

3) 万神庙

罗马万神庙一改前廊大进深或围廊的形制，采用了穹顶覆盖的单一空间的集中式构图。万神庙（Pantheon，120～124 年）平面以圆形为主体，外加一个门廊（图 7-41*a*～图 7-41*c*），穹顶直径达 43.3m，顶端高度也是 43.3m。穹顶象征天宇，它中央开一个直径 8.9m 的圆洞，象征着神的世界和人的世界的联系。墙厚 6.2m，是混凝土的；墙体内沿圆周发八个大券，其中七个下面是壁龛，一个是大门，它们都起到了支承穹顶不可缺少的作用。万神庙的内部空间是单一的、有限的，墙面几何形状单纯明确，使人联想到宇宙。穹顶有凹格，不分主次，加强了空间的整体感。从采光口进入的阳光形成光束，光束随着太阳的转动而移动，仿佛庞大的穹顶建筑物和天体的运行紧密地联系一起。

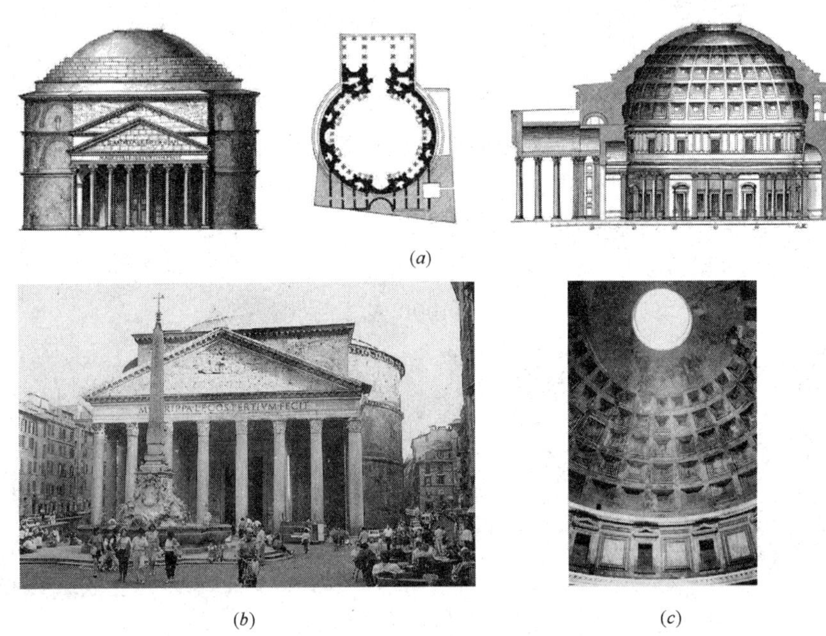

图 7-41　古罗马万神庙

（*a*）古罗马万神庙图纸；（*b*）古罗马万神庙外观；（*c*）古罗马万神庙内部

4) 公共浴场

罗马的浴场对比希腊浴场综合性更强。在公共浴场里设置了图书馆、音乐厅、演讲厅、交谊室、商店等其他辅助公共设施，形成了独特的文化建筑。卡拉卡拉浴场（Thermac of Caracalla，211～217 年，图 7-42*a*、图 7-42*b*），它无论在使用功能上、结构上、空间组合上，都取得了相当高的成就。

该浴场占地 575m×363m，主体建筑 216m×122m，在这个对称的建筑物的中轴上，排着冷水、温水浴和热水浴三大主要大厅，两侧为附属房间。结构也是以温水浴大厅为核心（图 7-42*c*），设横向三间十字拱和筒形拱相接，下面有柱墩，形成一整套的拱顶结构体系。热水浴用穹顶，直径 35m。十字拱的应用大大地改变了建筑内部空间，空间的大小、纵横、高矮交替变化，空间艺术十分丰富。空间的有效利用，使功能的使用也十分有效，

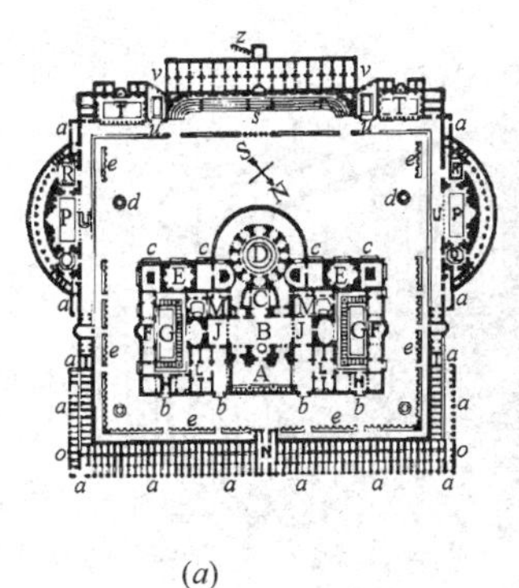

(a)

(b)

(c)

图 7-42　古罗马的卡拉卡拉浴场

(a)古罗马的卡拉卡拉浴场平面图；(b)古罗马的卡拉卡拉浴场现状；(c)古罗马的卡拉卡拉温水浴场

从各大厅的交通联系到自然采光都十分成功，是不可多得的建筑佳作。

5) 凯旋门

古罗马纪念性建筑物。为了镇压和掠夺被征服地区，在许多殖民地里建造了驻屯军队的营垒城市。凯旋门(Triumphal Arch)是为了炫耀侵略战争胜利而建造的，常建于城市中心的交通要道上，中央有一个或三个券形拱门。具有代表性的作品是罗马城里的塞弗拉斯凯旋门(Arch of Septimius Severus，图 7-43)和君士坦丁凯旋门。罗马城里的泰塔斯凯旋门(Arch of Titus，图 7-44)形体高大，威武雄壮。

图 7-43　塞弗拉斯凯旋门

图 7-44　古罗马泰塔斯凯旋门

6) 巴西利卡

巴西利卡(Basilica)是古罗马的一种公共建筑形制，主要用作法庭、交易所与会场。其平面呈长方形，主入口在长边，短边有半圆形龛，大厅常被两排或四排柱子纵向分为三或五部分，中央一跨较宽、高，是中厅，两侧是较低的侧间，中厅比侧间高，可开高侧窗，屋顶采用条形拱券(图 7-45)。后来的教堂建筑即源于巴西利卡，但是主入口改在了短边。

7)《建筑十书》

这本书是古罗马奥古斯都的工程师维特鲁威(Vitruvius，公元前 1 世纪)所著的。这本书相当全面地阐述了城市规划和建筑设计的基本原理，同时也论述了一些基本的建筑艺术

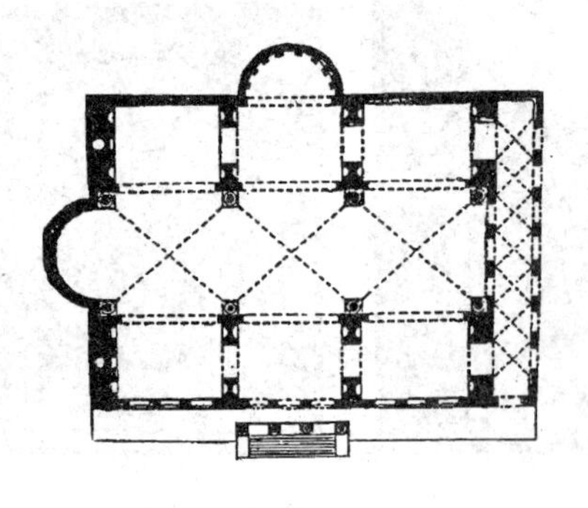

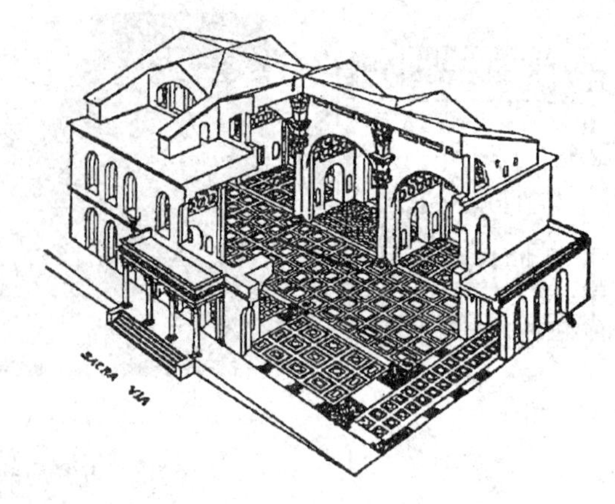

图 7-45　巴西利卡

原理，在几何学、物理学、声学、气象学等工程技术方面也有精辟的论述。他总结了古希腊、罗马人民的实践经验，对建筑物的选址、朝向、风向、结构方式、材料选择、施工方式等进行了详细的叙述。15 世纪之后，《建筑十书》成了欧洲建筑师的基本教材，为欧洲建筑科学的发展，创立了最初的基本体系，为世界建筑的发展作出了贡献。

7.6　美洲古代的建筑

1492 年哥伦布在美洲土地上登陆，这以后，这片神秘的大陆文化逐渐为人们所认识，并成为世界文明史上的一支奇葩。居住在美洲的土著居民中，主要是玛雅人(Maya)，多尔台克人(Toltec)和阿兹特克人(Aztec)；另外在南美居住着印加人(Inca)。他们的文化交流很密切。

7.6.1　玛雅人的建筑

玛雅人主要居住在中美洲，它大约起始于公元前后，发展于 3 世纪，到 10 世纪，又不知何故突然中断了。但玛雅人在农业、文字、天文、数学和建筑等方面的辉煌成就为后人留下了丰富的文化遗产。

在科潘遗址中，发现在许多石碑、石像上都刻有象形文字。最令人惊叹的是一座有 63 个石级的“象形文字阶梯”，上面刻有 2500 个象形文字，堪称奇观。

玛雅人的建筑内部空间很不发达，大多是与正立面平行的一条或几条狭长的空间，因为当时只会用叠涩法砌顶。大约在公元 600 年之前，玛雅人在墨西哥湾首府埃尔塔欣建造金字塔，该金字塔有许多凹进去的壁龛，故得名为壁龛金字塔。该塔高约

24m，塔基每边长36m左右。7层塔身共有365个方形壁龛，象征着一年有365天(图7-46)。

奇清—伊乍曾是古玛雅帝国最繁华的城邦。在城邦遗址中，库库尔坎金字塔高30m，9层呈阶梯形(图7-47)。

图7-46 壁龛金字塔

图7-47 玛雅文化库库尔坎金字塔

7.6.2 多尔台克人的建筑

多尔台克人的文化和玛雅人的平行发展，互有影响。他们的建筑也有几分相似。如在奇清—伊乍城(9～10世纪)，多尔台克人和玛雅人共同创造了许多建筑物，其中最重要的是一座24m高的天文台(El Caracol，Chichen Itza，图7-48)。该台分9层，底座75m×75m，高22.5m，内有一道螺旋形楼梯通到台顶观察室，室内有观察孔，用来观察天象，研究天体运行。

多尔台克人最大的纪念性建筑群在陶底华冈(1～2世纪)。建筑群包括太阳神庙、月神庙和“羽蛇神”庙等。月神庙为主，在主轴线一端，其他建筑物形成若干个横轴，布局相当严谨。太阳神庙的金字塔分5层，底面积210m×210m，高64.5m，通向顶端的大阶梯逐层缩小，夸大了塔的高度(图7-49)。

图7-48 奇清—伊乍城天文台

图7-49 陶底华冈太阳神庙

多尔台克人的建筑装饰性很强，如武士柱及“羽蛇神”庙墙面装饰(图 7-50)。

(a)

(b)

图 7-50　多尔台克人的建筑装饰

(a)墙面装饰；(b)武士柱

7.6.3　阿兹特克人的建筑

阿兹台克人的建筑主要分布在特诺奇蒂特兰城(14 世纪，图 7-51)。其宏伟的城市规划至今被人称道，城市中央广场面积 275m×320m，四周分布着三所宫殿和一座金字塔。围绕着宽阔广场的宫殿与庙宇高高耸立在小山似的巨大金字塔形的台基上，城内各区之间有运河上的交通和桥梁串起来的宽阔堤道沟通，宫殿和住宅都是四合院式，用毛石和卵石砌成。

图 7-51　阿兹台克复原图

7.6.4　印加人的建筑

印加人(西班牙征服前秘鲁王国的印第安人)建筑上的主要特色是巨大尺度的砖石建筑，而且施工中不用灰浆，将砖石紧密干砌到一起，这些建筑可以在印加人首府库兹科城(12 世纪)内看到。

图 7-52　马丘比丘城

印加人的建筑艺术不只是表现在砖石建筑上，山顶要塞之一——马丘比丘城(Machu Picchu)便是印加人的建筑艺术成就之一(图 7-52)。在这座山顶城市中，有住宅、阶梯、庭院、庙宇、谷仓、墓地等，甚至还有修道院。印加人将裸露的岩石与住宅的墙壁融为一体，从而表现出人、草、木山石之间的互相渗透，自然协调。

思　考　题

1. 试述古埃及金字塔的演变。
2. 试述波斯建筑外墙饰面的特点。
3. 试述古希腊柱式的演变及各种柱式的建筑风格。
4. 试述雅典卫城的布局及主要建筑的特点。
5. 试述古罗马的拱顶结构体系。
6. 古罗马如何解决多层建筑与柱式之间的矛盾?
7. 简述古罗马万神庙的特点。
8. 简述一个典型古罗马广场。

第8章　欧洲中世纪的建筑

古罗马帝国极盛之后，逐渐衰退。395年，古罗马分裂为东、西两个罗马。东罗马帝国建都在黑海口上的君士坦丁堡，得名拜占庭帝国；西罗马由于异族日耳曼人的侵入，终在479年宣告灭亡，后进入封建社会。

在4世纪以后，基督教的活动处于合法地位，欧洲封建制度主要的意识形态便是基督教。基督教在中世纪分为两大宗，西欧是天主教，东欧为正教。在世俗政权陷于分裂状态时，它们都分别建立了集中统一的教会。天主教的首都在罗马，正教的在君士坦丁堡。封建分裂状态和教会的统治，对欧洲中世纪的建筑发展产生了深深的影响。宗教建筑在那个时期建筑等级最高，艺术性最强，成为了建筑成就的最高代表。

东欧的正教教堂和西欧的天主教堂，不论在形制上、结构上和艺术上都不一样，分别为两个建筑体系。在东欧，大大发展了古罗马的穹顶结构和集中式形制；在西欧，则大大发展了古罗马的拱顶结构和巴西利卡形制。

8.1　拜占庭建筑

330年古罗马皇帝君士坦丁迁都于拜占庭(Byzantine)，到5～6世纪，拜占庭成为一个强盛的大帝国，它的版图范围包括叙利亚、巴勒斯坦、小亚细亚、巴尔干半岛、北非及意大利(图8-1)。

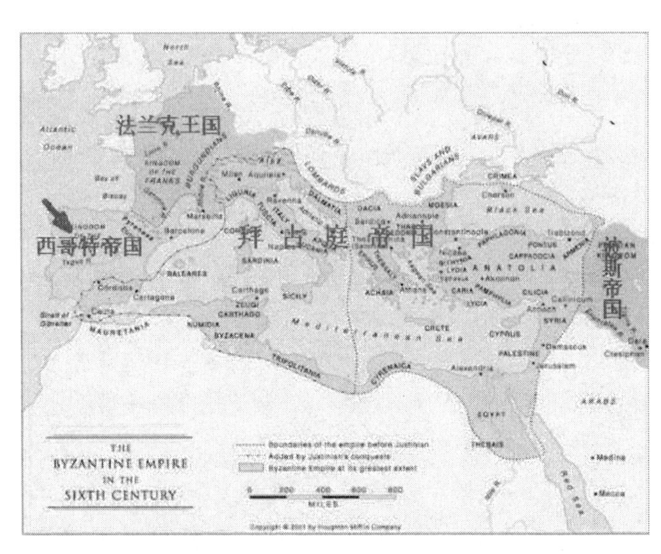

图8-1　拜占庭帝国版图

拜占庭时期最重要的是宗教建筑。古希腊和古罗马的宗教仪式是在庙外举行，而基督教的仪式是在教堂内举行的。拜占庭宗教建筑用若干个集合在一起的大小穹顶覆盖下部的巨大空间，把建筑空间扩大。另外，拜占庭的建筑内容还包括修建城墙、道路、水窖、宫殿、大跑马场等公用建筑。

拜占庭文化在中世纪的欧洲占有重要地位。它的发展水平远超西欧。希腊、罗马文化的传统在拜占庭未曾中断，它对埃及和西亚等东方文化兼收并蓄，丰富了拜占庭文化的内容，并使其具有综合的特色。

8.1.1　穹顶和集中式形制

在罗马帝国末期，东罗马和西罗马一样，流行巴西利卡式的基督教堂。另外，按照当地传统，为一些宗教圣徒建造集中式的纪念物，大多用拱顶，规模不大。

到 5～6 世纪，由于东正教不像天主教那样重视圣坛上的神秘仪式，而宣扬信徒之间的亲密一致，从而奠定了集中式布局的概念。另外，集中式建筑物立面宏伟、壮丽，从而使这种集中式形制广泛流行。

集中式教堂，就是指建筑的焦点集中于穹顶，其大小、成败直接关系到建筑的成功与否，发展穹顶至关重要。

拜占庭的穹顶技术和集中式形制是在波斯和西亚的经验上发展起来的。在方形平面上盖圆形穹顶，需要解决两种几何形状之间的承接过渡问题。在最初有两种做法：①用横放的喇叭形拱在四角把方形变成八边形，在上面砌穹顶；②用石板层层抹角，成十六边或三十二边形之后，再承托穹顶。这两种做法内部形象很零乱，不能用来造大跨度的穹顶。

图 8-2　帆拱示意图

拜占庭建筑通过借鉴巴勒斯坦的经验，使穹顶的结构技术有了突破性发展。它的做法是，沿方形平面的四边发券，在四个券之间砌筑以对角线为直径的穹顶，这个穹顶仿佛一个完整的穹顶在四边被发券切割而成。它的重量完全由四个券承担(图 8-2)，这种结构方式其实质性进步在于：①使穹顶和方形平面的承接过渡自然简洁；②把荷载集中到四角柱上，完全不需要连续的承重墙，穹顶之下空间变大了，并且和其他空间连通了。

为了进一步提高穹顶的标志作用，完善集中式形制的外部形象，又在四个券的顶点之上作水平切口，在这切口之上再砌一段圆筒形的鼓座，穹顶砌在鼓座上端，这样在构图上的统帅作用大大突出了，拜占庭纪念性建筑物的艺术表现力从而大大提高了。

水平切口所余下的四个角上的球面三角形部分，称之为帆拱(Pendentive)。帆拱、鼓座、穹顶这一套拜占庭的结构方式和艺术形式，以后在欧洲广泛流行。

巨大的穹顶向各个方面都有侧推力，为此又摸索了几种结构传力体系：①在四面各作半个穹顶扣在四个发券上，相应形成了四瓣式的平面；②常用架在 8 棵或 16 棵柱子上的穹顶，它的侧推力通过一圈筒形拱传到外面的承重墙上，于是形成了带环廊的集中式教堂，如意大利拉温那的圣维达尔教堂，但这种方法仍然不能使建筑物的外墙摆脱沉重的负担；③拜占庭匠师们在长期的摸索中，又找到了好的解决方法。他们在四面对着帆拱下的大发券砌筑筒形拱来抵挡穹顶的侧推力，筒形拱下面两侧再作发券，靠里面一端的券脚就落在承架中央穹顶的支柱上，这样外墙完全不必承受侧推力，内部也只有支承穹顶的四个柱墩，无论内部空间还是立面处理，都自由灵活多了，集中式教堂获得了开敞、流通的内部空间。

在结构穹顶设计集中式平面时，匠师们创造了一种希腊十字式平面教堂。这种教堂中央的穹顶和它四面的筒形拱成等臂的十字，得名希腊十字式。后来还有一种形制，用穹顶代替中央穹顶四面的筒形拱，逐渐成了拜占庭教堂中的普通形制。这种形制是把十字平面分成几个正方形，每个正方形的上部覆盖一个穹顶，中间和前面的两个最大，使整个建筑成了统一体，如意大利威尼斯的圣马可教堂屋顶平面(1042～1071 年，图 8-3)。

从拜占庭教堂发展中可以看到，一个成熟的建筑体系，总是把艺术风格同结构技术协调起来，这种协调往往就是体系健康成熟的主要标志之一。在装饰艺术方面，拜占庭建筑是十分精美和色彩斑斓的。

对一些比较大型重要的纪念性建筑物，其内部装饰主要是：墙面上贴彩色大理石，在一些带有圆弧、弧面之处用玻璃马赛克饰面。这种马赛克是用半透明的小块彩色玻璃镶成的，为了保持大面积色点的统一，在镶玻璃马赛克之前要在墙面上铺一层底色。6 世纪之前，多用蓝色做底色调，6 世纪之后，则多采用金箔做底色，色彩斑斓的厚马赛克统一在金黄色的色调中，显得格外辉煌、壮观(图 8-4)。另外，用不同色彩的玻璃马赛克做出各种圣经故事的镶嵌画，这种画多以人物为主，辅助动物、植物等，人物动态很小，使室内显得较为安静。

图 8-3　圣马可教堂俯视

图 8-4　拜占庭建筑内部装饰

另一种装饰重点就是石雕艺术。主要在一些用石头砌筑的地方作雕刻艺术，如发券、柱头、檐口等处，题材主要是几何图案或以植物为主。

8.1.2　拜占庭教堂建筑实例

能够代表拜占庭教堂建筑的最高成就的，是君士坦丁堡的圣索菲亚大教堂。

君士坦丁堡的圣索菲亚大教堂(S. Sophia，532～537 年，图 8-5*a*～图 8-5*c*)，这座大教堂平面接近正方形，东西长 77m，南北长 71.7m，正面入口处是用环廊围起的院子，院中心是施洗的水池，通过院子再通过外内两道门廊，才进入教堂中心大厅。拜占庭建筑的光辉成就在这座教堂中可以完美地体现出来：①穹顶结构体系完整，教堂中心为正方形，每边边长 32.6m，四角为四个大圆柱及四个矩形柱墩，柱墩的横断面积为 7.6m×18m，中央为 32.6m 直径的大穹顶，穹顶通过帆拱架在四个柱墩上，中央穹顶的侧推力在东西两面由半个穹顶扣在大券上抵挡，它们的侧推力又各由斜角上两个更小的半穹顶和东西两端的各两个柱墩抵挡，使中央大厅形成一个椭圆形，这种力的传递，结构关系明确，十分合理。中央大通廊长 48m，宽 32.6m，通廊大厅的一端有一半圆龛，通廊大厅两侧为侧通廊，两层高，宽约 15m。②集中统一的空间。教堂中大穹顶总高度 54m，穹顶直径虽比罗马万神庙小 10m，但圣索菲亚大教堂的内部空间给人的感觉，要比万神庙大。这是因为拜占庭的建筑师巧妙地运用了两端的半圆穹顶以及两侧的通廊，这样便可以大大地扩大了空间，形成了一个十字形的平面，而万神庙只局限于单一封闭的空间。另外，在穹顶上有 40 个肋，每两个肋之间都有窗子，它们是内部照明的唯一光源，也使穹顶宛如不借依托，漂浮在空中，从而也起到了扩大空间的艺术效果。③内部装饰艺术同样具有拜占庭建筑的最高成就。彩色马赛克铺砌图案地面；柱墩和墙面用白、绿、黑、红等彩色大理石贴面。柱身是深绿色，柱头是白色的。穹顶和拱顶全用玻璃马赛克饰面，底子为金色和蓝色，从而构成了一幅五彩缤纷的美丽画面。

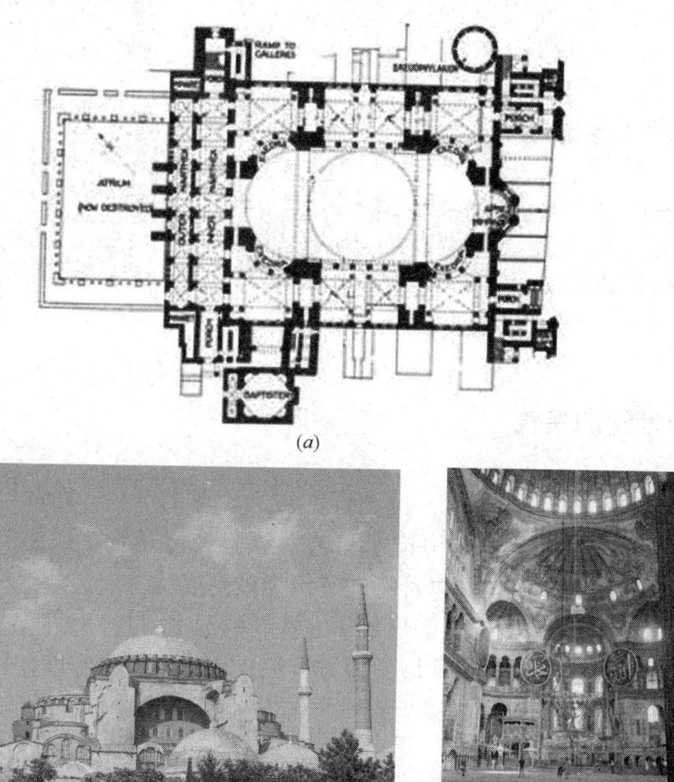

(*a*)

(*b*)　　(*c*)

图 8-5　圣索菲亚大教堂

(*a*)圣索菲亚大教堂平面图；(*b*)圣索菲亚大教堂外景；(*c*)圣索菲亚大教堂内景

拜占庭帝国在建造圣索菲亚大教堂之后，由于国力逐渐衰退，建筑上也没有再大兴土木。后建的教堂都很小，也因地域不同在造型上有所不同。如在俄罗斯、罗马尼亚、保加利亚、塞尔维亚等正教国家建造的小教堂外形都有所改进，鼓座做得很高，使穹顶统率作用加大。有些教堂还在四角的那一间上面升起小一点的穹顶。12 世纪，俄罗斯形成了民族的建筑特点，它的教堂穹顶外面用木构架支起一层铅的或铜的外壳，浑圆饱满，得名为战盔式穹顶。

诺夫哥罗德圣索菲亚教堂(S. Sophia cathedral in Novgorod，1045～1050 年，图 8-6)。诺夫哥罗德圣索菲亚教堂是俄罗斯最古老的教堂之一，位于诺夫哥罗德的克里姆林围墙内，格局和设计都是拜占庭风格。这里曾经是早期俄罗斯的宗教中心，大教堂的黄金穹顶表明了它的重要性，诺夫哥罗德没有任何一座教堂有这样的金色穹顶。西侧入口华丽的 12 世纪的青铜大门。

在南斯拉夫，教堂从中央穹顶开始层层降低，外形如实表现内部空间，形成堡垒状，但形体富于变化，加之细部的装饰，更使形体华丽。

格拉查尼茨的教堂(Gracanica Monastery，图 8-7)。教堂从中央穹顶到等臂十字到四角，层层降低，表现在内外形体上。格拉查尼茨的教堂是具代表性的例子。

图 8-6　诺夫哥罗德圣索菲亚教堂

图 8-7　格拉查尼茨教堂

8.2　西欧中世纪的建筑

从 4 世纪末古罗马灭亡，到 14 世纪资本主义萌芽的产生，西欧经济从破败衰落到逐渐兴盛。建筑上是在低起点，结构技术和艺术经验失传开始，到建筑进入一个极富创造性，获得光辉成就的新时期，并以哥特式建筑为最高成就。

在 10～12 世纪，由于欧洲已经形成了一些新的国家，如法兰西、日耳曼、意大利等，所以在建筑上，又各自形成了各区域的地方特征。法国的封建制度在西欧最为典型，其余各国深受法国影响。意大利和尼德兰的建筑各有独特的风格，西班牙受阿拉伯人的影响，建筑上多以伊斯兰建筑风格为主。

8.2.1　罗马风格建筑

公元 4 世纪以后，基督教的活动处于合法地位，其信徒们开始寻找他们的活动场所。古代的神庙只是神的住宅，祭神的仪式是在庙外进行的。而基督教的教堂是信徒们进行宗教活动的场所，这就要求它有一个广阔的内部空间，这是神庙所缺少的。因为最初在没有条件建造自己的教堂时，就只好利用当时原有的“巴西利卡”——公用会堂来作为自己的教堂。显然，这种原为交易场所之用的公用建筑物，用来进行宗教仪式，比那些异教神庙更为合适。于是在建造自己的教堂时，也就自然而然沿用了这种形制，并且把这种新的教堂建筑称之为“巴西利卡”式教堂。

1) 拉丁十字式

大多数巴西利卡用木屋架，屋盖轻，支柱较细，用柱式柱子。在中厅后部是圣坛，用半穹顶覆盖，圣坛之前是祭坛，祭坛之前是唱诗班的席位，叫歌坛。随着宗教仪式日趋复杂，后来就在祭坛前增建一道横向的空间，大一点也分中厅和侧廊。于是，就形成了一个十字形的平面(图 8-8)，竖道比横道长

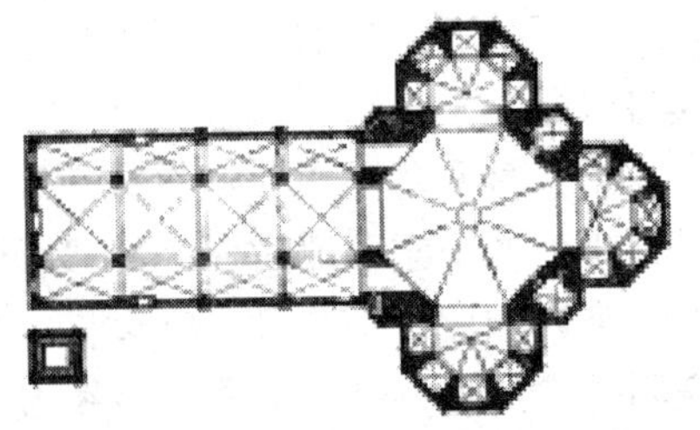

图 8-8　拉丁十字式平面教堂

得多，叫做拉丁十字式。

由于拉丁十字象征着基督的受难，并且很适合于仪式的需要，所以天主教会一直把它当作最正统的教堂形制，流行于整个中世纪的西欧。

2）罗马风建筑

教堂形制的定型不等于建筑物体系的成熟，因为一个成熟的建筑物是要经过结构、材料等众多方面长时间的探索，最后才能定型以及推广。10～12 世纪以教堂为代表的西欧建筑，就是经过长期摸索、实践才形成了自己独特风格的建筑，即“罗马风建筑”（Romanesque）。

10 世纪起，拱券技术从意大利北部传到西欧各地。教堂开始采用拱顶结构，并开始使用十字拱技术。到 10 世纪末，有些大教堂在中厅使用筒形拱，如罗马圣科斯坦沙教堂（S. Costanza，图 8-9*a*～图 8～9*c*）。到 11 世纪下半叶，在伦巴底、莱茵河流域等地终于在中厅采用了十字拱技术，侧廊两层间的楼板也用十字拱，外墙仍是连续的承重墙，中厅和侧廊使用十字拱之后，自然采用了正方形的间，由于中厅较侧廊宽两倍，于是，中厅和侧廊之间的一排支柱，就粗细大小相间。随着拱顶结构的使用，骨架券也使用了，开始只是把筒形拱分成段落，没有结构作用。后来，才利用它作为结构构件，把拱顶和支柱联系起来，表现拱顶的几何形状，形成了集束柱，看上去饱满有张力，柱头则逐渐退化。

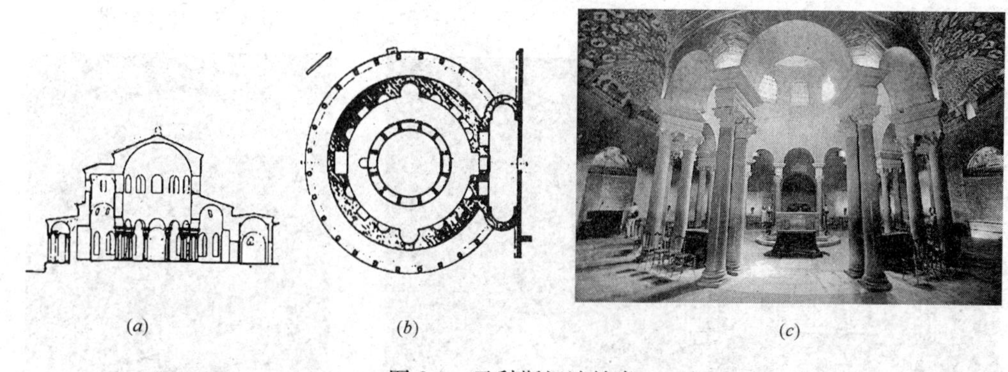

(*a*)　(*b*)　(*c*)

图 8-9　圣科斯坦沙教堂

（*a*）圣科斯坦沙教堂剖面；（*b*）圣科斯坦沙教堂平面；（*c*）圣科斯坦沙教堂内部

罗马风格建筑的外部造型，多用重叠的连续发券，群集的塔楼，有凸出的翼殿，正门上常设一个车轮式圆窗。此时期较有代表性的建筑，有意大利的比萨主教堂。

比萨主教堂（Pisa Cathedral，图 8-10），它和钟楼、洗礼堂构成了意大利中世纪最重要的建筑群。主教堂建于 1063～1092 年，拉丁十字式平面，四排柱子的巴西利卡，中厅屋顶为木桁架，侧廊用十字拱。教堂全长 95m，正立面高约 32m，用 5 层的层叠连续发券作装饰，直到山墙的顶端。

比萨钟塔（The Leaning Tower of Pisa，1174～1350 年，图 8-11），位于主教堂东南约 20m。平面为圆形，直径约 16m，高 55m，共 8 层，底层为浮雕式的连续券，中间 6 层为空券廊，顶层平面缩小。此塔由于地基沉陷产生倾斜，所以也叫比萨斜塔。

洗礼堂（1153～1278 年，图 8-12），位置在主教堂正前面约 60m，为圆形平面，直径 35.4m，立面分 3 层，上面层为空券廊，屋顶为圆拱顶，总高 54m。

比萨主教堂、比萨钟塔及洗礼堂位于城市的西北角，三座建筑物建设年代虽长，体形多变，但总的风格却是一致的，采用连续券廊，对比较强，轮廓线很丰富，色彩用红、白大理石搭配，和绿草地相衬，显得十分明快。

罗马风建筑的外部造型，不同地区也不尽相同。如在法国和德国，教堂的西立面多造一对钟塔；莱茵河流域的城市教堂，两端都有一对塔；有些甚至在横厅和正厅的阴角也有塔。另外，法国的罗马风教堂还多用“透视门”（图 8-13），这种门是一层层逐渐缩小的圆拱集合起来，而且有深度的大门，门顶式半圆形的浮雕板。

图 8-10　比萨主教堂

图 8-11　比萨钟塔

图 8-12　洗礼堂

图 8-13　透视门

罗马风教堂也有一些不完善之处，如中厅两侧的支柱大小相间，开间大小套叠，中厅空间不够简洁，东端圣坛和它后面的环廊、礼拜室等形状复杂，不宜结构布置。

8.2.2　以法国为中心的哥特式教堂

12 世纪以后，随着西欧宗教的发展，一些教堂也越修越大，愈来愈高耸。特别是在 12～15 世纪以法国为中心的宗教建筑，在罗马风建筑的基础上，又进一步发展，创造了一种以高耸结构为特点，其形象有直入云霄之感的建筑，称之为哥特式建筑(Gothic)。这种建筑创造性的结构体系及艺术形象，成为中世纪西欧最大的建筑体系。

这种建筑体系的形成发展和其当时社会发展有着密不可分的关系。12～15 世纪期间，城市经济得以解放，城市内实行了一定程度的民主政体，人民建设城市的热情很高，城市建筑市场繁荣。在法国的一些城市，主教堂是通过全国的设计竞赛选出的，这样好的市场环境，为哥特式建筑的定型、发展提供了良好的社会环境。

在建筑工程中，专业化的程度有很大提高，各工种分的很细，如石匠、木匠、铁匠、焊接匠、磨灰匠、彩画匠、玻璃匠等，工匠中还有专业的建筑师和工程师。图纸制作也有一定水平，工匠们专业技术较强，使用各种规和尺，也使用复杂的样板。专业建筑师及工匠的产生，对建筑设计及施工水平的提高，为哥特式建筑走向成熟起了重要的保证作用。

法国王室领地的经济和文化在欧洲处于领先地位。到 15 世纪这段时期，全法国造了 60 所左右的城市主教堂，也为新结构体系的形成提供了实验地。这种哥特式新结构体系是集中了罗马风教堂中的一些建筑特点，如十字拱、骨架券、三圆心尖拱、尖券、扶壁等的做法，并把这些做法加以发展，创造出一种完善的结构体系，并完善它的艺术形象。

哥特式建筑的特点主要体现在它的结构体系、内部空间及外部造型三个方面。每个方面之间都有一定的联系，相互利用，密不可分。

1）哥特式教堂建筑的结构特点

（1）减轻拱顶的重量及侧推力。把十字拱作成框架式的，其框架部分为骨架券，作为拱顶的承重构件，其余围护部分不承重，可大大减轻厚度，薄到 0.025～0.030m 左右，既节省了材料，又可降低拱顶的重量，减少侧推力。骨架券的另一个好处还在于它适应各种平面形式，使复杂平面的屋顶设计问题迎刃而解。骨架券的利用使十字拱的间不必是正方形，这样中厅两侧大小支柱交替和大小开间套叠的现象也不见了，内部较为整齐(图 8-14)。

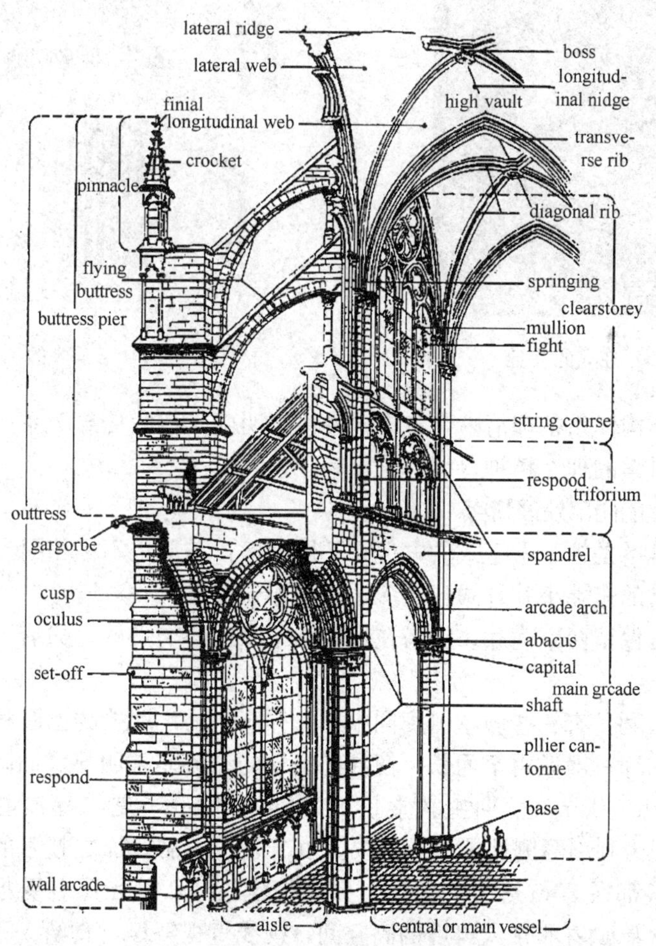

图 8-14　哥特式教堂结构体系

(2) 使用独立的飞券作为传递屋顶侧推力的结构构件。飞券的起点始于中厅每间十字拱四角的起脚，落脚在侧廊外侧一片片横向的墙垛上。飞券的使用废弃了侧廊屋顶原来的结构作用，使侧廊屋顶可随心所欲降低，不但减轻了侧廊屋顶的重量，而且还使中厅利用侧高窗的自然采光变得很容易。随着侧高窗的扩大，侧廊的楼层部分也逐渐取消了(图 8-15)。

(3) 将圆券十字拱等全部改用二圆心的尖券和尖拱，减轻了侧推力，增加了逻辑性很强的结构线条，二圆心的尖券、尖拱可以使不同跨度的券和拱高度一致，使内部空间整齐，高度统一(图 8-16)。

图 8-15　独立的飞券

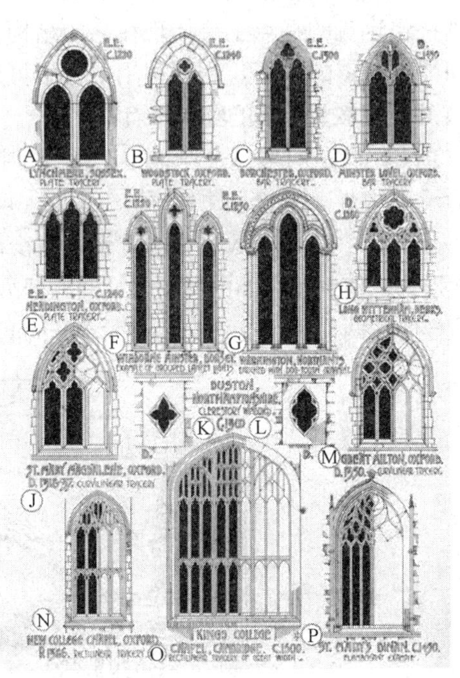

图 8-16　二圆心的尖券

总之，教堂结构体系条理清晰，各个构件设置明确，荷载传导关系严谨，表现了对建筑规律的理解和科学的理性精神。

2) 哥特式教堂的内部处理特点

教堂的形制基本是拉丁十字式的，但在不同地区，布局也不尽相同。

在法国，教堂的东端小礼拜式比较多，成圆形，西端有一对塔。

在英国，通常保留两个横厅，钟塔在纵横两个中厅的交点的，只有一个，东端平面多是方的。

在德国和意大利，有一些教堂侧廊同中厅一样高，为广厅式的巴西利卡形制。

哥特式教堂中厅一般做得窄而长，使导向祭坛的动势非常明显。面阔与长度之比，巴黎圣母院是 12.5m×27m，兰斯主教堂是 14.65m×8.5m，夏尔特尔主教堂是 16.4m×32m，其设计意图为利用两侧柱子引导视线。由于宗教的需要加之技术的进步，建造的中厅越来越高，一般都在 30m 之上。祭坛上宗教气氛很浓，烛光照着受难的耶稣基督，僧侣们进入中厅后，感觉着非常人尺度的高空间，视线直视祭坛，真给人一种强烈震撼的宗教气氛。从建筑上看，其设计思想是非常成功的，设计目的也达到了。

从建筑内部还可以看到，淘汰了以前沉重、厚笨的承重墙，取而代之的是近似框架式的结构，窗子占满了支柱之间的整个面积。柱头逐渐退化，支柱和骨架券合为一体，彼此不分，从地上到棚顶一气呵成，使整个结构仿佛是从地下生长出来的，十分有机。同时，这种向上的动势，也附和了其精神功能的需要(图 8-17)。

玻璃窗是哥特式教堂内部处理的另一个重点之一。其正门立面的圆花窗(也称玫瑰窗)及其他玻璃窗的面积很大，又是极易出装饰效果的地方，所以备受重视。也许是受拜占庭教堂的彩色玻璃马赛克的启发，工匠们使用各种颜色玻璃在窗子上镶嵌出一幅幅带有圣经故事的图案。玻璃颜色由少到多，最多达 21 种之多。主色调也不断更换，从蓝到红到紫，逐渐由深到浅，从暗到明亮；玻璃从小到大，图画内容也由繁到简(图 8-18)。

图 8-17　科隆大教堂中厅

图 8-18　哥特式教堂内部玻璃窗

彩色玻璃的安装方法是用工字形截面的铅条组合图案，盘在窗子上，彩色玻璃镶在铅条之间。

3) 哥特式教堂外立面处理特点

由于大教堂施工工期一般较长，多达几十年，甚至一二百年，所以有些大教堂在立面风格上难以统一，甚至可以看到各个时期流行的样式。

总的来说，哥特式教堂建筑形象有挺拔向上之势，直冲云霄之感。一切局部和细节与总的创作意图相呼应，如多采用比例瘦长的尖券，凌空的飞扶壁，全部采用向上竖直线条的墩柱，并与尖塔相配合，使整个建筑如拔地而起的尖笋。为使建筑轻盈，在飞券等处作上透空的尖券，使教堂看上去不笨重。教堂的细部装饰也很出众，如门上的山花，龛上的华盖，扶壁的脊都是装饰的重点。大门周围布满雕刻，既美化建筑又宣传教义，一举两得。

作为哥特式教堂，西立面是建筑的重点。以法国巴黎圣母院为例(1163～1235 年，图 8-19*a*、图 8-19*b*)，可以看到西立面的典型构图特征是：一对塔夹着中厅山墙的立面，以垂直线条为主。水平方面有山墙檐部比例修长的尖券栏杆和一二层之间放置雕像的壁龛，把垂直方向分为三段。在中段的中央部分是象征天堂的玫瑰窗，是视觉的中心；下段是三个透视门洞，所有发券都是双圆心的尖券，使细部和整体都显得非常统一。

(*a*)

(*b*)

图 8-19 法国巴黎圣母院

(*a*)法国巴黎圣母院西立面；(*b*)法国巴黎圣母院东立面

亚眠主教堂(Amiens Cathedral，1152 年，图 8-20)，为法国著名的四大哥特式教堂之一。亚眠大教堂始建于 1152 年，1218 年由于遭受雷击而摧毁。1220 年重建，教堂的绝大部分到 1288 年才得以竣工。1366 年修建了南部的塔楼(高 62m)，而北部的塔楼(高 67m)则是在 1401 年修筑的。

夏尔特尔主教堂(Chartres Cathedral，1145 年，图 8-21)，1194 年遭遇火灾，26 年后重建，是标准的法国哥特式建筑。它高大的中殿呈纯哥特式尖拱形，四周的门廊展现了 12 世纪中叶精美的雕刻，12、13 世纪的彩色玻璃闪闪发光。所有的这一切都是那么非凡卓越，堪称经典杰作。

图 8-20 亚眠大教堂

图 8-21 夏尔特尔主教堂

兰斯主教堂(Rheims Cathedral，1211～1241 年，图 8-22)，大教堂既是兰斯的标志性建筑，也是法国最美丽壮观的教堂之一。教堂北侧的玫瑰花窗被设计成时钟样式，结构飞拱柱烘托的教堂顶部，密集而细长的大小尖塔重重叠叠，直上云霄。

德国的哥特式教堂建筑，在外立面上更突出垂直线条，双塔直插天空，把哥特式的升腾之感，运用到了极端，整个建筑感觉比较森冷峻急，动势极强，如德国的科隆大教堂(Cologne Cathedral，建于1288～1439年，图8-23)。

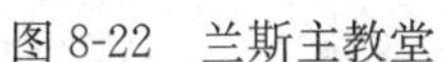
图8-22　兰斯主教堂

图8-23　科隆大教堂

英国的哥特式教堂水平划分较重，立面较为温和、舒缓，制高点往往是中厅上面钟塔，如英国格兰索尔兹伯里大教堂。

在意大利北部也参与了西欧中世纪哥特式建筑的发展。

米兰大教堂(Milan Cathedral，1386年，图8-24)，是欧洲中世纪最大教堂，内部大厅高45m，宽59m，可容4万人。外部讲究华丽，上部有135个尖塔，像森林般冲上天空，下部有2245个装饰雕像，非常华丽，艺术性极强。

在西班牙，由于8～10世纪被阿拉伯伊斯兰教徒占领，所以在建造天主教堂时，也难免把伊斯兰风格掺入到哥特式建筑中，形成了一种独特的建筑风格，称之为穆达迦风格。在西班牙主要哥特式教堂是伯各斯主教堂(1220～1500年)等，这种风格立面上用马蹄形券，镂空的石窗棂，大面积使用几何花纹图案。

图8-24　米兰大教堂

图8-25　西欧中世纪住宅建筑

哥特式教堂建筑是非常成功的。它对于12～15世纪的世俗建筑也有较大的影响。主要表现有两点：①房屋表现出框架建筑轻快的特点。受哥特建筑骨架券特征的影响，住宅多采用日耳曼式的木构架，且木构架完全露明，涂成蓝、红色等，同砖、白墙形成对比，色彩跳动，建筑轻盈。②屋顶很陡，高耸。屋顶占立面的比重很大，提高了建筑物的高度，相应做一些凸窗、花架、阳台、明梯等，构成了西欧中世纪世俗建筑的风光(图8-25)。公共建筑则常常引用哥特式教堂的一些建筑部件，如尖券窗、小尖塔等。

思考题

1. 东、西两个罗马教堂建筑分属哪两个建筑体系？
2. 简述穹顶的结构技术。
3. 简述圣索菲亚大教堂的建筑特点。
4. 鼓座的作用是什么？
5. 巴西利卡教堂是如何产生的？
6. 罗马风教堂的优缺点是什么？
7. 哥特式教堂建筑的结构特点是什么？
8. 哥特式教堂建筑的内外造型特点是什么？

第9章　欧洲15～18世纪的建筑

资本主义的最初萌芽，是在14～15世纪意大利开始的。这一萌芽随后在整个意大利以及西北欧逐渐显现出来，随后带来的是借鉴和继承古典文化所掀起的新文化运动——意大利文艺复兴运动。建筑思想作为文化的范畴，也在这场运动中开阔视野，学习古典，发展科技，使西欧建筑史进入了的崭新阶段。

9.1　意大利文艺复兴时期的建筑

复兴运动从14世纪起，首先在意大利的佛罗伦萨开始，到15世纪前半叶这一早期文艺复兴阶段，佛罗伦萨始终是艺术繁荣的中心。

9.1.1　佛罗伦萨主教堂穹顶

文艺复兴运动对建筑的影响，首先是从佛罗伦萨教堂的穹顶开始的。它的建设从各个方面都体现了设计者的魄力和工匠们的脚踏实地的科学精神。

佛罗伦萨主教堂(The Dome of S. Maria del Fiore，图9-1)从13世纪末开始建造，平面为拉丁十字式，东部歌坛是八边形的，对边宽度42.2m，在它的东、南、北三面各凸出大半个八角形，呈现以歌坛为中心的集中式平面。主教堂西立面之南有一个13.7m见方的钟塔，高84m，西边还有一个直径27.5m的八边形洗礼堂。

图9-1　佛罗伦萨主教堂

具有文艺复兴时期建筑特点的穹顶(图9-2)是1420年开始兴建的。设计者是工匠出身的伯鲁乃列斯基(Fillipo Brunelleschi，1379～1446年)，这座穹顶的成就主要体现在建筑结构、施工及建筑形象上。

(a)

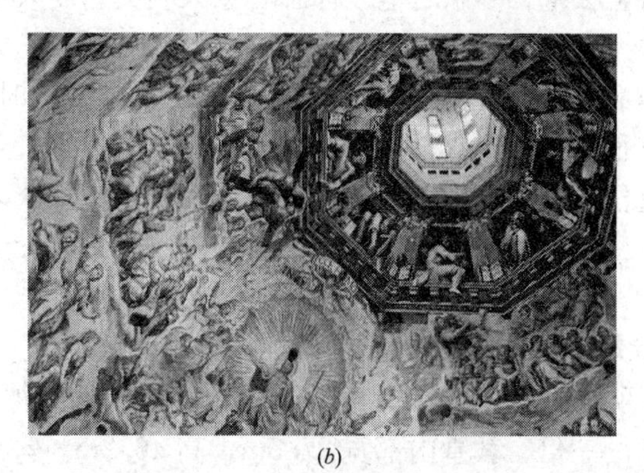

(b)

图9-2　佛罗伦萨主教堂穹顶

(1) 在结构上，穹顶为矢形的、双圆心的骨架券结构。穹面分里外两层，所用的材料，下部采用石料，上部为砖，穹面里层厚为 2.13m，外层下部厚为 0.786m，上部厚 0.61m。两层之间为 1.2～1.5m 左右的空隙，将穹顶分为内外两层，外层为防水层，以内层作为主要结构层。穹顶的面层，是砌筑在八个角的大拱券上，大拱券又由若干水平次券水平相连。在穹顶底座上加了 12m 高的鼓座，鼓座墙厚达 4.9m，穹顶内部顶端距地面高达 91m，更增加了施工的难度。

(2) 在施工中，由于穹顶相当高，所以给施工带来了极大的不便，脚手架的搭接就显得十分重要，据说搭的简洁，也很适用。另外，设计者还研制了一种垂直运输机械，利用了平衡锤和滑轮组，大大地节省了人力，提高了劳动生产率。就是这样，工匠们把别人认为 100 年也建不成的穹顶，仅用 10 年就建成了。

(3) 在建筑设计成就方面，首先，借鉴了拜占庭的穹顶手法，但它一反古罗马与拜占庭半露半隐的穹顶外形，把穹顶全部暴露于外，这座庞大的穹顶，连同顶尖的采光塔亭在内，高达 107m，是整个城市轮廓线的中心，成为文艺复兴时期城市标志性建筑物。在设计手法上，既有古典建筑的精神，也可看到哥特式的余韵，为文艺复兴建筑的定型打下了一个坚实的基础。

9.1.2 文艺复兴盛期在罗马

随着西欧经济的进步繁荣，带动了一些艺术家、建筑师来到罗马，给罗马的建设增加了活力，文艺复兴运动达到了盛期。

这时期的建筑，更广泛地吸收了古罗马建筑的精髓，在建筑刚劲、轴线构图、庄严肃穆的风格上，创造出更富性格的建筑物。由于教廷从法国迁回罗马，这个时期的建筑创作作品，主要集中在教堂、梵蒂冈宫、枢密院、教廷贵族的府邸等宗教及公共建筑上。

坦比哀多(Tempietto in S. Pietro in Montorio，1502～1510 年，图 9-3)，在纪念性风格的建筑上，首推罗马的坦比哀多。设计者是伯拉孟特。这座神堂平面为圆形，直径 6.1m，它的特色主要在外立面。集中式的形体，内为圆柱形的建筑，外围 16 棵多立克柱子，构成圆形外廊，柱高为 3.6m。圆柱建筑的上部有鼓座、穹顶及十字架，总高度为 14.7m。这座建筑物的成功之处在于：虽然建筑物的体量较小，但它非常有层次，有虚实的变化，体积感很强；建筑物从上到下相互呼应，完整性很强。这座穹顶统率整体的集中式形制，看上去毫无多余之笔，标志着意大利文艺复兴建筑的成熟。

圣彼得大教堂(S. Peter，1506～1612 年，图 9-4)，标志着意大利文艺复兴时期最高成就的建筑作品，无疑是罗马教廷的圣彼得大教堂。历时长达 100 多年才告完成。在这时期，曾经有很多著名的艺术家担任总设计师，如伯拉孟特、拉斐尔、帕鲁齐、米开朗琪罗、维尼奥拉等。在设计和施工过程中，由于设计师众多，个人的信仰、思想不同，设计思想难免不一致。教堂的平面、立面经多次反复修改、变更，最后才得以完成这一伟大的杰作。

这一伟大工程的成功之处有以下三点：

(1) 穹顶结构出色。穹顶直径 41.9m，很接近万神庙，穹顶内部顶点高 123.4m，几乎是万神庙的三倍。教堂内部宽 27.5m，高 46.2m。穹顶分为内外两层，内部厚度为 3m，穹顶的肋是石砌的，其余部分用砖砌。穹顶是球面的，造型饱满，整体性很强，侧推力较矢形穹顶要大，但从中也能看到，当时对解决侧推力，在结构及施工上是有把握的。

图9-3 坦比哀多

图9-4 圣彼得大教堂

(2) 出色的教堂整体设计(图9-5)。多名艺术大师加盟圣彼得大教堂的设计师行列，为这座雄伟的建筑物增添了成功的砝码。1547年，接管主教堂设计任务的雕刻家米开朗琪罗更是雄心勃勃，以“要使古代希腊和罗马建筑黯然失色”的决心去开展工作。建成后的主教堂外部总高度达137.8m，是罗马城的最高点。在教堂的四角各有一个小穹顶，从西立面看，前部的巴西利卡式大厅立面用壁柱，加上两侧的小穹顶，对称的构图突出了处于轴线上的后面大穹顶。穹顶的鼓座有上下两层券廊，采用双柱，比较华丽，形体感很强，使高大的穹顶与整体建筑的比例关系很合适，实现了创造一个比古罗马任何建筑物都要宏大的愿望。

图9-5 出色的教堂整体设计

(3) 宏伟的教堂建筑组群及良好的环境(图9-6*a*、图9-6*b*)。这组建筑是主教堂和其前面广场柱廊组成的。该广场平面为椭圆形，长轴198m，其中心竖一个方尖碑，两旁有喷水池。椭圆形广场与大教堂之间是由一个小梯形广场作为过渡的，梯形广场的地面向教堂逐渐提高，两个广场的周边都由塔司干柱廊环绕，形成广场的界线。整个广场建筑群体仿

(*a*)

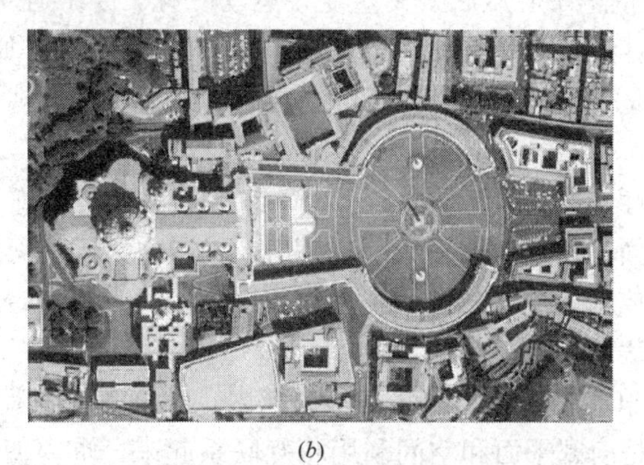

(*b*)

图9-6 宏伟的教堂建筑组群

(*a*)宏伟的教堂建筑组群；(*b*)圣彼得大教堂广场总平面

佛是一个艺术的殿堂，广场上良好的视觉设计也为欣赏建筑艺术提供了保证。这组建筑群平面富于变化，有收有放，互为衬托，缺一不可。

9.1.3 府邸建筑的发展

15世纪以后，在佛罗伦萨曾兴起一阵兴建贵族府邸的热潮。这些府邸是四合院的平面，多为三层。正立凸凹变化较小，但出檐很深。外墙面有一些中世纪的遗痕。

美狄奇府邸(Palazzo Medici-Riccardi，图9-7)，由米开罗佐设计。建筑外立面采用较为封闭的处理手法，底层用表面粗糙的大石块，二层表面略为光滑，三层用最为光滑的石块，而且灰缝很小而内部有中庭。一层中庭的周围是拱廊，其构成与佛罗伦萨育婴院前的拱廊没有多大差别。檐口借鉴了古罗马的处理方法，层次感很强。

潘道菲尼府邸(Palazzo Pandolfini，1520～1527年，图9-8)，设计师为拉斐尔。外墙采用了粉刷与隅石的结合，反映了文艺复兴盛期在设计手法上的探索。

图9-7 美狄奇府邸

图9-8 潘道菲尼府邸

15世纪下半叶，在威尼斯，府邸建筑多为商人所建。建筑彼此争胜斗富，不吝豪华，整个立面多开大窗，并用小柱子分为两部分，上端用券和小圆窗组成图案。用壁柱作竖向划分，长阳台作水平划分，框架感觉强。如龙巴都设计的文特拉米尼府邸。

16世纪中叶以后，文艺复兴运动受挫，贵族庄园又大为盛行。欧洲学院派古典主义创始人，维尼奥拉和帕拉第奥建筑创作异常活跃，如以帕拉第奥命名的“帕拉第奥”母题，就是他对建筑设计的贡献。在府邸建筑中，古典风格明确，对欧洲的府邸建筑有很大的影响。

圆厅别墅(Villa Capra，1552年，图9-9)，也称卡普拉别墅，帕拉第奥设计。主要特点为平面方整，一层多为杂务用房，二层由大厅、客厅、卧室等组成，立面较为简明，底层处理成基座层。二层为主立面，层高较高，用大台阶、列柱、山花组成门面，门面凸出墙面，表明中心。

在16世纪中叶以后的一段时期内，帕鲁齐和阿利西对府邸建筑的平面和空间布局加以研究，把府邸平面和空间利用相互联系起来，重视使用功能，突出楼梯在建筑中的构图要素，在建筑艺术方面较为严谨，使府邸建筑的设计又前进一步。另外，在这一时期带有烟囱的壁炉也广泛地应用于室内，其功能除了取暖之处，还发展成为了一种独特的室内装饰艺术。

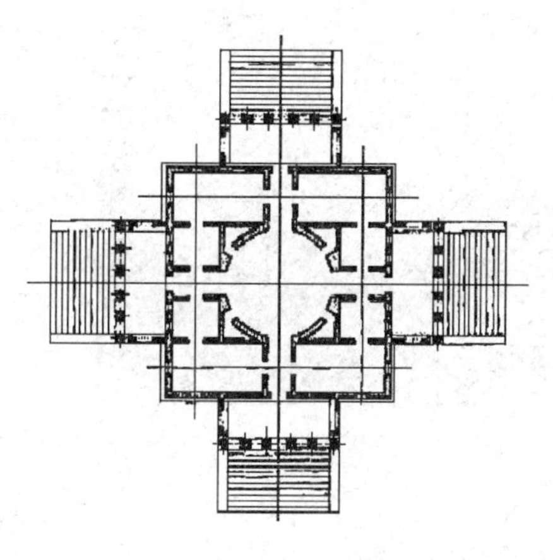

图 9-9　圆厅别墅

9.1.4　广场建筑群

文艺复兴时期，城市的改建注意到了建筑物之间的联系，追求整体性的庄严宏伟效果，所以市中心和广场就成了建设的重点。早期的广场空间多为封闭的，平面方整，建筑面貌很单纯、完整，主教堂主导地位不突出。

安农齐阿广场(Plazza Annunziata，图 9-10)，是佛罗伦萨的文艺复兴早期最完整的广场。它采用了古典的严谨构图，平面是 60m×73m 的矩形，长轴的一面是安农齐阿教堂。它的左右两侧分别是育婴堂和修道院；广场前有一条 10m 宽的街道，对着主教堂。在广场的纵轴上有一座骑马铜像，两侧有喷泉，突出了纵轴。整个广场尺度适当，三面是开阔的券廊，使得广场显得很亲切。

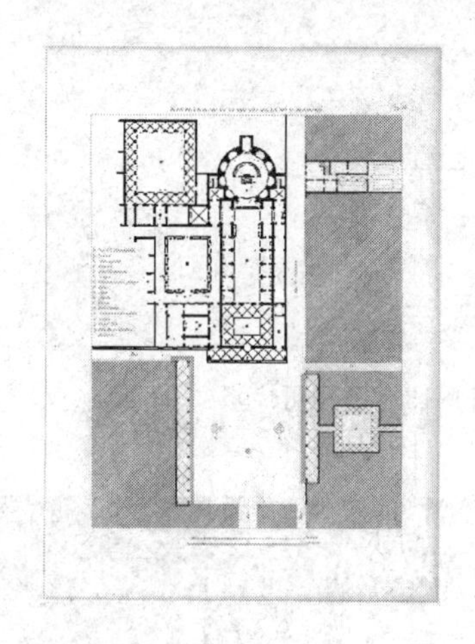

图 9-10　安农齐阿广场

罗马市政广场(The Capitol，又称卡比多广场，建于 1546～1644 年，图 9-11*a*、图 9-11*b*)，米开朗琪罗设计。该广场是文艺复兴时期比较早的按轴线对称布置的广场之一。原建筑是正面的元老院和与其正面成锐角的档案馆。米开朗琪罗在元老院的右侧设计了博物馆，使广场成对称梯形，短边敞开，通下山的大台阶，广场周围及中心有雕塑，使整个广场层次分明。

(a)

(b)

图 9-11 罗马市政广场

(a)罗马市政广场元老院建筑；(b)罗马市政广场大台阶

文艺复兴盛期和后期的广场比较严整，并常采用柱式，空间较敞开，雕塑往往放在广场的中央，如前所述由伯尼尼设计的圣彼得大教堂广场。

圣马可广场(Piazza and Piazzetta San Marco，14～16世纪，图 9-12)，平面是由三个梯形广场组成的复合式广场(图 9-13)。大致呈曲尺形平面，大广场的北、东、南立面分别由旧市政大厦、圣马可主教堂、新市政大厦组成，长 175m，东边宽 90m，西边宽 56m。同这个主要广场垂直的是由东侧的总督府和西侧的圣马可图书馆组成的中广场。两广场的过渡是由拐角处的 100m 高塔完成的；在圣马可教堂的东北侧还有一个和大广场相连的小广场(图 9-14)，其过渡用了一队狮子雕像和台阶来完成。

图 9-12 圣马可广场

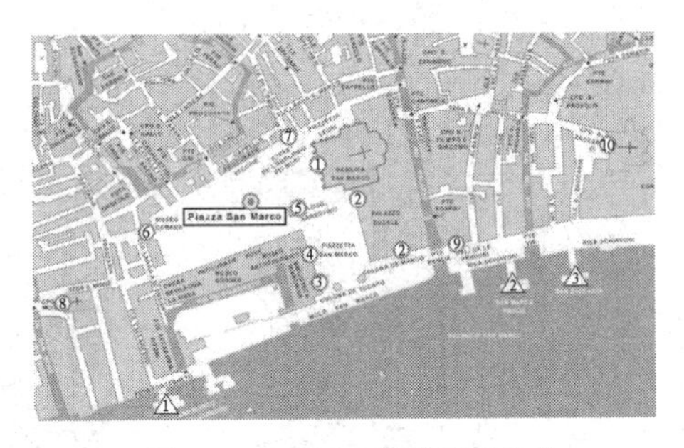

图 9-13 圣马可广场总平面

整个广场的艺术魄力是从西面不大的券门作为入口，进入大广场开始的。梯形平面使视线开阔、宏伟、深远。首入视线的是圣马可教堂和前方的钟塔，高耸的钟塔与广场周围建筑物的水平线构成对比，形成优美的景色(图 9-15)。过塔后右转进入中广场，两侧是以券廊为主的建筑，放眼望去是大运河，远处是 400m 开外小岛上的圣乔治教堂耸立的穹顶、尖塔，构成广场的对景。中广场的南边竖立着一对来自君士坦丁堡的立柱。东边柱子上立着一尊代表使

图 9-14 大广场相连的小广场

徒圣马可的带翅膀的狮子像，西边柱子上立着一尊共和国保护者的像，构成了中广场的南界(图9-16)。

图9-15　圣马可大广场远看塔楼

图9-16　在水上看中广场

在建筑艺术方面，总督府、图书馆、新旧市政大厦都以发券作为基本母题，横向展开，水平构图稳定。在这背景中，教堂和钟塔像一对主角，构成了整个画图的中心。圣马可广场一般只供游览和散步，真可谓露天的客厅，游客的天堂。

9.1.5　建筑理论及人物

城市经济的发展，带动了建筑业的发展，也带动了建筑理论的活跃，从而又促进了建筑的发展。

建筑师阿尔伯蒂在1485年出版《论建筑》一书，作为意大利文艺复兴时期最重要的建筑理论著作，对后来的建筑发展起到了极大的影响。

在阿尔伯蒂的著作里，重点论述了建材、施工、结构、经济、规划、水文等方面，并认为建筑应把实用放到第一位。他说："在任何时候，任何场合，建筑师都表现出把实用和节俭放到第一位的愿望。甚至当需要装饰的时候，也应该把它们作得像是首先为实用而作的。"阿尔伯蒂还认为：美客观地存在于建筑物的本身，而赏心悦目是人们感知了美的结果，这种美是有规律的，它使建筑物处于和谐之中，而简明的数量关系，是取得和谐的比例手段之一，从寻找规律这一点出发，促进了建筑构图原理的科学化。

在意大利早期文艺复兴时期，还有两位多才多艺、学识广博的建筑师——勃鲁乃列斯基和伯拉孟特。前者把当时流行的对古典文化的兴趣引进了建筑界，而且推陈出新，创造了全新的建筑形象，如佛罗伦萨主教堂的穹顶、育婴堂、巴齐礼拜堂等，为建筑的发展繁荣作出了贡献。伯拉孟特曾当过画家，后从事建筑设计。作为建筑师，他刻苦学习古罗马的文化精典，吸取创造的灵感，为创作古典风格的建筑打下了基础，他的主要作品有：坦比哀多、圣彼得大教堂中选方案、梵蒂冈宫等。

作为雕刻家、画家的米开朗琪罗、拉斐尔，也以极大的热情投身建筑，为意大利文艺复兴盛期的建筑发展作出了贡献。米开朗琪罗喜爱把建筑看成雕刻，常用凸凹变化的壁龛、线脚、圆柱强调体积感。他的作品有圣保罗大教堂的改建、美狄奇家庙、劳仑齐阿纳图书馆、拉斐尔的建筑风格和米开朗琪罗正好相反，较为温柔秀雅，宁静和谐，体积起伏小，主要作品有潘道菲尼府邸、玛丹别墅等。

维尼奥拉和帕拉第奥作为意大利文艺复兴晚期建筑师，其作品风格对后人影响极深。他们的创作风格变化幅度非常大，风格多变。在早期，他们注重规范的建筑，维尼奥拉曾著过《五种柱式规范》，帕拉第奥则有《建筑四书》。

帕拉第奥母题(图 9-17)，在帕拉第奥设计的维琴察的巴西利卡(The Basilica，Vicenza，1449 年)中，柱式构图得以发展，在每个开间中央适当比例发一个券，券脚落在两棵独立的小柱子上，小柱子距大柱子有 1m 左右距离，每个大开间里有三个小开间，两个方的夹一个发券的，以发券为主，大券的两边各一个小圆洞，使构图均衡，这种母题的重复，得名为“帕拉第奥母题”。他们在建筑创作的后期，更注意空内空间的变化，力求开敞空间，并时常运用透视法，影响建筑造型。

图 9-17 维琴察的巴西利卡中的帕拉第奥母题

9.1.6 17 世纪巴洛克建筑

到 17 世纪以后，意大利文艺复兴建筑逐渐衰退。但由于海上运输日益昌盛，工商业有所发展，积累了大量的财富，从而建筑上又形成了一个高潮。此时，建筑的重点在中小教堂、花园别墅、府邸广场等，不惜使用贵重的材料来炫耀财富，建筑形象及风格以追求新颖、奇特极尽装饰为美。这种风靡 17 世纪，并对以后建筑有极大影响的建筑，称之为“巴洛克式建筑”，意为虚伪、矫揉造作的风格。

巴洛克风格(Baroque)，在建筑上的表现主要有以下主要特征：①立面突出垂直划分，强调垂直线条的作用，并用双柱甚至三柱为一组，多层建筑作叠柱式，强调立面垂直感；②追求体积的凸凹和光影的变化，墙面壁龛做得很深，多用浮雕且很外凸，变壁柱为 3/4 柱或倚柱；③追求新颖形式，故意使一些建筑局部不完整，如山花缺去顶部，嵌入纹章等雕饰，两种不同山花套叠，不顾建筑的构造逻辑，使构件成装饰品，线条做成曲线，墙面做成曲面，像波浪一样起伏流动。

耶稣会教堂(The Gesu，1568～1602 年，图 9-18)，设计师是维尼奥拉，教堂平面采用巴西利卡形制，立面壁柱两个一组，入口上方山花处理成双重，二层两侧设对称的大卷涡，这些造型为今后的巴洛克风格奠定了基础。

圣玛利亚教堂(S. Maria Pace，1656～1657 年，图 9-19)，设计师是科托那，该教堂入口特点明显，设计一个半圆形的、大体量的门廊，二层不同断面的壁柱强调了垂直划分，双重山花设计到二层的屋面，完善了整体的艺术效果。

图 9-18 耶稣会教堂

图 9-19 圣玛利亚教堂

圣卡罗教堂(San Carlo alle Quattro Fontane，1638～1667年，图9-20)，设计师是波洛米尼，教堂占地面积狭小，内部空间凸凹分明，动感十足，主立面有强烈的波浪形檐部及曲面墙体，使建筑更具雕塑感，该建筑将巴洛克建筑演义到了极端。

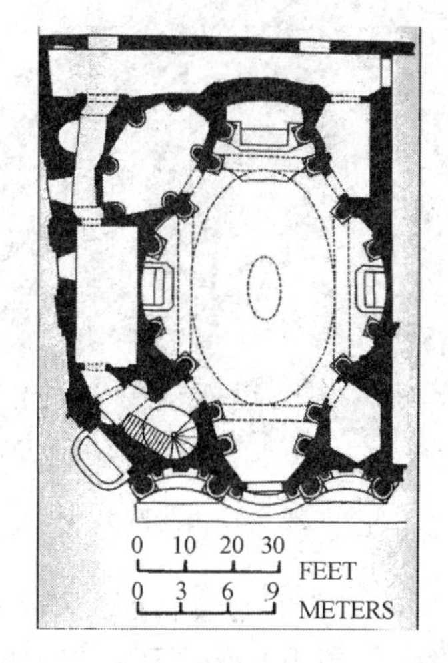

图9-20　圣卡罗教堂

康帕泰利的圣玛利亚教堂(S. Maria in Campitelli，1663～1667年，图9-21)，设计师是赖纳弟，立面效果与圣卡罗教堂接近，不同点是该建筑多用直线，设计比例适当，但墙面凸凹起伏大，多用倚柱，立体感强。

图9-21　康帕泰利的圣玛利亚教堂

在室内，巴洛克风格大量使用壁画、雕刻，用以渲染室内的气氛。①壁画色彩鲜艳，调子明亮，对比强烈；②利用透视线延续建筑，扩大空间，有时也在墙上作画，画框模仿窗洞，造成壁画是窗外景色；③常以动态构图，雕刻的特点也很突出：*A.* 雕刻常以人像柱、麻花柱、半身像的牛腿、魔怪脸谱或用大自然的树草、丝穗等为题材；*B.* 构图中主观臆断性很强，不考虑构图中是否需要，常随心所欲设计。这些室内装饰特点是和巴洛克建筑外部相吻合的，使建筑风格得以统一。

这个时期，由罗马建筑师封丹纳主持规划设计的罗马广场、街道、喷泉，更使巴洛克风格得以发展。他设计建造了几个广场和25座以上的喷泉。

罗马保拉喷泉(Fontana Paola，1612年，图9-22)，设计师是G. Fontana和F. Ponzio，泉水来自罗马西北50km的湖水，在1690年增加的一个大的花岗岩池子。该建筑全部用乳白色大理石饰面，造型推敲细致，具有典型巴洛克风格，但立面设计严谨。

特雷维喷泉(Trevi Fountain，图9-23)，设计师是封丹纳，在该喷泉设计中，材料在幻觉中变形了，石头刻成类似喷泉和浪花的形状，并与古典人像有效结合，给人以动感变化。

图 9-22　罗马保拉喷泉

图 9-23　特雷维喷泉

西班牙大台阶(Scala di Spagna，1721～1725 年，图 9-24)，设计师是斯帕奇，在平面上延续了巴洛克风格惯用的曲线风格，呈为花瓶形。并利用此平面形式将不同标高、不同轴线的广场和建筑统一起来，实为设计中的佳作。

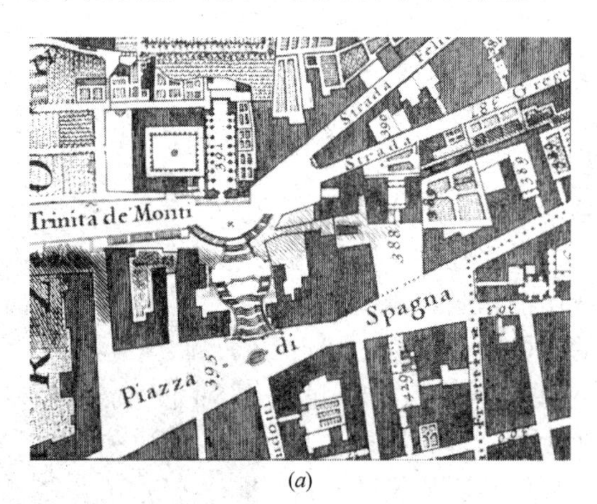

(a)

(b)

图 9-24　西班牙大台阶

巴洛克建筑的产生是有其社会性和建筑自身的原因的，可在两方面提供借鉴：①力求摆脱古典建筑的束缚，尽管巴洛克建筑在结构方法上并无新的进展，但它创造了一些新的活泼、细致、丰富多彩的式样。巴洛克式建筑对直线已觉厌烦，特意向曲线上发展，以致登峰造极。这种非理性的设计，正是建筑师拓宽思路、摆脱常规的结果，从而走向另一个极端；②社会的腐败，在建筑上的体现。这个时期正是封建制度在全欧洲没落的日子，由于这些封建贵族追求富丽堂皇，贪婪享受，在建筑上炫耀财富，标新立异，才使建筑走向追求形式主义，建筑师们的设计迎合了这部分人的需要。

总之，从建筑艺术方面看，巴洛克式建筑是有别于以往的、破旧立新的、创造独特的时代建筑，它给予我们的文化财富，使我们终生受益。

9.2　法国古典主义建筑

法国资本主义萌芽在15世纪得以发展，并且在15世纪末，建成了中央集权的民族国家，王权影响加强，宫廷文化逐渐占据了建筑文化的主角。

9.2.1　法国建筑的演变

到15世纪末，法国建筑是以世俗建筑为主，世俗建筑基本定型，形成了整体明快的风格。窗子较大，作贴脸，有时用尖券和四圆心券，也作带有尖顶的凸窗。屋顶高而陡，檐口和屋脊作精巧的花栏杆，老虎窗经常冲破檐口。细部处常用小尖塔、华盖、壁龛等哥特式风格装饰。

16世纪开始，受意大利文艺复兴影响，一些府邸建筑、猎庄、别墅开始以建造意大利建筑风格为时髦。在这些府邸建筑中，开始使用了柱式的壁柱、小山花、线脚、涡卷等，也使用了意大利式的双跑对折楼梯。外立面是完全对称的，用意大利柱式装饰墙面，也加强水平划分。

商堡府邸（Chateau de Chambord，1526～1544年，图9-25），设计师是Pierre Nepveu，它是法国国王的猎庄和离宫，平面布局和造型还有中世纪建筑的特点。四角碉楼被装饰性的圆形塔楼代替，高高的四坡顶以及数不清的老虎窗、烟囱、楼梯亭，使立面体形颇有中世纪的味道。

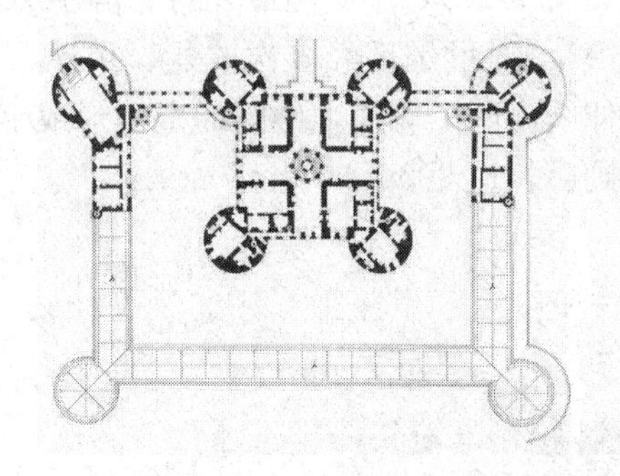

图9-25　商堡府邸

随着意法两国的文化交流日盛，建筑师的互访，使意大利文艺复兴建筑在16世纪中叶的法国影响达到了高潮。但随着法兰西民族迅速发展和壮大，不久法国就超过意大利而成为欧洲最先进的国家。法国建筑没有完全意大利化，而且产生了自己的古典主义建筑文化，反过来影响到意大利。这时建造的宫廷建筑比较严谨，如枫丹白露宫(1528 年)、卢佛尔宫(1543 年)、丢勒里宫(1564 年)。

枫丹白露宫(Chateau de Fontainbleau，1528 年，图 9-26)，众多著名的建筑家和艺术家参与了这座法国历代帝王行宫的建设。16 世纪由拿破仑一世改建、扩大和装修。其建筑工程主要由法国建筑师完成，而内部装饰由意大利艺术家负责，因此建筑融意法两国风格于一体。

(a)

(b)

图 9-26 枫丹白露宫

卢佛尔宫(Musée du Louvre，1510～1790 年，图 9-27)，是法国最大的王宫建筑之一，位于巴黎市中心塞纳河右畔。原是一座中世纪城堡，16 世纪后经多次改建、扩建，至 18 世纪为现存规模。卢佛尔宫口字形正殿的西侧，伸展出两个侧厅，中间的空地形成卡鲁赛广场。宫的东侧有长列柱廊，建筑巍峨壮丽，其画廊长达 900m。

(a)

(b)

图 9-27 卢佛尔宫

9.2.2 早期的古典主义

17 世纪以后，法国的王权统治进一步加强，王室建筑更加活跃。在建筑创作中，颂扬至高无上的君主，成了越来越突出的主题，不仅建造宫殿，连建造城市广场也如此。

在建筑中，宫廷建筑首先吸取了意大利文艺复兴建筑中权威性、庄严性那一部分，表现在立面上是刻意地追求柱式的严谨和纯正，十分注意理性、结构清新、脉络严谨的精神，这便是早期古典主义的主要特点，而同意大利同期盛行的巴洛克式建筑风格大相径庭。

麦松府邸(Le Chateau de Maisons，1642～1650年，图9-28)，设计师是弗·孟莎，建筑立面突出柱式的划分，采用叠柱式作水平划分。立面采用中轴对称的5段式构图。屋顶坡度很陡，但比例控制很好。

图9-28　麦松府邸

在这一时期，法国古典主义建筑理论也日益成熟，并为日后的绝对君权建筑的发展奠定了理论基础。1655年法国在法兰西学院的基础上成立了"皇家绘画与雕刻学院"。1671年又成立了建筑学院，从中培养出一批懂古典主义建筑的宫廷御用建筑师。他们的建筑观充满古典主义思想，认为古罗马的建筑包含着超乎时代，民族和其他一切具体条件之上的绝对规则，极力推崇柱式，倡导理性，反对表现感情和情绪。17世纪下半叶，法兰西学院在罗马设分院，许多建筑师可以实地学习，并把法国的建筑带到了古典主义极盛时期。

9.2.3　绝对君权时期建筑

17世纪初在法国，路易十四成为至高无上的统治者。为维护统治者的威严、气概，建造空前的、雄伟的纪念性宫廷建筑，可以达到威慑、炫耀的目的。建造主要围绕着巴黎展开，建筑风格是以古罗马建筑为蓝本，经过设计师的理解完成的。

卢佛尔宫东立面(Louvre-facade-est，1667年，图9-29)，该立面是经过设计竞赛完成的。这是一个较为典型的古典主义建筑作品，完整地体现了古典主义的各项原则。卢佛尔宫东立面全长172m，中央和两端各有凸出部分，将立面分为5段式，高28m，共3层，从下到上分为3部分：低层作为基座9.9m高，中段高13.3m，两层高的巨柱式柱子双柱排列形成空柱廊，上段为檐部和女儿墙。①完整的立面构图。立面上左右分5段，上下分3段，使每个立面上都很完整，由于有一个明确的垂直轴线，使构图在中央形成统一，充分体现了建筑的性质。②立面重点部分突出。立面中段空柱廊高3.79m，凹进4m，外用双柱，形成了稳定的节奏，强烈的光影变化，使立面构图丰富。③摒弃传统的高屋顶。传统的高屋顶颇有中世纪的遗风，和古典主义相左，选用意大利的平屋顶更好地体现了建筑的整体感、完整性。

图9-29　卢佛尔宫东立面

在法国绝对君权时期的建筑史上，凡尔赛宫可称得上最伟大的里程碑，这个君王的宫殿，代表着当时法国建筑艺术和技术的最高成就。

凡尔赛宫(Palais de Versailles，图 9-30*a*～图 9-30*d*)，位于巴黎西南 23km 处，原址是路易十三的猎庄，原来主体建筑是一个传统敞开的三合院。从 1760 年开始，由勒诺特禾负责在其西面兴建大花园，经过近 30 年的建设，才告完成。凡尔赛宫的主要建筑基本上是围绕旧府邸展开的。

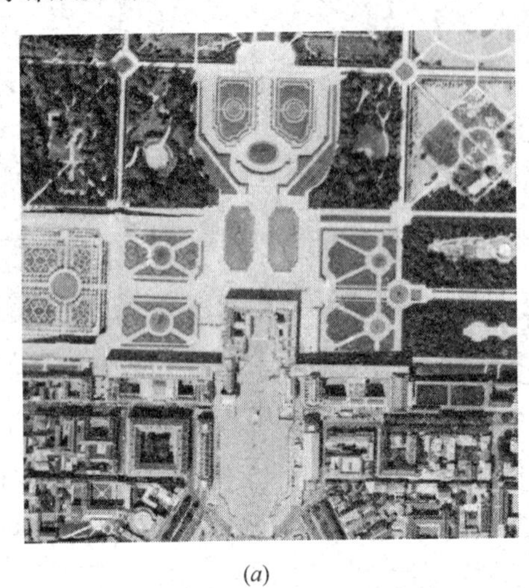

(*a*)

(*b*)

(*c*)

(*d*)

图 9-30 凡尔赛宫

(*a*)凡尔赛宫总平面；(*b*)西面中段；(*c*)凡尔赛宫大镜廊；(*d*)凡尔赛宫礼拜堂

首先，在原三合院的南北面贴上一圈新建筑物，保留 U 形平面，后在 U 形两头，按南北方向延伸，两翼形成南北方向达 580m 的主体建筑。建筑立面上下分三段，低层为石墙基底，中段采用柱式形成光影变化，构图形式稳定。三合院扩大形成御院，东边两翼又用辅助房间围成一个前院，在东边是宫前的三条放射大道，其中两侧的大道通向两处离宫，中间的大道通向巴黎市区的爱丽舍田园大道，三条大道分歧处夹着两座御马厩。

凡尔赛宫的花园在宫殿的两侧，宫殿建筑轴线向西延长成一个长达 3km 的共同中轴线，花园在宫殿的统帅之下。

花园为几何形状，笔直宽阔，沿轴线设水池，用喷泉、雕塑等作点缀，不管大道还是小径都有对景，花草排成图案，树木均作剪修，形成了极为漂亮的人文景观。

恩瓦立德教堂(Church of the Invalides，1680～1691年，图9-31)，也称残废军人新教堂，由J·H·孟莎设计。法国古典主义教堂的代表，是为纪念残废军人而设计的。平面呈正方形，60.3m见方，上覆盖着一里外有三层的穹窿。内部大厅为十字形，四角上各有一圆形祈祷室，中间穹顶的正中有一个直径大约16m的圆洞。立面分为两大段，上部鼓座高举，穹顶饱满，均分12个肋，下部正方，犹如穹顶的基座，外观庄严挺拔。

旺道姆广场(Place de Vendome，1669～1701年，图9-32)，由J·H·孟莎设计。广场平面为抹去四角的矩形，长宽141m×126m。一条大道在短边的正中通过。广场建筑皆为三层，底层是重石块的券廊，广场中心立着路易十四的骑马铜像。在19世纪以后，铜像被拿破仑的纪功柱所代替，柱子高43.5m。整个广场轴线明确，突出中心，构图稳定，起到了美化城市的作用。

图9-31　恩瓦立德教堂

图9-32　旺道姆广场

9.2.4　君权衰退和洛可可建筑

18世纪初，法国的专制政体出现了危机，经济面临破产，宫廷糜烂透顶，贵族和资产阶级上层不再挖空心思挤进凡尔赛去，而宁愿在巴黎营造私邸，从此，贵族的沙龙对统治阶级的文化艺术发生了主导作用。代替前一时期的尊严气派和装腔作势的“爱国”热情的，是卖弄风情、妖媚柔靡的贵族趣味。这种新的文学艺术潮流称为洛可可(Rococo)。

在建筑中，巴黎的精致的私邸代替宫殿和教堂而成为潮流的领导者，在这些府邸中也形成了洛可可建筑风格。洛可可风格主要表现在室内装饰上，它反映着贵族们苍白无聊的生活和娇弱敏感的心情。他们受不了古典主义的严肃的理性和巴洛克的喧嚣的放肆，他们要的是更柔媚、更温软、更细腻而且也更琐碎纤巧的风格，洛可可风格在室内排斥一切建筑母题。过去用壁柱的地方，改用镶板或者镜子，四周用细巧复杂的边框起来。圆雕和深浮雕换成了色彩艳丽的小幅绘画和薄浮雕。墙面大多用木板，漆白色，后来又多用木材本色、打蜡。装饰题材有自然主义的倾向，模仿植物的自然形态，最爱用的是千变万化的舒卷着、纠缠着的草叶，此外还有蚌壳、蔷薇和棕榈。它们还构成撑托、壁炉架、镜框、门窗框和家具腿等。

巴黎苏卑士府邸的客厅(Hotel de Soubise，1735年，图9-33)，设计者勃夫杭是洛可可装饰的名手之一。墙上大量嵌镜子，挂晶体玻璃的吊灯，陈设着瓷器，家具上镶螺钿，壁炉用磨光的大理石，大量使用金漆等。特别喜好在大镜子前面安装烛台，欣赏反照的摇曳和迷离，是洛可可装饰的代表作品。

南锡广场群(Place Louis XV，Nancy，1705～1763 年，图 9-34)，它的设计人是勒夫杭和埃瑞·德·高尼。广场群的北边是长圆形的王室广场，南头是长方形的路易十五广场(后改名为斯坦尼斯瓦夫广场 Place Stanislas)，中间由一个狭长的跑马广场相连接。南北总长大约 450m，按纵轴线对称排列。

图 9-33 巴黎苏卑士府邸的客厅

图 9-34 南锡广场群

王室广场的北边是长官府，它两侧伸出券廊，半圆形的，南端连接跑马广场两侧的房屋，跑马广场和路易十五广场之间有一道宽约 40～65m 的河，沿广场的轴线，筑着约 30m 宽的坝，坝两侧也有建筑物，坝的北边是一座凯旋门。

路易十五广场的南沿是市政厅，其他三面也有建筑物。有一条东西向的大道穿过广场，形成它的横轴线。在纵轴线的交点上，按着路易十五的立像，面向北。路易十五广场的四个角是敞开的，北面的两个角用喷泉作装饰，紧靠着河流，南面的两个角联系着城市街道。广场群形体多样，既统一又富于变化，既开敞又封闭。

调和广场(Place de la Concorde，1755～1763 年，图 9-35)，在巴黎市，由雅·昂·迦贝里爱尔设计。

广场在塞纳河北岸，它东临丢勒里花园，西接爱丽舍大道，都是宽阔的绿地。南面，沿河同样是浓荫密布。广场南北长 245m，东西长 175m，四角微微抹去。它的界限，完全由一周圈 24m 的堑壕标出。八个角上，各有一尊雕像，象征着法国的八个城市。站在栏杆上，在正中是路易十五的骑马铜像，两侧各有一个喷泉。调和广场出色地起了从丢勒里花园过渡到爱丽舍大道的作用，成了丢勒里宫到星形广场的巴黎主轴线上的重要枢纽。

图 9-35 调和广场

9.3 欧洲其他国家的建筑

在 16～18 世纪，欧洲各国经济发展极为不平衡，有些国家经济发展得很快，如尼德兰(Nederland，现荷兰、比利时、卢森堡和法国东北部的一部分)，有些国家因战争而经济落后，如德国。但各国建筑发展还都有一定的规律，并形成了各自的建筑特色。

9.3.1　尼德兰建筑

16世纪，尼德兰资本主义经济发展很快。1597年，北部的荷兰推翻了西班牙的反动统治，建立了荷兰联省共和国。从此，荷兰的经济以更快的速度发展。尼德兰在中世纪时市民文化就相当发达，相应的世俗建筑的水平很高，所以，它的独特的传统很强。

安特卫普行会大厦(Antwerpen Grote-Markt，图9-36)，中世纪以来，尼德兰的商业城市里建造了大量的行会大厦。它们的正面很窄，而进深很大，以正面作为山墙。屋顶很陡，里面有两三层阁楼，所以山花上有几层窗子。山花是尖尖的，正适宜于用哥特式的小尖塔和雕像等做装饰，造成华丽复杂的轮廓线。屋顶是木构的，比较轻，因而山墙上砌体很细小，开着很宽敞的窗子。

古达城市政厅(Hotel de Ville，Gouda，1449～1459年，图9-37)，尼德兰的一些市政厅，也是以山墙为正面。山花上，沿着屋面斜坡，做一层层台阶式的处理，每一级都用小塔尖装饰起来。还有一些冠带着高高尖顶的转角凸窗，最成功的例子之一是荷兰的古达城市政厅。

图9-36　安特卫普行会大厦

图9-37　古达城市政厅

9.3.2　西班牙建筑

15世纪末，西班牙人建立的统一的天主教国家。在建筑上，世俗建筑还盛行伊斯兰建筑装饰手法，结合意大利文艺复兴的建筑风格，形成了西班牙独特的“银匠式”(Plateresque)建筑装饰风格。

1）世俗建筑

住宅大多是封闭的四合院式的。住宅通常有两层，多用砖石建造，以墙承重。也有二楼用木构架的，坡屋顶，以四坡的为多，院子四周多有轻快的廊子，大都用连续券，柱子纤细。外墙是砖石的，窗子小而不多，形状和大小不一，排列不规则，但构图相当协调。

西班牙的世俗建筑在装饰上有两个特点：①朴素和繁密对比。装饰总是集中在某个部位，和大片朴素的墙面形成对比；②轻灵和厚重的对比。略显粗糙的大墙面同窗口的格栅、窗台下的花盆架、阳台的栏杆等制作精美构件形成对比。这种风格称为银匠式，早期叫哥特式银匠式，后期的叫伊萨培拉银匠式。

萨拉曼迦的贝壳府邸(Casa de las Conchos，salamanca，1475～1483年，图9-38)，哥特银匠式风格，墙面上很均匀地雕着一个个的贝壳，窗罩等铸铁细工非常优美。

阿尔卡拉·德·海纳瑞大学(Alcala de Henares，1540～1553年，图9-39)，伊萨培拉银匠式风格，立面构图很严谨，水平分划明确，一对窗子非常华丽。

图9-38　萨拉曼迦的贝壳府邸

图9-39　海纳瑞大学

2）宫殿建筑

西班牙的宫殿建筑与世俗建筑走两种风格路线，其宫殿建筑背弃了民族的传统，多采用意大利文艺复兴建筑作为设计蓝本。

埃斯库里阿(The Escurial，1559～1584年，图9-40*a*，图9-40*b*)，设计师是鲍蒂斯达和埃瑞拉，建筑位于马德里西北48km。是统治西班牙的罗马帝国哈布斯王朝为自己建造的皇宫。皇宫由六部分组成：教堂、修道院、神学院、大学、起居、政府办公，布局合理，分区明确。立面整洁，有哥特建筑特点。

(*a*)

(*b*)

图9-40　埃斯库里阿

(*a*)埃斯库里阿鸟瞰；(*b*)埃斯库里阿外景

3）天主教堂

教堂也是当时西班牙建筑的重点，教堂采用哥特式的，当耶稣会猖獗时，教堂建筑中流行巴洛克式，而且怪诞堆砌到了荒唐的地步，被称为“超级巴洛克”（Superbaroque）。

德·贡波斯代拉教堂（Romanesque-Mudejar，1660～1738年，图9-41），教堂的形制还是拉丁十字式的，西面一对钟塔，保持着哥特式构图。但是，钟塔又完全用巴洛克式手法，堆砌着倚柱、壁龛、断折的檐口和山花、涡卷等。体积的起伏和光影的变化都很浮夸。这种教堂的代表是圣地亚哥的德·贡波斯代拉教堂。

图9-41　圣地亚哥的德·贡波斯代拉教堂

9.3.3 德意志建筑

在16世纪，德意志的住宅建设还是以中世纪为蓝本，没有内院，平面布置不整齐，体型很自由，并留给人们浓郁的乡土气息。随着资本主义因素的发展，住宅定型很快，多为底层用砖石，楼层用木构架。构件外露，安排的疏密有致，装饰效果很强。屋顶特别陡，里面往往有阁楼，并开着老虎窗。圆形或八角形的楼梯间突出在外，上面带着高高的尖顶。也有楼层房间的局部悬挑在外而冠以尖顶的。

图9-42　不来梅市政厅

公共建筑的形制和形式同住宅相似，它们尖顶很锋利，直刺向蓝天。18世纪以后，建筑逐渐倾向法国宫廷建筑，室内洛可可风格较浓。

不来梅市政厅（Bremen town hall，1620年，图9-42）。建筑还有中世纪的印记，立面造型装饰效果强，玻璃窗面积大，屋顶很陡，且多用尖顶作为立面高点。

阿夏芬堡宫（Aschaffenburg，图9-43*a*、图9-43*b*）。宫殿平面呈方形，形成内院。四角为方形平面的塔楼，颇有中世纪的遗风。高大坡陡的屋顶，成排的老虎窗，每层挑出的砖线，构成了阿夏芬堡宫建筑的特色。

(*a*)

(*b*)

图9-43　阿夏芬堡宫

(*a*)阿夏芬堡宫外景；(*b*)阿夏芬堡宫内院

9.3.4 英国建筑

16世纪初，由于英国国王没有自己的宫殿，居住在庄园府邸，使府邸建筑发展很快，在建筑上常用塔楼、烟筒，体形都凹凸起伏，窗子的排列也很随便。室内设壁炉，窗口侧大多是方额的。喜爱用红砖建造，砌体的灰缝很厚，腰线、券脚、过梁、压顶、窗台等，这种风格称之为“都铎风格”。

图 9-44 都铎风格建筑

都铎风格（Tudor Style，图 9-44）。坡屋顶上竖立高大的砖头烟囱，顶上有若干小圆筒作烟囱冠；高而狭长的窗户，玻璃窗分成若干组，拱形门廊；最明显的是细长的装饰条包裹主要立面。

17世纪，宫殿建筑占了主导地位，英国受意大利、法国等古典主义建筑思潮的影响，风格上追随帕拉地奥的品位。英国的民间木构架建筑，同德国差不多，但更趋向华丽，如增加一些纯装饰性的木结构件，做成十字花形、古钱币形等。

9.3.5 俄罗斯建筑

16世纪，俄罗斯产生了既不同于拜占庭，又不同于西欧，最富有民族特色的纪念性建筑，达到了很高的水平。

华西里·伯拉仁内教堂（St. Basil’s Cathedral，Moscow，1555～1560年，图 9-45），1552年，俄罗斯人打败了蒙古人，并建造了能够体现国家独立，民族解放这一伟大主题的建筑物——华西里·伯拉仁内教堂。教堂的设计人是马尔巴和波斯尼克。

图 9-45 华西里·伯拉仁内教堂

教堂用红砖砌造，细节用白色石头，穹顶则以金色和绿色为主，夹杂着黄色和红色。它富有装饰，主要的题材是鼓座上的花瓣形。这座教堂成功地把极其复杂多变的局部统一成完美的整体，不愧为世界建筑史的不朽珍品之一。

18世纪初，彼得大帝建成了专制政体，并开始向西欧学习先进技术及风格，这些风格在宫殿建筑便有体现。

冬宫（1755～1762年），设计者是意大利人拉斯特列里。建筑位于涅瓦河岸边，它的主要连列厅朝向涅瓦河和海军部，正面对着广场的却是些服务房间。它的立面节奏复杂，柱子组织很乱，倚柱、断折檐部等，都是巴洛克手法。

思　考　题

1. 试述佛罗伦萨大教堂的艺术特色。
2. 圣马可广场的设计特点是什么?
3. 文艺复兴时期府邸建筑的一些建筑特点是什么?
4. 圣彼得大教堂的建筑特点是什么?
5. 巴洛克与洛可可的建筑风格是什么?

第 10 章　欧美 18～19 世纪下半叶的建筑

英国的资产阶级革命爆发于 1640 年，经历了反复的、曲折的斗争，在 18 世纪继续深入，在扩大政治胜利的同时，推动生产力的发展，导致了 18 世纪下半叶的工业革命。美国的独立战争(1775～1783 年)是一次反对英国殖民压迫的民族解放战争，是一次资产阶级革命。法国的资产阶级革命(1789～1794 年)在世界近代史上具有重大的意义，它摧毁了法国国内腐朽的封建制度，建立了资产阶级共和国。同时，它也推动了整个欧洲各国反封建专制主义的斗争，法国革命改变了国际资产阶级同封建主义之间的力量对比关系，促使了资本主义以更大的规模发展。

到 19 世纪中叶，由于大工业的不断发展，新的生产性建筑和公共建筑的类型越来越多，越来越复杂，成为推动建筑发展的最活跃因素。为解决生产性建筑和公共建筑所提出的建筑结构和材料等问题，现代建筑的思潮已开始逐渐成熟，并得以发展。

10.1　英国资产阶级革命时期的建筑

1666 年木结构建筑较多的伦敦被一场大火重创，整个城市受到重大火灾之后，以王室建筑师克里斯道弗・仑(1632～1723 年)为首，提出了重建伦敦规划。规划中占据着伦敦的中心广场的是税务署、造币厂、保险公司和邮局等，而交易所堂而皇之地居于正中，城市中心没有宫殿和教堂的位置。城市道路基本是方格网形，并有几条放射路，整个规划贯穿着资产阶级作为主人的思想，和当时罗马、巴黎建造城市广场的做法截然相反。但这一规划基本没有实现，只是在一些道路及个别建筑上体现了规划的思想。这时的克里斯道弗・仑设计了一批小教堂，为以后设计圣保罗大教堂积累了一些经验。

10.1.1　圣保罗大教堂

圣保罗大教堂(St. Paul Cathedral，图 10-1)，作为英国国教的中心教堂，是英国最大的教堂。由于年久失修，决定重建。重建后的圣保罗大教堂平面为拉丁十字式，教堂内部，总长 141.2m，巴西利卡宽 30.8m，四翼中央最高 27.5m，穹顶内皮高 65.3m，十分壮观。

教堂的穹顶非常轻，分三层，里面一层直径 30.8m，砖砌的，厚度只有 45.7cm。最外一层是用木构而覆以铅皮的，轮廓略为向上拉长，显得饱满。850t 重的采光亭子由内外两层穹顶之间用砖砌了一个圆锥形的筒来支承，它的厚度也只有 45.7m。支承穹顶的鼓座也分里外两层，里层以支承为主，外层分担穹顶的水平推力。鼓座通过帆拱坐落在八个墩子上，形成严密的结构关系(图 10-2)。

外立面上，鼓座和穹顶完全采用罗马坦比哀多的构图，到十字架顶点，总高 112m。西面一对钟塔较高，巴洛克的手法使这对钟塔过于繁琐(图 10-3)。

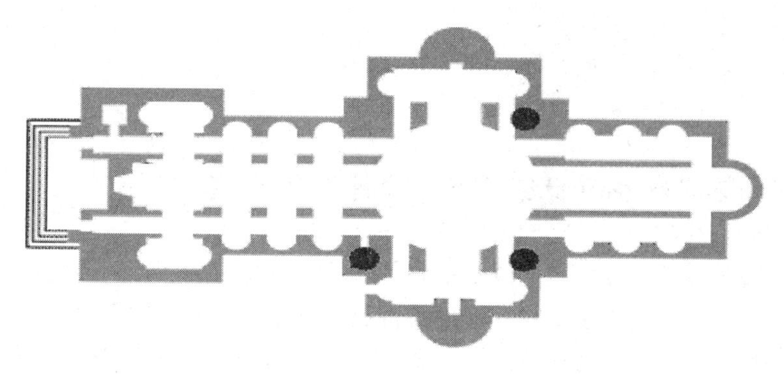

图 10-1　教堂的穹顶平面

图 10-2　教堂的穹顶剖面

图 10-3　圣保罗大教堂

10.1.2　府邸建筑

18 世纪初，君主立宪制的建立，使一些资产阶级新贵族得以入阁。他们在城市大兴土木，同时也在城郊等处兴建庄园府邸，并使其成为时尚。

勃仑南姆府邸(Blenheim Palace，1705～1722 年，图 10-4)，这类府邸建筑中最著名的有勃仑罕姆府邸，设计者为凡布娄(1666～1726 年)。这座大型府邸全长 216m，主楼长 97.6m，它包括大厅、沙龙、卧室、书房、餐厅、休息厅、起居室等。主楼前是宽阔的三

图 10-4　勃仑南姆府邸鸟瞰

图 10-5　勃仑南姆府邸

合院，它两侧又各有一个四合院，一个是厨房和其他杂用房屋及仆役们的住房，另一个是马厩。府邸的外立面追求刚强、浑厚的形象，设计中采用石墙面，罗马的巨柱式石柱，形成沉重的体量感(图 10-5)。

10.2 18 世纪下半叶～19 世纪下半叶欧洲及美国的建筑

工业革命既为资本主义国家的建筑找到了新的物质技术条件，又彻底改变了社会生活对建筑的要求。它一方面直接影响社会建筑行业力量的增长，给建筑以数量、质量与规模方面进一步发展的可能性；另一方面，工业革命也给城市与建筑带来了一系列新的问题，如大城市人口膨胀，住宅问题严重，以及对旧有建筑形式提出新的要求。因此，在资本主义初期，建筑创作方面产生了两种不同的倾向，一种是反映当时社会上阶级观点的复古思潮，另一种则是探求建筑中的新技术与新形式。

10.2.1 建筑创作中的复古思潮

建筑创作中的复古思潮是指从 18 世纪 60 年代到 19 世纪末在欧美流行的古典复兴、浪漫主义与折中主义。由于当时的国际情况与各国的国内情况错综复杂，因而各有重点，各有表现，有两种方法同时存在的，亦有前后排列的或重复出现的。即使采用了相仿的风格，其包含的思想内容亦不全然相同。从总的发展来说，古典复兴、浪漫主义与折中主义的欧美流行的时间大致如下：

	古典复兴	浪漫主义	折中主义
法国	1760～1830 年	1830～1860 年	1820～1900 年
英国	1760～1850 年	1760～1870 年	1830～1920 年
美国	1780～1880 年	1830～1880 年	1850～1920 年

1) 古典复兴

古典复兴是指对古罗马与古希腊建筑艺术风格的复兴。因在格式上有与古典主义风格相仿的文化倾向，故又有新古典主义之称。它最先源于法国，不久后在欧洲与美国汇合成一股宏大的潮流。

18 世纪中叶，启蒙主义运动在法国日益发展，法国资产阶级启蒙思想家著名代表主要有伏尔泰、孟德斯鸠、卢梭等人，极力宣扬资产阶级的自由、平等、博爱等，为资产阶级专政服务。启蒙主义者向共和时代的罗马公民借用政治思想和英雄主义，倾向于共和时代的罗马文化。

到 18 世纪中叶，在启蒙思想和科学精神推动下，欧洲的考古工作大大发达起来，罗马古城一个一个被发掘，向罗马公民借用共和思想的建筑师们，被古罗马建筑的庄严宏伟深深地感动了。后又开展了对古希腊遗迹的考古研究，他们的眼界更开阔了。于是，许多人开始攻击巴洛克与洛可可风格的繁琐及矫揉造作，并极力推崇希腊、罗马建筑作新时代建筑的基础。

古典复兴建筑在各国的发展，虽然有共同之处，但多少也有些不同。大体上在法国是以罗马式样为主，而在英国、德国则希腊式样较多。随着法国从第一共和国转入第一帝国，代表上层资产阶级利益的拿破仑代替了雅各宾的共和制。在上层资产阶级的心目中，自由、平等逐渐成为抽象的口号，古罗马帝国称雄世界的魅力却有力地吸引着他们。于是，对罗马共和的歌颂逐渐为对罗马帝制的向往所偷换。古罗马帝国时期的广场、凯旋门、纪功柱，它们的宏大规模、雄伟气魄与强烈的纪念性成为效仿的榜样。

巴黎万神庙(Panthéon，图 10-6)，法国大革命前后已经出现了像巴黎万神庙等仿古罗马建筑的建筑作品。其正面模仿罗马万神庙，入口上方有法国祖国女神为伟人戴桂冠的浮雕。

星形广场凯旋门(Arch de Triumph，1808～1836 年，图 10-7)，在拿破仑时代，法国巴黎建造了一批纪念建筑。在这类建筑中，追求外观上的雄伟、壮丽，内部则常常吸取东方及洛可可的装饰手法，形成了所谓“帝国式”风格典型代表，如星形广场的凯旋门。

图 10-6　巴黎万神庙

图 10-7　星形广场凯旋门

这座建筑物高 49.4m，宽 44.8m，厚 22.3m，正面券门高 36.6m，宽 14.6m，简洁的墙面上以浮雕为主，尺度异常大，造成了雄伟、庄严的效果，极富纪念性建筑的艺术魄力。凯旋门下由环形大街向四面八方伸展出的十二条放射状的林荫大道，著名的有香榭丽舍大道、格兰德大道、阿尔美大道、福熙大道等。

不列颠博物馆(The British Museum，1825～1847 年，图 10-8)，又名大英博物馆，与纽约的大都会艺术博物馆、巴黎的卢佛尔宫同列为世界三大博物馆。英国的罗马复兴并不活跃，表现得也不像法国那么彻底，其他代表作品有英格兰银行(1788～1833 年)、爱丁堡高等学校(1825～1829 年)等。英国的古典复兴以希腊复兴为主。

柏林勃兰登堡门(Brandenburger Tor，1789～1793 年，图 10-9)，德国的古典复兴是以希腊复兴为主，如著名的柏林勃兰登堡门。纪念普鲁士在七年战争取得的胜利。同时勃兰登堡门又是柏林和德国的象征，见证了德国、欧洲乃至世界的许多重要历史事件。

图 10-8　不列颠博物馆

图 10-9　柏林勃兰登堡门

柏林宫廷剧院(Konzerthaus Berlin，1818～1821年，图10-10)，是希腊复兴的代表作之一，由著名建筑师辛克尔(Karl Friedrich Schinkel)设计。

美国国会大厦(Capitol Region USA，1793～1867年，图10-11)，美国的古典复兴以罗马复兴为主。美国国会大厦便是罗马复兴的典型例子，它仿造了万神庙的外形，意欲表现雄伟的纪念性。

图10-10 柏林宫廷剧院

图10-11 美国国会大厦

2) 浪漫主义

浪漫主义，18世纪下半叶源于英国，19世纪20年代开始普及欧洲。

在英国，浪漫主义与古典复兴始终是并进的，它可以分为两个阶段：前一阶段始于18世纪60年代，称为先浪漫主义；后一阶段始于19世纪30年代，称为浪漫主义或哥特复兴。先浪漫主义反映了资产阶级革命胜利后封建没落贵族对新制度的反抗与对过去封建盛期的哥特文化的留恋。先浪漫主义在建筑上的表现，主要是在庄园府邸中复活中世纪的建筑。一种模仿寨堡，另一种模仿哥特教堂，例如封蒂尔修道院(1796～1814年)。先浪漫主义的另一种表现就是追求异国情调。随着与东方的不断交往，中国、印度等国建筑被介绍到英国，如英国布赖顿的皇家别墅(1818～1821年)，就是模仿印度伊斯兰教礼拜的形式。

从19世纪30年代到70年代，是英国浪漫主义建筑的极盛时期。这个时期浪漫主义的建筑常常是以哥特风格出现的，所以也称之为哥特复兴。它在思想上反映了对正在工业化中的城市面貌感到憎恨，从而向往在生产中以个人手工为骄傲的中世纪生活，反对都市，讴歌自然。英国是浪漫主义最活跃的国家，由于对法国“帝国式”的反感，它在19世纪中叶的许多公共建筑均采用哥特复兴式的。最突出的例子便是英国国会大厦。

英国国会大厦(Houses of Parliament，1836～1868年，图10-12)，它采用的是亨利第五时期的哥特垂直式，原因是亨利第五曾一度征服法国。

浪漫主义建筑在德国也流行较广，时间也较长。在欧洲其他国家则流行面较小，时间也较短，这和各个国家受古典及中世纪影响不同有关。

3) 折中主义

折中主义建筑在欧美较为活跃，起始于19世纪初，盛行于19世纪末到20世纪初。形成折中主义的原因较为复杂，主要是随着古典复兴、浪漫主义的深入流行，使建筑师们不甘自缚于古典与哥特的范畴内。再加上考古工作的深入，阅历的丰富，建筑师们追求艺术高于一切的想法更盛。在设计中表现为模仿历史上的各种风格，或自由组合成为各种式样，所以也被称之为“集仿主义”。折中主义的建筑并没有固定的风格，它讲究比例权衡的推敲，沉醉于“纯形式”的美。拿破仑第三时期是法国折中主义的兴盛时期，代表作有著名的卢佛尔宫新立面(1852～1857年)与巴黎歌剧院。

巴黎歌剧院(Paris，Hall L'Opera，1861～1875年，图10-13)是法国折中主义的代表作。1873年10月，巴黎歌剧院的建筑在一场大火中被毁。新建歌剧院于1875年1月启用，是当时世界上最大也最为豪华的一座歌剧院，其艺术处理是把古典主义与巴洛克式混用。

图10-12　英国国会大厦

图10-13　巴黎歌剧院

1893年在美国芝加哥举办的哥伦比亚博览会建筑，是美国人在法国巴黎美术学院学习后的应用。建筑形式采用折中主义的，建筑热衷古典形式，建筑物堂皇壮观，规格严谨。本次博览会使折中主义建筑达到新的高峰，同时也使巴黎美术学院成为传播折中主义建筑的中心。

10.2.2　建筑的新材料、新技术与新类型

在19世纪中叶，工业革命促使建筑科学快速发展。新建筑材料、技术、施工的出现也为建筑摆脱旧有形式，开辟了广阔的道路。首先是采用当时正在大量生产的铁和玻璃来扩大建筑规模和解决大空间建筑的采光问题。它们突出表现在要求节约用地的多层工业厂房、仓库与要求大跨度的展览馆、火车站站房等建筑中，为日后的高层建筑、高层办公楼，公寓和旅馆以及各种大空间建筑，奠定了发展基础。

随着铸铁业的兴起，人们首先尝试用铁解决大跨度问题。1779年，第一座生铁桥在英国塞文河上建造起来。桥的跨度30m，高20m。铸铁梁柱最先为工业建筑所采用，由于它比砖石或木构件轻巧，既可减少结构面积，又便于采光，并比木材耐火，受到欢迎。19世纪初年英国工业厂房先后采用，并由此发展了室内铸铁梁柱与外围承重砖墙相结合的多层工业厂房结构体系。如1810年建的英国曼彻斯特的撒尔福特棉纺厂的7层生产车间。

用生铁框架代替承重墙最初在美国得以发展。如在19世纪下半叶建造的商店、仓库等。其中以芝加哥家庭保险公司的10层大厦，最为典型。

19世纪下半叶，工业博览会为建筑师们提供了施展才华的机会。

“水晶宫”展览馆(the Crystal Palace，1851年，图10-14)，1851年在英国伦敦海德公园举行的世界博览会，第一次大规模采用了预制和构件标准化的方法，外墙和屋面均为玻璃，整个建筑通体透明，宽敞明亮，故被誉为“水晶宫”。该建筑总共74400m²的建筑面积，在9个月时间完成。1936年，整个建筑毁于火灾。

1889 年在巴黎举行的世界博览会，使应用新技术达到了高峰，由埃菲尔工程师设计的埃菲尔铁塔的巨大成功，为巴黎新添一景。

埃菲尔铁塔(Eiffel Tower，1887～1889 年，图 10-15)，塔高 328m，在 17 个月内建成，显示了当时工业生产的巨大能力。铁塔后的机械馆也以长 420m，跨度 115m 的大跨度结构，刷新了世界建筑的新纪录。

图 10-14 “水晶宫”展览馆

图 10-15 埃菲尔铁塔

思 考 题

1. 圣保罗大教堂的建筑特点是什么?
2. 古典复兴的建筑风格是什么?
3. 浪漫主义的建筑风格是什么?
4. 折中主义的建筑风格是什么?
5. 生铁和玻璃的大量生产给建筑业带来的变化是什么?

第 11 章　亚洲封建社会的建筑

在亚洲，城市从来都是中央集权政府统治的据点，没有成为独立的政治力量，因此，亚洲的宫廷文化的影响比欧洲的大得多。在许多地方，宫廷建筑左右着建筑的发展，作为建筑最高成就的代表，宗教建筑由于很受重视，建筑水平也相当高，与这些建筑相应的世俗建筑，则几乎无所表现，显示出建筑发展的不平衡。亚洲的封建时代的建筑主要分三大片，一片是伊斯兰世界，包括北非和有一半在欧洲的土耳其，一片是印度和东南亚，一片是中国、朝鲜和日本。

11.1　伊斯兰国家的建筑

在伊斯兰世界里，建筑物的类型比较多，比较兴盛的世俗建筑很多，如公共浴池、商馆等，但作为建筑的最高成就，还是以宗教建筑和宫殿为代表。在伊斯兰世界的很多国家，其建筑有许多共同点。如清真寺和住宅的形式大致相似；喜欢满铺的表面装饰，题材和手法也都一样；普遍使用拱券结构，拱券的样式富有装饰性。

阿拉伯人第一个王朝(661～750 年)建都大马士革。由于沙漠地区的原因，作为伊斯兰建筑物的清真寺，其外墙是连续的、封闭的，院内三面围着两三间进深的廊子，一面是大殿，大殿和廊都向院内敞开，院子中央有洗礼池。大殿形制是参照基督教堂后定型的，最大不同是将巴西利卡横向使用，形成大殿的进深小而面阔大，后又在大殿纵轴线上加了穹顶，最后形成基本定准制，如早期最大的大马士革清真寺(706～715 年)。

在中世纪，中亚和伊朗商业贸易很发达，商道四通八达，经济的繁荣也为封建帝国创造宏伟的纪念性建筑提供了可能。在 14 世纪开始，帖木儿(Amur Timur)帝国(14 世纪下半叶～16 世纪初)时期，使建筑达到了辉煌的时代。

伊朗和中亚的伊斯兰建筑同西亚和北非的区别之一，乃是它普遍采用拱券结构。它的纪念性建筑的艺术形象就是以穹顶技术为基础的。作穹顶，首先要解决圆形平面向方形平面过渡的问题，最初的办法是在四角砌喇叭形拱，后来则砌抹角的发券或者小小的半圆形，先从方形过渡到八角或十六角，以后，又抛弃了这些做法，而在四角用砖逐层叠涩挑出，渐成圆形。16 世纪之后，改变了支撑穹顶的结构方法，用肋架券的组合来解决从方墙到圆穹的过渡，或者发八个互相交叉的大券，它们的交点组成一个八角形，上面坐落穹顶。

穹顶的出现使集中式的形制更加完整。集中式形制首先是在陵墓中采用。陵墓是伊斯兰的重要建筑物，帝王们的陵墓在大清真寺里，有些宗教领袖的墓成了朝拜的圣地。陵墓的最杰出作品之一，是撒马尔罕的帖木儿墓。

图 11-1　撒马尔罕的帖木儿墓

撒马尔罕的帖木儿墓(The Tomb of Timur，Samarkand 1404～1405 年，图 11-1)，墓室是十字形的，外

廊作八角形。正面正中作高大的凹廊，抹角斜面上作上下两层凹廊。鼓座大约 8～9m 高，把穹顶举起在八角形体之上，穹顶外层高在 35m 以上，显得格外饱满。

作为伊朗和中亚地区中世纪最重要的纪念性建筑物是清真寺。经过多个世纪的推敲、定型，在帖木儿时代具有代表性的撒马尔罕的比比—哈内清真寺，它代表着中亚伊斯兰建筑的最高成就。

撒马尔罕的比比—哈内清真寺（МечетьЫиби-Ханым，1399～1404 年，图 11-2），这座清真寺的基本特点：①围绕着宽敞的中央院落，四周都是殿堂，以正面的为主，进深多几间。比比—哈内清真寺正殿进深 9 间，侧殿进深 4 间，大殿面阔远大于进深。②柱网成正方形的间，每间覆一个穹顶，比比—哈内清真寺一共有 398 个小穹顶覆盖着大殿。③在大殿的正中上面架着大穹顶，成为外部形象的中心，大殿主立面正中突出一片竖长方形的墙，当中嵌一个深度很大的凹廊，墙的两端，附一个瘦削的塔，塔上冠以戴着穹顶的小亭子。④清真寺外墙是连续封闭的，四角各有一塔，外立面较为单调，但内院景色较为壮观，穹顶和塔充满活力，一派庄严辉煌的气氛，但由于立面长方形高墙，遮挡了穹顶，颇为遗憾。

图 11-2　比比—哈内清真寺内院

埃及的清真寺则在集中式建筑物周围建许多厅堂，因此体形较乱，喜欢用石头装饰墙面。土耳其的清真寺则受圣索菲亚的影响较大。

伊斯兰建筑墙面装饰很有特点，早期用琉璃拼出植物图案，后将古兰经文编进了图案，镶嵌的构图比较自由，幅面多变。

11.2　印度次大陆和东南亚的建筑

印度作为世界四大文明古国之一，其建筑方面的成就是非常高的，建筑创作的领域也是很广阔的。印度的佛教和婆罗门建筑物，土生土长，非常独特。伊斯兰教的介入，使印度引进了中亚建筑类型，建筑更加多样化了。

11.2.1　印度建筑

大约在公元前 2000 年左右，婆罗门教在印度奴隶社会中产生。公元前 5 世纪，佛教在印度出现。

在公元前 3 世纪，随着孔雀王朝国力强大，经济繁荣，这时的佛教建筑水平也达到了一定高度，佛教建筑物主要有埋葬佛陀或圣徒骨骇的窣堵波和石窟建筑。

1）佛教建筑

窣堵波(Stupa)属于坟墓建筑，其造型始于住宅，近似半球形状。象征着天宇，顶上相轮华盖的轴便是天宇的轴，佛教认为佛是天宇的体，所以窣堵波就是佛的象征。

桑契的窣堵波（大约建于公元前 250 年，图 11-3*a*、图 11-3*b*），最大的一个窣堵波在桑契(Sanchi)，它的半球直径 32m，高 12.8m，立在 4.3m 高的圆形台基上。

(*a*)

(*b*)

图 11-3　桑契窣堵波
(*a*)桑契窣堵波外观；(*b*)桑契窣堵波大门

佛教提倡隐世修炼，僧徒们依山凿窟，建造了许多僧院，名为毗诃罗(Vihara)。在它旁边通常有举行宗教仪式的石窟，名为支提(Chaitya)。

卡尔里的支提(Karli，公元前 1 世纪，图 11-4*a*、图 11－4*b*)，它深 37.8m，宽 14.2m，高 13.7m。

(*a*)

(*b*)

图 11-4　卡尔里的支提
(*a*)卡尔里的支提内景；(*b*)卡尔里的支提外景

2) 婆罗门教建筑

10 世纪起，婆罗门教排斥佛教，在印度建起了大量的婆罗门庙宇。

在印度北部，婆罗门教发展较早，其庙宇形制主要包括三部分：门厅、神堂、塔式屋顶。

康达利耶—玛哈迪瓦庙(Kandariya Mahadeva Temple，约 10 世纪，图 11-5)，塔高 35.5m，塔顶较尖，塔身雕塑感强。

在印度南部，婆罗门教庙宇的塔顶成方锥形，各层檐口挑出较多，顶上以“象背”脊结束。

提路凡纳马雷庙(Tiruvannamalai，17 世纪，图 11-6)，该庙宇建筑气势壮观，体现了邦国的富强。

在印度中部，婆罗门教庙宇兼顾南北特点，庙宇四周有一圈柱廊，里面是僧舍和圣物库，如桑纳特蒲尔的卡撒瓦庙。

图 11-5　康达利耶—玛哈迪瓦庙

图 11-6　提路凡纳马雷庙

桑纳特蒲尔的卡撒瓦庙(Kesava temple Somnathpur，1268 年，图 11-7)。庙宇的主体是门厅神堂和它顶上的塔，院子中央铺展开宽大的台基，台基上正中是一间举行宗教仪式的柱厅。

12 世纪末，从伊朗及中亚过来的伊斯兰教对印度影响非常大，不论建筑类型，建筑形制还是装饰题材，都给印度的建筑带来了质的变化，莫卧儿王朝最杰出的建筑物泰姬陵就是其中最杰出的代表作品。

泰姬陵(1632～1647 年，图 11-8)，坐落在印度北方邦阿格拉城郊叶木那河南岸。是印度莫卧儿王朝第五代皇帝沙杰汗为其爱妃蒙泰姬・玛哈尔建造的陵墓，沙杰汗死后也葬于此。主要建筑师是小亚细亚的乌斯达德・穆哈默德・伊萨・埃森迪。泰姬陵是王后的墓，由一组建筑群组成，外墙围成 293m×576m 的矩形，纵轴的一边是入口，另一边是陵墓，这中间还有两道门，带有十字形的水渠的草地，草地为 293m×297m，接近方形。

图 11-7　桑纳特蒲尔的卡撒瓦庙

图 11-8　泰姬—玛哈尔陵

这座建筑的艺术成就主要体现在总体布局的完美，建筑物完整的构图，适宜的尺度，多方位的对比，柔和的天际线，使陵墓建筑肃穆、明朗的形象完美体现出来了。

11.2.2　东南亚建筑

东南亚国家的建筑受印度的影响很大，随着宗教的传入，这种影响越来越大，在尼泊尔，佛教流行，佛教建筑便随之产生，如在加德满都附近的一座萨拉多拉窣堵波(Saladhola Stupa，Patan)，便是中世纪的遗物，它在半球体上方有一个很高的塔，这一点和印度窣堵波有所不同。

在缅甸，只流行佛教，但庙宇的形制却和印度婆罗门教相仿，如纳迦戎庙(1056 年)和明迦拉赛底塔(1274 年)。

在泰国，窣堵波比较陡峭挺拔，台基、塔体、圣骸堂、锥形顶子等各个组成部分和缅甸的塔相同，但各部分形体完整，区别清楚，交接明确，几何性很强，显得更多变化。

阿瑜陀耶窣堵波(Ayudhya Stupa，16 世纪，图 11-9)，在阿瑜陀耶的三座作为国王陵墓的窣堵波，便是最杰出的代表。窣堵波表面光洁不作任何划分，而上面的圆锥体很尖削，密箍着水平的环。塔体四面朝正方位有门廊，门廊上的小圆锥体同中央的呼应，使构图更活泼，也更统一。

在柬埔寨，庙宇的典型形制是金刚宝座塔，驰名于世的吴哥窟便是以金刚宝座塔为主体，这是一座兼有佛教和婆罗门教意义的庙宇，也是国王的陵墓。

吴哥窟(Angkor Wat，12 世纪上半叶，图 11-10)，12 世纪时的吴哥王朝国王苏耶跋摩二世(Suryavarman Ⅱ)开始兴建一座规模宏伟的石窟寺庙，建造时间约 35 年，作为吴哥王朝的国寺。

图 11-9　阿瑜陀耶窣堵波

图 11-10　吴哥窟

吴哥窟是高棉建筑艺术的高峰，它结合了高棉寺庙建筑的两个基本的布局：祭坛和回廊。祭坛由三层长方形有回廊环绕须弥台组成，一层比一层高，象征印度神话中位于世界中心的须弥山。在祭坛顶部矗立着按五点梅花式排列的五座宝塔，象征须弥山的五座山峰。寺庙外围环绕一道护城河，象征环绕须弥山的咸海。

11.3　朝鲜和日本的建筑

11.3.1　朝鲜建筑

朝鲜和日本都是中国的近邻，中国建筑在各个历史时期的变化，在朝鲜和日本的建筑里都有所反映。中国的唐朝对外交往，对这两个邻国影响教大，所以，中世纪时朝鲜和日本的建筑中保存着比较浓厚的中国唐代建筑的特色，并在此基础上创造了许多富有自己特色的建筑物。

7 世纪，新罗国统一了朝鲜半岛，佛教流行，佛教建筑也建了不少，如在庆州附近建造的佛寺，不论平面布局，还是形式风格都同中国唐代建筑基本一致。这个时期的石塔也较多，形式也同唐塔相似，方形，有叠层的，也有密檐的，大多不高。这个时期佛教兴盛，各种佛寺建筑遍布全国，受中国唐、宋建筑的影响，建筑讲究华丽，用料考究。

1392 年，朝鲜人打败了异族的侵略，重新统一，国号朝鲜，定都汉城(现首尔)。这时的朝鲜崇儒灭佛，使佛教建筑逐渐衰退。这时期遗留下来的主要是城郭和宫殿建筑，如平壤的普通门。

平壤的普通门(1473 年，图 11-11)，位于普通江畔千里马大街的入口处，是平壤城之中城的城门。6 世纪中叶高句丽建都平壤，为其西门而初建。

在朝鲜时代遗留下来的宫殿建筑，以首尔北部的景福宫最有代表性。

景福宫(1394 年初建，1870 年重建，图 11-12)，在首尔市北部，建筑布局同北京的元、明故宫相似，纵轴是前朝后寝的格式，最后面是御苑。主要的仪典性大殿是勤政殿，在后部，勤政殿的面阔和进深都是 5 间，重檐歇山顶。

图 11-11 平壤的普通门

图 11-12 景福宫

11.3.2 日本建筑

日本的建筑受中国建筑的影响较大，但没有中国建筑的雄伟壮丽，也不像朝鲜建筑的粗犷豪壮，日本匠师们常利用自然材料，使建筑物洗练简约，优雅洒脱。

最能表现日本建筑特色的建筑类型是神社建筑。早在奴隶制时代，日本流行自然神教，称为神道教。神社就是神灵的住宅，古代神社的形制大致为：长方或正方的正殿，木构架，两坡顶，悬山式，木地板大多架起 1m 以上，向四周伸出建筑。较为典型的是伊势神宫。

伊势神宫(Naign Shrine，lse，图 11-13)，位于日本三重县伊势市，是日本神道教最重要的神社，供奉天皇的祖先天照大神。伊势神宫每隔 20 年要把建筑焚毁再重建，叫做式年迁宫。

佛教在 6 世纪中叶传入日本，中国的建筑艺术随佛教建筑在日本广泛流传，对日本建筑的发展产生了深刻影响。7 世纪初，寺院为“百济式”布局，即进南大门是围廊形成的方院，回廊正中有中门，进中门，院内有金堂和塔，两侧为钟楼和藏经阁。金堂两层，

图 11-13 伊势神宫

面阔5间，歇山顶。

法隆寺五重塔(Buddhist Monuments in the Horyu-ji Area，607年，图11-14)，该建筑共5层，塔内有中心柱，出檐很大，仿佛就是几层屋檐的重叠。塔的总高度为32.45m，其中相轮等高约9m。

佛教建筑10世纪以后在日本世俗化了，如在1053年建造的京都的平等院凤凰堂便是一例。

凤凰堂(1053年，图11-15)，平等院是贵族的庄园，凤凰堂是它的主要建筑物，整个建筑的外形和空间充满变化，空间相互穿插，并且与周围的景观相互掩映。凤凰堂从装修到佛像，集中了当时日本在雕刻和绘画方面的最高技艺，是平安时代最精美的建筑之一。

图11-14　法隆寺五重塔

图11-15　凤凰堂

在日本，佛教建筑的主要流派有“和式”(或称日本式)、“唐式”(或称禅宗式)、“天竺式”(或称大佛式)等，这些类型建筑反映了各个阶层人的需要。和式建筑主要继承了7～10世纪的佛教建筑，加入传统的神社建筑的因素。例如，用架空的地板，在檐下展出平台，外墙多用板壁，木板横向，屋顶常用桧树皮茸，柱子比较粗，补间没有斗栱，只作斗子蜀柱等。唐式建筑是随佛教的禅宗从中国传入的宋代建筑。寺院的主要特点是平面布局依轴线作纵深排列，追求严整的对称。天竺式建筑的主要特点表现在结构上，构架近似穿斗式，构架整体性强，更稳定。

思　考　题

1. 清真寺形制的基本特点是什么？
2. 伊斯兰建筑墙面装饰特点是什么？
3. 印度的陵墓建筑特点及艺术成就是什么？
4. 朝鲜的宫殿建筑有什么？
5. 日本的建筑类型有哪些？

第12章　欧美探求新建筑运动

19世纪80年代至20世纪初，在欧洲及美国等资本主义国家里，经济迅猛发展，技术飞速进步。在新的社会形势下，建筑业也和过去有了显著的区别。原来占统治地位的学院派折中主义设计方法，随着钢铁、玻璃和混凝土等新材料的大量生产和运用，显得越来越不适应了。另外，学院派偏重艺术，脱离生活实际需要的设计方法，对提高大型办公楼、工业厂房等建筑的空间质量与空间使用率问题显得无能为力。在这种人民向往全新的建筑形象，新的建筑风格的情况下，形成了19世纪末广泛探索新建筑的运动。

作为探求新建筑运动的先驱，1830年德国古典建筑家辛克尔(Schinkel)，曾经设计过柏林国家剧院，但当他看到希腊复兴式建筑与时代脱节时，也曾尝试着要为建筑找寻一种新样式。另一位德国建筑师散帕尔(Gottfried Semper，1803～1879年)，原致力于古典建筑的设计，但经时代进步的影响，于1863年发表了他的名著《技术及构造艺术中的形式》，论述建筑应符合时代精神，新的建筑形式应该反映功能、材料及技术特点。

新建筑运动作为一个探求新的建筑设计方法的运动，在欧洲表现较多。影响较大的有工艺美术运动、新艺术运动、维也纳学派与分离派、德意志制造联盟等，在美国则有芝加哥学派。

12.1　欧洲探求新建筑运动

19世纪初期，欧洲各国大批工业产品被投放到市场上，但设计却远远落在后面，部分艺术家们不屑过问工业产品，而工业产品制作也较为粗糙，使艺术与技术分离，甚至达到对立的程度。

12.1.1　工艺美术运动

工艺美术运动出现在19世纪50年代的英国。以拉斯金(Jhon Ruskin，1819～1900年)和莫里斯(William Morris，1834～1896年)为主要代表。该运动热衷于手工艺的效果与自然材料的美，反对机器制造的产品。建筑也受过该运动的影响，主要表现是建田园式的住宅，享受大自然的美。如在英国肯特，由建筑师魏布(Philip Webb)设计建造的“红屋”住宅。

红屋住宅(1859年，图12-1)。这座住宅是按功能进行平面布局，红砖砌筑，摒弃饰面，表现材料本身的质感。这种新型浪漫主义住宅对当时占统治地位的古典复兴式住宅提出了挑战，同时也是将功能、材料与艺术造型结合的尝试，为今后的居住建筑找到了较为适用、灵活与经济的方法。

图12-1　红屋住宅

12.1.2　新艺术运动

新艺术运动最初是 19 世纪 80 年代由比利时新艺术画派发起的。新艺术运动创始人之一为画家凡·德·费尔德(Henny Van de Velde，1863～1957 年)。19 世纪末以来，比利时的布鲁塞尔成了欧洲文化和艺术的一个中心。绘画界在绘画艺术方面的不断探索，影响到了建筑界，从而引起了所谓“新艺术”建筑。

受新艺术运动影响的建筑师们摒弃历史样式，利用最新建材，努力创造能够表现时代风格的建筑装饰。在装饰中喜用流线型的曲线纹样，特别是植物花卉图案。由于铁便于表现柔和的曲线，因而又具有部分铁构件。但是，新艺术派的建筑表现不在外立面，而是在室内，如布鲁塞尔塔塞尔旅馆的楼梯间。

塔塞尔旅馆楼梯间(1892～1893，图 12-2)在比利时布鲁塞尔，塔塞尔旅馆楼梯间的设计充满了新艺术运动的特征。如绳索般的线条，抽象化的植物装饰，自由曲线且不对称，体现了设计师个人化的表现及新奇的装饰主题。

新艺术派的建筑源于布鲁塞尔，不到十年便波及法国、荷兰、奥地利、德国和意大利。新艺术运动在德国称之为青年风格派，地点在慕尼黑，其主要人物有贝伦斯和艾克曼(Eckmann)等，他们也是几年后奥地利“分离派”的支持者。主要作品有埃维拉照相馆(1897～1898 年)和慕尼黑剧院(1901 年)。

路德维希展览馆(Ernst-Ludwig-Haus on the Mathildenöhe，1901 年，图 12-3)，在德国达姆斯塔特(Darmstadt)，设计师约瑟夫·欧布里奇(Joseph Olbrich)，为现代艺术展览会而设计的展览馆反映出新艺术的特征，它的主要入口两旁有一对圆雕，大门周围布满了植物图案的装饰。

图 12-2　布鲁塞尔塔塞尔旅馆的楼梯间

图 12-3　路德维希展览馆

新艺术运动在建筑中主要是它的艺术形式与装饰手法，没有从根本上影响建筑，所以在 1906 年左右便逐渐过时。但它在建筑设计中所提出的关于建筑形式的时代性问题，建筑艺术与技术的关系问题，对 20 世纪前后欧美国家在新建筑的探索中影响很大。当时美国的芝加哥学派和建筑师赖特的早期作品，英国的新艺术运动的支持者麦金托什(C. R. Mackintosh，1869～1928 年)的作品，例如格拉斯哥艺术学校等，说明他们在审美与手法上是有联系的。西班牙浪漫主义者高迪(Gaudi)虽与“新建筑”运动没有主观上的联系，但在方法上却有一致的地方。同时新艺术运动对法国、奥地利与德国等国有一定的影响，共同刺激了现代建筑艺术的形成。

12.1.3 维也纳学派与分离派

受19世纪60年代英国工艺美术运动和19世纪80年代比利时新艺术运动的影响，在欧洲其他一些国家，如奥地利、荷兰、德国、瑞典等国，要求抛弃复兴与折中主义建筑的呼声日益高涨，主张净化建筑，使建筑回到它的最纯净、最真实与最基础的出发点，使之有可能从此创造出适合于当时社会生活、经济与精神面貌的建筑。

1）维也纳学派与瓦格纳

在奥地利的维也纳学院，以瓦格纳(Otto Wagner，1841～1918年)教授为首的维也纳学派，主张只有从现代生活中才能找到艺术创作的起点，认为新的结构原理和材料不是孤立的，它们必定会引起不同于以往的新形体，因而应使之与人们的需要趋向一致。在艺术造型方面，主张与历史格式决裂，创造新格式。瓦格纳的建筑设计作品有维也纳邮政储蓄大楼，维也纳卡尔广场地铁站(Stadtbahnstation Karlsplatz，1899年)等。

维也纳邮政储蓄大楼(The Austrian Post Office Savings Bank，1905年，图12-4)从储蓄大楼中可看到建筑外形简洁，重点装饰，注意到了建筑自身形体的展露，大厅采用了大跨度的铁构架。

2）分离派

分离派(Secession)成立于1897年，由19位青年画家、雕刻家与建筑师所发起。建筑方面主要为瓦格纳的学生，有奥别列去和霍夫曼等。瓦格纳本人在1899年也参加了这个组织。“分离派”强调建筑的经济性与实用性，认为艺术构图应以几何形体组合为主，提倡与传统分离，反对多余装饰，强调建筑艺术中的真实表现。1898年在维也纳建的分离派艺术展览馆和1921年霍夫曼为银行家司莱特建造的住宅即为分离派的代表作。

维也纳分离派艺术展览馆(1898年，图12-5)设计师是奥别列去(Joseph Maria Olbrich)，这是个对称形建筑物，奇特的球形屋顶吸引人们的目光。球形屋顶由3000片树叶和700个浆果形状的镀金片组成，采用金属材料，用植物图案作装饰，这正是青年的风格。

图12-4 维也纳邮政储蓄大楼室内

图12-5 维也纳分离派艺术展览馆

3）憎恨装饰的路斯

维也纳建筑师路斯(Adolf Loos，1870～1933年)主张建筑以实用为主，强调建筑物的比例关系，他坚决反对装饰，认为建筑“不是依靠装饰而是以形体自身之美为美”，甚至认为“装饰就是罪恶”，表现了以功能代替一切的一个极端。路斯的代表作品是1910年在维也纳建造的斯坦纳住宅。

斯坦纳住宅(Steiner House，1910年，图12-6)，建筑外部几乎没有装饰，但注意比例关系的推敲。

图12-6　斯坦纳住宅

12.1.4　德意志制造联盟

20世纪初的德国，工业生产迅猛发展，居欧洲第一位。为继续提高工业产品的质量，争夺国际市场，在1907年由企业家、艺术家、技术人员等组成的全国性德意志制造联盟(Allgemeine Elektricitäts-Gesellschaft简称AEG)由此生产了。

这个联盟在对待工业品质量与工业生产方法的矛盾问题上，不同于英国的“工艺美术运动”。工艺美术运动反对机械生产，提倡恢复手工工业生产，“德意志制造联盟”则提倡艺术与工艺协作。这些观点同样也左右着德国建筑师的创作观点，促使了德国在建筑领域里的创新活动。在探求新建筑中，“德意志制造联盟”强调建筑设计应该结合现代机器大生产，创造出具有时代美的建筑物。

在联盟里面，彼得·贝伦斯(Peter Behrens)是一位享有威望，经验丰富的建筑师。他认为建筑要符合功能要求，并体现结构特征，创造前所未有的新形象。

透平机制造车间(1909年，图12-7)，彼得·贝伦斯在柏林为德国通用电气公司设计的透平机制造车间与机械车间，该车间屋顶是由三铰拱钢结构组成，大生产空间，每个柱墩之间以及两端山墙中部镶有大片的玻璃窗，满足了车间对光线的要求，山墙上端呈多边形与内部屋架轮廓一致，外形处理简洁，没有任何附加的装饰。这座透平机车间建筑为探求新建筑起了一定的示范作用，被称之为第一座真正的“现代建筑”。像这类规模更大的单层或多层工业厂房，由贝伦斯领导设计的还有好几个。它

图12-7　透平机制造车间

们的特点是建筑以适应生产要求为主，并采用了与之相应的新型工业建筑材料和结构方法。

贝伦斯的成就不仅是对现代建筑作出了贡献，而且还培养出了不少人才。现代名建筑师中在贝伦斯建筑事务所工作、学习过的有格罗皮乌斯(Walter Gropius，1883～1969年)、密斯・凡・德・罗(Ludwing Mies Van Der Rohe，1886～1970年)、勒・柯布西耶(Le Corbusier，1887～1965年)，他们在事务所中学到了许多建筑的理论，为今后的发展打下了坚实的基础。1914年，德意志制造联盟在科隆举行展览会，展览会建筑本身作为新工业产品展出。这些建筑采用新型材料，结构轻巧，造型新颖。

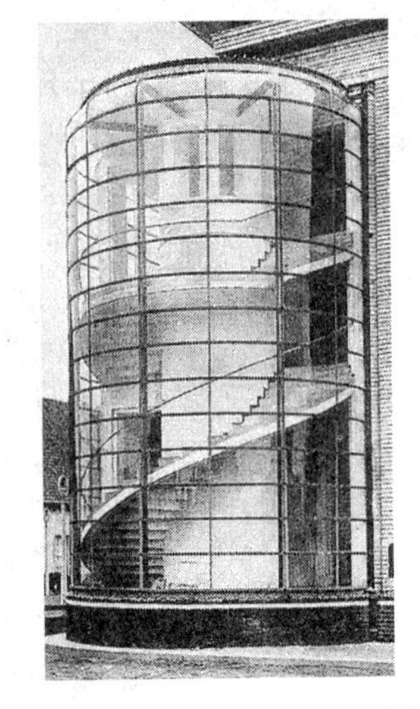

图 12-8　德意志制造联盟科隆展览会办公楼圆柱形玻璃塔

德意志制造联盟科隆展览会办公楼(office building at the exhibition of the German Werkbund in Cologne，1914年，图 12-8)，格罗皮乌斯设计的展览会办公楼采用了屋顶能防水，可上人，看上去很新鲜。入口在当中，砖墙两侧是一对完全透明的圆柱形玻璃塔，塔里是一座旋梯。这种构件外露，材料质感对比，内外空间交融的设计手法，都为以后的建筑设计提供了借鉴。他的这些早期建筑作品，多注意建筑体形。

12.2　美国探求新建筑运动

从19世纪中叶以后，美国工业迅速发展，由于城市人口剧增，地皮紧张，为了有限的市中心，尽可能建造更多的房屋，不得不向高空发展。于是营建高层的公用建筑物成为当时形势所需，而且有利可图。特别是1873年芝加哥大火，使得城市重建问题特别突出。一大批建筑师云集芝加哥，理论有所创新，而且自成一派，称之为芝加哥学派。

12.2.1　芝加哥学派

芝加哥学派(Chicago School)创建于1883年，创始人詹尼(W. B. Jenney，1832～1907年)。1879年他设计了第一莱特尔大厦，

第一莱特尔大厦(First Leiter Baron Jenney，1879年，图 12-9)，它是一个七层货栈，砖墙与铁梁柱的混合结构。芝加哥学派认为在设计高层建筑中应争取空间、光线、通风和安全。为了要在高层建筑群中争取阳光，创造了扁阔形的所谓芝加哥窗。

马凯特大厦(Marquette Building，1894年，图 12-10)，设计者为霍拉伯德和罗希(Holabird and Roche)。大厦平面成“E”字形，电梯集中在中部光线较暗、通风较差的位置上，外立面简洁，整齐排列着芝加哥窗。另一特点是采用框架结构后使内部空间划分较为灵活，是芝加哥学派最具代表性作品。

在芝加哥学派里，还有一位著名的建筑师沙利文(Louis Henry Sullivan，1856～1924年)，这位麻省理工学院毕业的建筑师，为功能主义的建筑设计奠定了理论基础。他的名言“形式随从功能”便是其建筑思想的精髓。他的“哪里功能不变，形式就不变”的主张，

图12-9　第一莱特尔大厦

图12-10　马凯特大厦

图12-11　芝加哥C. P. S
百货公司大厦

使追随他的建筑师们一改折中主义的设计方法，开辟了建筑从内到外设计的先河。沙利文还设定了高层办公楼的典型形式：①地下室设置动力、采暖、照明等多种机械设备；②底层用于商服等服务设施；③二层功能可以是底层的继续，并有楼梯联系，整个空间要求开放、自由分隔；④二层以上为办公室；⑤最顶上为设备层。通常的外貌分为三段，一、二层形成一个整体，如他设计的芝加哥C. P. S百货公司大厦。

芝加哥C. P. S百货公司大厦(Carsons Pirie Scott & Co，1899～1904年，图12-11)，各层办公室的外部开芝加哥窗，设备层外形可略有不同，顶部有压檐。

芝加哥学派在19世纪探求新建筑运动中起着不可忽视的进步作用。首先，它突出了功能在建筑设计中的主要地位，明确了功能与形式的主从关系；其次，在高层建筑中探讨了新技术的应用，并把建筑技术与艺术结合在一起进行了尝试。

12.2.2　赖特对新建筑的探求

赖特(Frank Lloyd Wright，1869～1959年)，是美国著名的现代建筑大师。作为芝加哥学派沙利文的学生，早年曾在芝加哥建筑事务所工作过。1894年后，赖特自己从事建筑设计，并结合美国西部地方特色，设计发展了土生土长的现代建筑。由于他设计的建筑与大自然像结合，所以称之为“草原式”住宅。草原式住宅提出于20世纪初，他的目的是要创作带有浪漫主义闲情逸致的，适宜于居住的新型建筑。

草原式住宅多为中等资产阶级的别墅，住宅多处于芝加哥城郊。建筑是独立式的，周围有林木茂密的花园。他吸取了美国西部传统住宅中比较自由的布局方式，创造了自己布局上的特点：平面常作十字形；以壁炉为中心，起居室、书房、餐室围绕壁炉而布局；卧室常设在楼上。室内空间可分可合，净高可高可低，形成自由的内部空间。窗户宽敞，和室外的联系十分自然。比较典型的例子如1907年在伊利诺伊州河谷森林区设计的罗伯茨住宅。

图12-12 罗伯茨住宅

罗伯茨住宅（Isabel Roberts House，1907年，图12-12），该建筑室内采用草原式住宅常用的十字式平面，体现草原式平面布局的各种特点；在室外，住宅多表现砖面的本色，意与自然协调。外形反映内部空间的关系与变化。高低不同的水平向墙垣，深深的挑檐，坡度平缓的屋面，层层叠叠的水平向阳台与花台，在形体构图上为一垂直的烟囱所统一起来。这一垂直的烟囱加强了整体的水平感，并使之不至于单调。住宅为了强调水平效果，房间的室内高度一般都很低，窗户不大而屋檐又挑出很多，室内光线比较暗。

草原式住宅在建筑功能及艺术上有所探索，但在结构与施工等方面并不突出。在当时的美国并没有引起太大的重视，而是先在欧洲扬名。他的这些早期建筑作品，多注意建筑体形的组合，探索建筑的构图手法，为美国现代建筑的发展作出了贡献。

思 考 题

1. 试述工艺美术运动的艺术风格。
2. 新艺术运动对建筑有哪些影响？
3. 试述维也纳学派与分离派的建筑风格。
4. 试述彼得·贝伦斯的建筑思想及风格。
5. 芝加哥学派的建筑特色是什么？

第13章　现代建筑与代表人物

在第一次世界大战(1914～1918年)和第二次世界大战(1939～1945年)期间，主要的资本主义国家经历了由经济衰退到经济恢复、兴盛，再由经济危机而渐渐经济复苏，再到二战爆发这样一个经济发展过程。总的来说，这个时期是充满着激烈震荡和急速变化的时期。社会历史背景的这种特点也明显地表现在这一时期的各国的建筑活动之中。

第一次世界大战之后，欧洲各国经济严重削弱，大量的房屋也毁于战争。所以，战后相当长的一段时期，各国都面临着严重的住房缺乏问题。建筑师们开始注重多种住宅的设计，建筑材料及建筑体系也不断推广，为以后的住宅工业化发展作了准备。

在20世纪20年代的后五六年中，欧洲各国相对稳定，经济繁荣，建筑活动十分兴旺；另外，在一战中坐山观虎斗，大发战争财的美国，这个期间的建筑活动更是活跃，摩天大楼拔地而起，建筑市场一片繁荣。但20世纪30年代初的经济危机和1939年爆发的第二次世界大战，使建筑活动停滞不前。

13.1　第一次世界大战前后的建筑思潮及建筑流派

在战后初期，主宰建筑市场的还是以折中主义为主的复古建筑。虽然在结构上已采用钢筋混凝土结构，但在外观上却看不到这种结构给建筑带来的宽敞、明亮、框架等形式的建筑形象。但这种情况很快就被飞速变化的社会生活所打破，首先是建筑的功能要求日益复杂，新材料、新结构形式不断出现；建筑需向高层发展等诸多问题，使套用历史建筑样式遇到了难以克服的矛盾与困难。所以，到了20世纪20年代，建筑师中主张革新的人愈来愈多，他们对新建筑的形式问题进行了多方位、多层次的探索。这个时期出现了探索现代建筑的活动，可看成是新建筑运动在20世纪欧洲的继续。

13.1.1　德国的表现主义

表现主义(Expressionism)最初是二三十年代流行于德国、匈牙利等国，以绘画、音乐戏剧为主的艺术流派。表现主义的艺术家对资本主义现实带有盲目反抗性，强调自我感受的绝对性，认为主观是唯一的真实，力求个性与个人独创性的表达，在手法上强调象征。

在建筑领域中，表现主义建筑师批判学院派的折中主义，提倡创作能够象征时代、象征民族和象征个人感受的新形式。所以表现主义建筑的形式有的象征机械化的动力，有的带有某些民族传统的格式，此外便是形式上的无奇不有。

图13-1　爱因斯坦天文台

爱因斯坦天文台(Einstein observatory，1919～1920年，图13-1)，在德国波茨坦市，设计师为门德尔松(Erich

Mendelsohn)。这座天文台是表现主义的重要作品，是为了研究爱因斯坦的《相对论》而建造的。设计者抓住其理论的新奇与神秘，把它作为建筑表现的主题，整个建筑物形体以立体的流线型出现，墙面、屋顶与门窗浑然一体，窗洞形状不规则，和整体建筑一样，造成似由于快速运动而形成的在形体上的变形。设计者充分利用钢筋混凝土的可塑性塑造这座建筑，发挥了材料的特点。

表现主义另一个主要表现领域是教堂和电影院。在教堂中经常采用简单的类似尖券的构件或纹饰，以此来象征和产生德国中世纪哥特教堂的气氛。在电影院中则以流线型的形体与装饰来象征所谓时代精神。如在门德尔松设计的宇宙电影院观众厅中，水平向的弧影线条在灯光的映影下，像旋风似的自一端卷到另一端。在细部装饰上经常有用砖砌成的凹凸花纹与线条来加强表现，并特别善于利用光和影来加强效果。总的来看，表现主义只是用新的表面处理手法代替旧的建筑样式，并没有解决新技术、功能给建筑带来的本质问题。随着它的手法、花样造型的新鲜过后，表现主义也就退出了历史舞台。

13.1.2 意大利的未来主义

意大利的未来主义(Futurism)是第一次世界大战前后流行于意、英、法、俄等国，以文学和绘画为主的艺术流派。未来主义否定文化遗产和一切传统，宣扬创造一种未来的艺术。他们崇拜机器，提倡那具有现代化设施的大都市生活。

圣·泰利亚(Antonio Sant'Elia，1888～1917年)是未来主义者的典型代表。他一生虽然短暂，但却设想了许多大都市的构架，完成了许多未来城市和建筑的设计，并发表了《未来主义建筑宣言》。

未来主义设计图(图13-2)，由圣·泰利亚设计的图纸里，建筑物全部为高层，简单的几何体为主，在建筑物的下面是分层车道和地下铁道，全部设计围绕着“运动感”作为现代城市的特征。他在《未来主义建筑宣言》中提倡脱离传统，寻找代表自己时代的建筑，而且强调应该从机械到人工技术中寻找新的美观。他说：“应该把现代城市建设与改造得像一所大型造船厂一样，现代房屋造得像一部大型机器一样。”

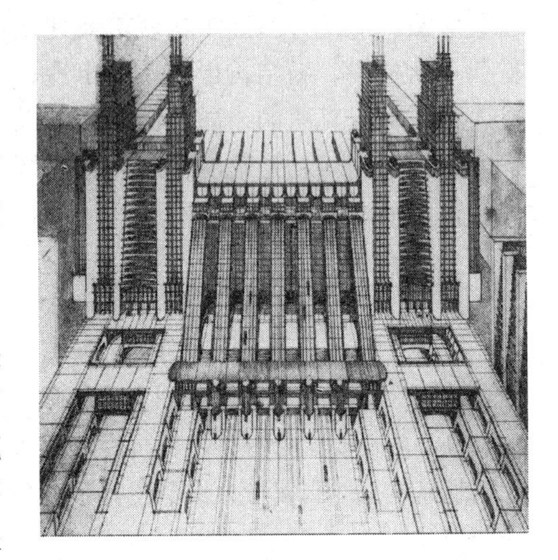

图13-2 未来主义设计图

未来主义者没有实际的建筑作品，它要解决的主要是寻求能够表现机械、动力和现代大都市生活的建筑形式。所以，意大利的未来主义建筑对外影响不大，但其思想却对一些建筑师产生了很大的影响，使他们的建筑作品多多少少带有未来主义的色彩。

13.1.3 荷兰的风格派与俄国的构成派

荷兰的风格派(De Stijl)是荷兰的艺术家组织，成立于1917年。艺术家中包括画家、雕刻家、诗人及建筑师奥得(J.J.P.Oud)、里特维德(G.T.Rietveld)。他们认为最好的艺术是几何形象的组合和构图。在绘画中需用正方形、长方形、垂直线、平行线构成图形，色彩选用原色，画面的和谐取决于形体的对比。这种绘画风格也称之为新造型主义，这与以毕加索为首的立体主义画派在思想上有很多的相似点。

在建筑中，建筑的使用功能使其不能作为一种纯艺术出现。所以他们只能有重点地设计一些建筑的基本要素，如墙面、门窗、阳台和雨篷等。

Truus Schröder-Schräder 住宅(1924 年，图 13-3)，在荷兰乌德勒支(Utrecht)，由里特弗尔德(Gerrit Thomas Rietveld)设计的住宅可称的上风格派的典型代表。建筑物像是由一片片不同厚度、不同质感的垂直面和水平面组成的立方体，它们相互联系、穿插，在构图上取得了体量上的平衡。同时里特弗尔德也设计了建筑内部以及全部家具。

第一次大战后的前苏联，一些青年艺术家成立了构成派(Constructibism)艺术团体。他们认为艺术的实质在于它的构成，强调以简单的几何形体构成空间，它原先以雕刻为主，随后扩大至工艺美术和建筑。他们的建筑作品很像工程结构图，如第三国际纪念碑设计方案。

第三国际纪念碑设计方案(Model for the 3rd International Tower，1920 年，图 13-4)，由塔特林(Vladimir Tatlin)设计，可谓俄国构成主义的代表作品。

图 13-3　Truus Schröder-Schräder 住宅

图13-4　第三国际纪念碑设计方案

从总的艺术风格上看，风格派和构成派没有本质上的区别，它们在设计手法上有很多相似的地方。表现的领域既在绘画和雕刻方面，也在建筑装饰、家具等许多方面，但它们同表现派、未来派一样流行的时间都不长，20 世纪 20 年代后期逐渐消散。它们的一些理论和作品对后来的建筑发展产生了不同程度的影响。

13.2　20 世纪 20 年代后的建筑思潮及代表人物

随着探求新建筑运动走向纵深领域不断的发展，多种不同的派别层出不穷，像表现派、未来派、风格派及构成派等，但它们都没有涉及到建筑发展最根本的问题，原因之一是它们本来源于美术或文学艺术方面的派别，它们对建筑的影响只是片面的，它们无法解决建筑同迅速发展的工业和科学技术相结合的问题；无法解决现代生活及生产对建筑提出的功能方面的要求。总的来说，各学派的观点还没有形成系统，但它们却为现代建筑的发展打下了坚实的基础。

13.2.1 新建筑运动走向高潮

在20世纪20年代以后，一些思想敏锐的年轻建筑师们，思想活跃，实践经验丰富，提出了比较系统的建筑改革方案。这些代表人物包括德国的格罗皮乌斯、密斯·凡·德·罗、法国的勒·柯布西耶等。他们都有参与实践设计的能力，都曾在柏林建筑师贝伦斯的设计事务所中工作过。贝伦斯是德意志制造联盟中很有成就的建筑师，他的设计及思想紧跟时代的潮流，这对这些年轻的建筑师影响很大。

1920年勒·柯布西耶在巴黎同一些年轻的艺术家和文学家创办了《新精神》杂志。他在杂志中为新建筑运动摇曳呐喊，并提出了一系列理论依据，为新建筑的发展打下了良好的理论基础。根据杂志上的文章整理而成的《走向新建筑》一书，在1923年出版，更为新建筑的发展吹响了进军号。在德国，格罗皮乌斯当上了一所名为包豪斯设计学校的校长。这所学校推行全新的教学制度及教学方法，聘用的教师很多都是各艺术流派的青年主力，他们为学校培养了一批又一批有思想、有实践的人才，充实了新建筑运动的有生力量。

在建筑实践方面，他们也设计了很有影响力的建筑作品。如1926年格罗皮乌斯设计的包豪斯新校舍，1928年勒·柯布西耶设计的萨伏伊别墅，1929年密斯·凡·德·罗设计的巴塞罗那展览会德国馆等。有了比较完整的理论观点，又有包豪斯的教育实践，再加上建筑实例的成功设计，这一切都预示着一个新建筑运动的高潮已经到来。1927年由德意志制造联盟在斯图加特近郊维逊霍夫举行的住宅展览会，可谓20世纪20年代现代建筑的一次正式宣言。展览会里的建筑多采用新材料、新技术，证实他们的效能，并以寻求它们的艺术表现为目的。在19栋住宅中，设计者认真解决小空间的使用功能问题；在材料、结构和施工等方面作了新的尝试；在造型上，全部住宅为没有装饰的立方体形，白粉墙，大玻璃窗，具有朴素清新的外貌特征。

展览会一系列的成功表明新建筑广为人们所接受。于是，1928年组成了第一个国际性的现代建筑师组织——CIAM(国际现代建筑协会)，从而使现代建筑的设计原则得以传播。

纵观这一时期的建筑思潮，可以看到这些建筑师在设计思想上并不完全一致，但是他们有一些共同特点：①提高建筑设计的科学性，以使用功能作为建筑的出发点；②注意发挥新建筑材料以及现代建筑结构的性能特点；③注重建筑的经济性，努力用最少的人力、物力、财力造出实用的房屋；④主张创造建筑新风格，坚决反对套用历史上的建筑造型，突破传统的建筑构图格式；⑤将建筑空间作为设计重点，认为建筑空间比建筑平面或立面更重要；⑥废弃表面多余的建筑装饰，认为建筑美的基础在于建筑处理的合理性和逻辑性。

13.2.2 格罗皮乌斯和包豪斯学派

格罗皮乌斯(Walter Gropius，1883～1969年)出生于柏林。青年时期在柏林和慕尼黑高等学校学建筑。离校后入贝伦斯事务所工作，1910年起独自工作，设计了法古斯鞋楦厂，1914年设计了德意志制造联盟在科隆展览会展出的办公楼。这两座以表现新材料、新技术和建筑内部空间为主的新建筑在当时引起了广泛的关注。

法古斯鞋楦厂(Fagus Shoelast Factory，1911～1912年，图13-5)由格罗皮乌斯和A·迈尔(Adolf Meyer)设计，该建筑是欧洲第一个完全采用钢筋混凝土结构和玻璃幕墙的建筑物，引领了现代建筑的潮流。在这个时期，格罗皮乌斯明确地表达了突破旧传统、创新新建筑的愿望。主张走建筑工业化的道路，进行大规模生产，降低成本造价。并主张要解决建筑内部空间，建筑不仅仅是一个外壳，而应该有经过艺术考虑的内在结构，不要事后的门面粉饰。同时强调现代建筑师要创造自己的美学章法，抛弃洛可可和文艺复兴的建筑格式。

图13-5　法古斯鞋楦厂

1919年，格罗皮乌斯应威玛大公之聘出任威玛艺术与工艺学校校长，后经格罗皮乌斯引进建筑教学，于当年改名为威玛建筑学校，简称包豪斯。这是一所培养新型设计人才的学校，在格罗皮乌斯的指导下，学校请来了欧洲不同流派的艺术家来校教学。纵观包豪斯的教学内容，大致包括三个方面：①实习教学，主要是对材料的接触与认识，如木、石、泥土及金属等；②造型教学，学习制图、构造、模型制作、色彩等；③学习三年期满后，可在校内进修建筑设计并在工厂劳动、实习、最后授予毕业证书。

包豪斯学校教学思想鲜明，教学方法独特，艺术人才汇集。在20世纪20年代的欧洲，这所学校所代表的包豪斯学派独成一派。在包豪斯任教的主要的教师包括：伊泰恩、康定斯基、保尔·克利、建筑学家梅亚等。他们给学生带来了立体主义、表现主义、超现实主义、构成主义的艺术类型，对学生的日后建筑和实用工艺品的设计有积极的参考作用。

对于建筑的理解，包豪斯学派认为建筑是“我们时代的智慧，社会和技术条件的必然逻辑产品”。在建筑设计中，认为“新的建筑外貌形成于新的建筑方法和新的空间概念”。在建筑形体上不做简单形式上的抄袭，要求有精确的设计。另外，“在生产中，要以较低的造价和劳动来满足社会需要，就要有机械化和合理化”。从包豪斯学派的建筑观可以看到“新建筑”运动的革新精神，针对学院派“为艺术而艺术”和新建筑运动各执一端的缺点，提出应该全面对待建筑，把建筑单体同群体联系起来，把建筑同社会联系起来，用新技术来完善功能要求，提倡以观察、分析、实验等方法为设计寻求科学的依据。

包豪斯校舍(Bauhaus，1925～1926年，图13-6)，1925年包豪斯从威玛迁到德绍，新校舍由格罗皮乌斯设计。1926年底新校舍竣工。这座建筑群包括三部分，即设计学院、实习工厂和学生宿舍区；另有德绍市一所规模不大的职业学校也在其中。包豪斯校舍在当时是范围大、体形新、影响较广的建筑群。校舍的建筑面积近1万m^2。格罗皮乌斯在设计中严格按使用功能进行平面划分，把整座建筑大体分为三部分。第一部分是包豪斯的教学用房，主要是各专业的工艺车间。它采用四层的钢筋混凝土框架结构，作为主要建筑，面临主要街道。第二部分是包豪斯的生活用房，包括学生宿舍、饭厅、礼堂及厨房锅炉房等。学生宿舍设在教学楼后部的六

图13-6　包豪斯校舍

层小楼里，两者用单层饭厅及礼堂连接。第三部分是职业学校，它是一个四层楼，与教学楼隔一条道路，但两层以上部分由过街楼相连。两层的过街楼是办公和教员用房。

格罗皮乌斯设计的包豪斯校舍不再是古典的柱廊、雕刻和装饰线脚，同传统的公共建筑相比，它非常朴素。作为一代建筑大师的精心之作，它的设计具有以下特点：

1）把建筑的实用功能作为建筑设计的出发点

以往的建筑设计，通常是先设计好外立面，然后由外到内开始设计各个房间。格罗皮乌斯则把设计的重点放到了室内，把整个校舍按功能的不同分成几个部分，按照各部分的功能需要和相互关系定出它们的位置，决定其体型。包豪斯的教学楼面临主要街道，框架结构增加室内空间，大玻璃满足教学及实习需要。学生宿舍同教学楼联系也较为密切，它由一层的饭厅和礼堂联系。格罗皮乌斯把学生的生活、学习安排得非常紧凑，宿舍的后面是活动操场。包豪斯的主要入口没有开在主要街道上，而是布置在教学楼、礼堂和办公部分的接合点上，职业学校另有自己的入口，同包豪斯的入口相对而立，又正好在进入校区的通路的两侧，这种布置对于外部和内部的交通联系都是比较便利的，可减少交通所占面积。

2）采用灵活的不规则的构图手法

在造型上，几个既分又合的盒子形方体，采用了对比统一手法，努力谋求体量的大小高低，实体墙面与透明的大玻璃窗，白粉墙与黑色钢窗，垂直向的墙或窗与水平向的带形窗、阳台、楼板等对比，在构图中形成平衡。总之，包豪斯校舍给人印象最深的不在于它的某一个正立面，而是它那纵横错落、变化丰富的总体效果。

3）运用现代建筑材料和结构特点，塑造现代建筑艺术形象

校舍主要教学楼采用钢筋混凝土结构，其他采用砖混结构。屋顶是钢筋混凝土平顶，人可在上面活动。所有落水管都在墙内，因而外形整洁。

1928 年，随着德国法西斯的得势，格罗皮乌斯离开了包豪斯学校。在 1928 年到 1934 年期间，他到柏林从事建筑工作和研究工作，在居住建筑等方面作了深入研究。这期间有柏林西门子住宅区(1929 年)建筑设计等得以实施。格罗皮乌斯负责住宅区的总体规划以及其中几栋住宅的设计，住宅是四五层公寓，单元类型多，适合大小户，每户平面紧凑，空间利用好，建筑外形简洁。这些住宅从功能、设备和经济等角度来看是成功的，可谓在小空间住宅方面成功的实例。

1933 年希特勒上台后，德国变成了法西斯国家。1934 年格罗皮乌斯离开德国到了英国，他在伦敦同英国建筑师福莱合作设计了一些中小型建筑，如英平顿的乡村学院。

1937 年，格罗皮乌斯接受美国哈佛大学之聘到该校设计研究院任教授，次年担任建筑学系主任，从此长期定居美国。在美国，格罗皮乌斯主要从事建筑教育工作。在建筑实践方面，他先是同包豪斯时代的学生布劳耶尔合作，设计了几座小住宅，比较有代表性的是格罗皮乌斯的自用住宅。

图 13-7　格罗皮乌斯自用住宅

格罗皮乌斯自用住宅（Walter Gropius House，1938 年，图 13-7），这是一幢只有四间卧室的住宅，主入口进厅在房屋前后均有门，保证了穿堂风的通畅。主卧室很小，一道玻璃墙将这个空间和化妆间分隔开，却因此避免了主卧室的局促感。住宅入口与主体建筑略呈角度，两根细细的钢柱与一道玻璃砖墙支撑着长长的入口雨篷，西侧二层平台的钢制螺旋楼梯使这幢住宅更具活力。

在1946年格罗皮乌斯同一些青年建筑师合作创立"协和建筑师事务所"，他后来的建筑设计几乎都是在这个集体中合作产生的。

作为世界著名的建筑师，格罗皮乌斯是公认的新建筑运动的奠基者和领导人之一。他的建筑思想从20世纪20年代到50年代在各国建筑师中曾经产生过广泛的影响。

早在20世纪初，格罗皮乌斯就提出过用工业化方法建造住宅，特别强调现代工业的发展对建筑的影响。在此同时，他又坚决地同建筑界的复古主义思潮进行论战，他认为：建筑学要前进，否则就要枯死。他提出"现代建筑不是老树上的分枝，而是从根上长出来的新株"。这充分表明了格罗皮乌斯在20世纪新建筑运动时期的建筑思想。

在这种建筑思想指导下，格罗皮乌斯比较明显地把实用功能和经济因素放在建筑设计的首位。这在他20世纪二三十年代的设计中表现的尤为突出。如法古斯工厂、科隆展览馆、包豪斯校舍等。

随着社会的发展，尤其是二战后，格罗皮乌斯的设计思想更加注意满足人的精神上的要求，把精神要求同物质需求放到了一个同等重要的地位。

13.2.3　勒·柯布西耶

勒·柯布西耶(Le Corbusier，1887～1965年)，瑞士人，1917年起长期侨居巴黎。少年时在故乡受过制造表的训练，以后学习绘画。勒·柯布西耶没有受过正规的学院派建筑的教育，相反从一开始他就受到当时建筑界和美术界的新思潮的影响，这就决定了他从一开始就走上新建筑的道路。

1908～1909年，勒·柯布西耶先在巴黎建筑师贝瑞处工作，学习到了贝瑞运用钢筋混凝土表现建筑艺术的手法，后又在柏林贝伦斯事务所工作了五个月，贝伦斯致力于新结构为工业建筑创造范例，对他也有较深影响。

1920年，勒·柯布西耶与他人合编《新精神》杂志，杂志创刊号标题"一个伟大的时代开始了，它根植于一种新的精神，有明确目标的一种建设性和综合性的新精神"。在这个刊物上，勒·柯布西耶连续发表了一些关于建筑方法的文章。在1923年，他把这些文章汇编成书，名为《走向新建筑》，全书共七章，在书中他系统地提出了对新建筑的见解和设计方法。

《走向新建筑》一书(1923年)，在书中，柯布西耶首先赞美了现代工业的伟大成就，称赞了工程师由经济法则和数学计算而形成的不自觉的美，指出建筑应该通过自身的平衡、墙面和体型来创造纯净的美的形式。

然后，柯布西耶提出了新建筑方向，他对居住建筑及城市规划感兴趣，提出改善恶劣居住条件的办法是向海轮、飞机与汽车看齐。于是，提出了他惊人的论点——"住房是居住的机器"，认为房屋不应只像机器适应生产那样的适应居住要求，并且还应像生产飞机、汽车那样的大量生产。机器，由于它们形象真实地表现了它们的生产效能，是美的，房屋也是如此。

柯布西耶还极力主张用工业化的方法大规模建造房屋，认为"规模宏大的工业化须从事建筑活动，在大规模生产的基础上制造房屋的构件”。

柯布西耶还提出了革新新建筑的设计方法。他认为“平面是由内到外开始的，外部是内部的结果”。他赞成简单的几何形体，反对装饰，净化建筑，提倡使用钢筋混凝土。受立体画派影响，柯布西耶认为表现建筑立体空间为主的“纯净的形象”，意味着新时代风格的来临。

1926 年，柯布西耶把自己提倡的新建筑归结为五个特点：

(1) 底层的独立支柱。房屋的主要使用部分放在二层以上，下面全部或部分的腾空，留出独立的支柱。

(2) 屋顶花园。建筑物的屋顶应该是平的。

(3) 自由的平面。由于采用框架结构，内部空间灵活。

(4) 横向长窗。墙不再承重，窗可以自由开设。

(5) 自由的立面。承重支柱退缩，外墙可供自由处理。

柯布西耶在 20 世纪二三十年代的建筑作品，大多体现了他的见解和上述五个特点。

在 1930 年建成的萨伏伊别墅是最能代表柯布西耶新建筑五个特点的别墅建筑。

萨伏伊别墅(Villa Savoy，1928～1930 年，图 13-8、图 13-9)位于巴黎附近，房屋平面为 22.50m×20m 的方形平面，钢筋混凝土结构。建筑底层三面有立柱，中心部分设门厅、车库、楼梯和坡道；二层有客厅、餐厅、厨房、卧室、院子；三层有主人卧室及屋顶晒台。各楼层用斜坡联系。空间的水平向、垂直向互相交错，室内外相互穿插地打成一片，平面划分自由，立面构图严谨，全部为直线和直角。柯布西耶的新建筑物五个特点在这里都体现出来了。

图 13-8 萨伏伊别墅外景

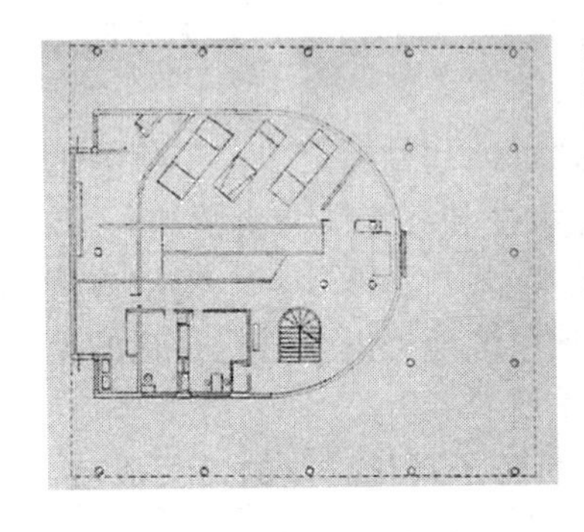

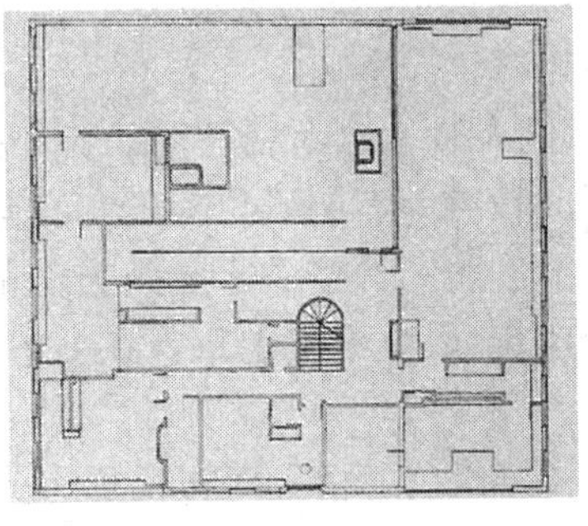

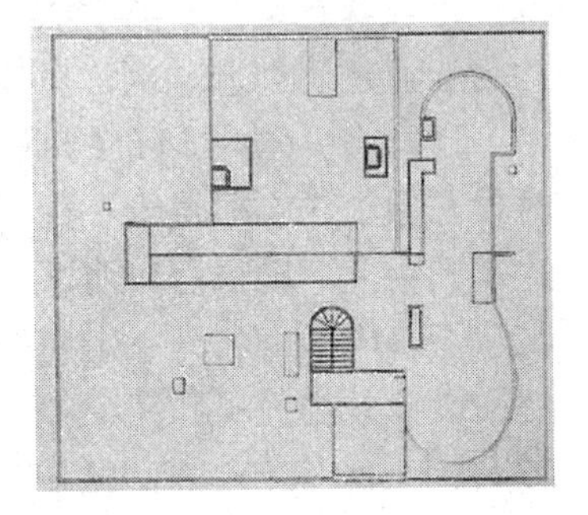

图 13-9 萨伏伊别墅平面

巴黎市立大学的瑞士学生宿舍(Pavillion Suisse A La Cite Universitaire，Paris，1930～1932 年，图 13-10、图 13-11)，这座公共建筑也是按新建筑物五个特点来设计。他把底层作成六对大柱墩支承，使建筑物架空。在南立面上，二、四层全用大玻璃窗，五层为实墙，开有少量窗洞。北立面上，楼梯、电梯等辅助房间突出立面，平面是凹曲的 L 形。在直线及规整的几何形体上，加上自由的曲面形成对比效果，这也是柯布西耶的风格。另外弯曲的石砌北墙同大楼整体材料的对比也十分成功。

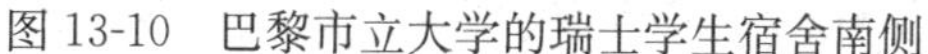

图 13-10　巴黎市立大学的瑞士学生宿舍南侧

图 13-11　巴黎市立大学的瑞士学生宿舍北侧

1927 年，柯布西耶与他人合作参与了日内瓦的国际联盟总部的建筑设计投标。他在设计中以解决实用功能为主，并认真地解决了会堂中各种技术问题。整体造型不拘泥传统，设计成了非对称的建筑群。但最终柯布西耶的方案落选，学院派建筑师的方案被选中，但柯布西耶的设计方案还是对保守的评委们及传统的建筑风格发起了强有力的挑战。

柯布西耶对城市规划也做出了巨大的贡献。他在 1922 年提出了拥有 300 万人口的现代城市的设计方案。并在以后的十几年中做了大量的城市改建规划。他的规划特点是按功能将城市分为工业、商业等居住区，建造高层建筑，有城市绿地和体育设施。各种交通工具在不同的车面上行驶，全立体交叉；各种管网分层设置在地下或地面；塔式建筑平面多为十字、T 字形。内部设有商店等福利设施。他的规划极其宏伟，富有远见。虽然城市的规划实施需要相当长的时间及经济的发展，但从以后的发展看，有很多城市建筑都在不同程度上，和柯布西耶的规划方案有许多相近之处。

第二次世界大战以后，柯布西耶的建筑设计风格出现了明显的转变，由理性主义转而强调感性在建筑创作中的作用。

马赛公寓大楼(Unite d Habitation at Marseille，1946～1957 年，图 13-12)，该建筑是一座带有完整服务设施的居住大楼。设计者柯布西耶把大楼称之为“居住单位”。大楼引人注目之处在于他把拆除现浇混凝土模板的面直接使用，表现出一种粗犷原始又富有雕塑性的建筑风格。

朗香教堂(The Chapel at Ronchamp，1950～1953 年，图 13-13)，该设计更能说明柯

图 13-12　马赛公寓大楼

图 13-13　朗香教堂

布西耶的建筑设计风格的转变，这个天主教堂不同于传统的教堂形式，它的平面很特别，墙面几乎全是弯曲的，窗洞大大小小形状各异，屋顶向上翻起。总之，朗香教堂的体形和空间处理得十分特别，丢掉了理性主义转向神秘主义。柯布西耶将教堂作为人与上帝对话的地方，把教堂当作“形式领域里的声学元件”来设计。

这以后柯布西耶为印度昌迪加尔作了城市规划，并且设计了市政中心的几座政府建筑。

勒·柯布西耶一生建筑成果丰硕。从20世纪20年代《走向新建筑》一书发表，他就是一个坚定的建筑改革派，他的早期作品的理性主义和功能主义的风格，表现的是新时代的精神；二战后的作品则带有浓厚的浪漫主义和神秘主义倾向，表现出了他重视建筑风格的特点。

13.2.4 密斯·凡·德·罗

密斯·凡·德·罗(Mies Van der Rohe，1886～1969年)出生于德国亚琛一个石匠家，19岁开始接触建筑。1909年，密斯进入贝伦斯事务所工作。第一次世界大战后的德国，建筑思潮很活跃，密斯也投入了建筑思想的争论和新建筑方案的探讨之中。

李卜克内西和卢森堡的纪念碑(Wilhelm Liebknecht，1926年，图13-14)，德国共产党领袖李卜克内西和卢森堡的纪念碑的设计是一座由砖墙体组成的纪念碑，采用了立体的构图手法，象征着共产党人如铜墙铁壁，巍然屹立。凸凹中有些立体主义的构图手法，给人一种巍巍壮观的感觉，后来被法西斯拆毁。

图13-14 李卜克内西和卢森堡的纪念碑

1928年，密斯提出“少就是多”的建筑处理原则。所谓少是指精简，多意喻为完善永恒。

巴塞罗那世界博览会德国馆(Barcelona Pavilion，1929年，图13-15、图13-16)，1929年，密斯设计了巴塞罗那世界博览会德国馆。建筑物为钢结构，屋面用八根十字形断面钢柱所支撑，墙不承重，按展出流线与空间效果来布置。隔墙分割很随意，但设计很精心，室内外空间相互贯通。结合馆内水池旁的雕像，一个流动的建筑空间展现在观众们的面前。这座建筑形体处理简洁，没有附加装饰，建筑材料特色突出，色彩、质感运用得当，使建筑本身成为展品之一。

图13-15 巴塞罗那世界博览会德国馆

图13-16 巴塞罗那世界博览会德国馆内景

图根德哈特住宅(Tugendhat House，Brno，1930 年，图 13-17)，1930 年建成的图根德哈特住宅是密斯的又一名作。在起居室的设计中能看到巴塞罗那展览馆的空间特点，流动的空间打破了墙的界限，使室内外浑然一体。

同年，密斯出任“包豪斯”的校长。

1937 年，密斯被聘为美国伊利诺伊工学院建筑系主任，从事建筑教育工作。

到达美国后，他参加了伊利诺工学院的规划设计，并设计了伊利诺伊工学院建筑馆(图 13-18)。

伊利诺伊工学院克朗楼(S. R. Crown Hall，IIT Illinois Institute of Technology ，1956 年，在该建筑中，密斯采用了他善用的钢结构和玻璃等建筑材料作建筑主材，馆内是没有柱子和承重墙的大空间，钢梁突出在屋面之上，围护结构以大玻璃为主，材料较为单一，造型简洁明快。这以后，取消建筑内部隔墙和柱，用一个很大的空间布置不同的活动内容，建材采用钢材和玻璃，便成了密斯建筑设计的特色，也给 20 世纪 50 年代的美国掀起了采用玻璃、钢来建筑的热潮。

图 13-17 图根德哈特住宅

图 13-18 伊利诺伊工学院建筑馆

在 1950 年建成的范斯沃斯住宅便成了密斯玻璃和钢设计风格的最好体现，同时这座玻璃盒子也引起了非议。

西格拉姆大厦(Seagram Building，1954～1958 年，图 13-19)，是密斯所设计的高层建筑中最有代表性的建筑之一。这座 38 层高的大楼柱网整齐一致，立面窗子划分相同，方格子的立面直上直下，外形极为简单。古铜色的金属划分，加上建筑前的花岗石小广场，使建筑物具有古建筑的气息。

图 13-19 西格拉姆大厦

20 世纪 60 年代，密斯应邀为前西柏林设计新的国家美术馆，1968 年落成。美术馆为两层的正方形建筑，一层在地面，一层在地下。地面上的展览大厅四周都是玻璃墙，面积为 54m×54m。上面是钢的平屋顶，每边长 64.8m。整个屋顶由 8 根大型钢柱支撑，柱高 8.4m，断面是十字形的，每边两个。

美术馆的地面层只作临时性展览之用，主要美术品陈列在地下层中，其他服务设施也在地下。这座美术馆的建成，使钢与玻璃的纯净建筑发展到了顶峰。

密斯·凡·德·罗作为第一代大师留给后人的建筑成果是丰富的。他长期探索钢结构和玻璃两种建筑材料，注重发挥这两种材料在建筑艺术造型中的特性和表现力。他对实用功能不太注意，引起人们的异议，但他抓住了钢结构和玻璃，抓住了建筑材料发展的趋势，所以，他的影响很大。总之，密斯是一个对现代建筑生产广泛影响的具有独特风格的建筑大师。

13.2.5 赖特

赖特(Frank Lloyd Wright，1869～1959年)是20世纪美国的一位重要的建筑师。他出生在美国威斯康星州，大学中学习土木工程，后从事建筑设计。赖特的建筑设计开始是以中、小资产阶级为对象的住宅别墅设计。他的早期别墅设计吸收了美国民间建筑的特点，结合美国中西部地广人稀的现状，创造出了独特的处理手法，称之为“草原式”住宅。

拉金公司大楼(Larkin Building，1904年，图13-20)，1904年赖特设计了纽约州布法罗市的拉金公司大楼，这是一座砖墙面的多层办公楼，设计摒弃了传统构图的手法，清水砖墙的墙面装饰很少，室内设有采光井，手法较为新颖。

图13-20 拉金公司大楼

1915年赖特设计了日本东京的帝国饭店。这个设计融合了东西方的文化、风格，且结构设计较为成功，受到各界的好评。这以后赖特的声誉在欧亚地区很高，甚至超过了在美国。

赖特特别偏爱大自然，结合大自然创造建筑往往灵感迭出，灵活多样，无所拘束，佳作不断。1936年，他设计的“流水别墅”，便是他的建筑风格的杰出代表。

流水别墅(Fallingwater，1936年，图13-21)，这座别墅是为富豪考夫曼设计的。赖特亲自到现场选址，选中一条小溪逐级跌落，四周树木茂密的地方。赖特设计的巧妙之处在于，建筑物不是毗邻小溪，而是自然地跨越在一条小瀑布上。房屋与岩石、水面、树丛结合自然，毫无做作之感。建筑分为三层，钢筋混凝土结构。第一层直接临水，设有起居室、餐室、厨房，起居室阳台有梯子直达水面，阳台是横向的；第二层是卧室，挑出的阳台纵向地覆在下面的阳台之上；第三层也是卧室，每个卧室都有阳台。

图13-21 流水别墅

室内的隔墙有的地方用石墙，也有用玻璃的。起居室平面形状的直角凸凹，使室内不用屏风而形成了几个既分又合的部分。部分墙面用同外墙一样的粗石片砌筑，壁炉前的地面是一大块磨光的天然岩石(图 13-22)。

建筑物的立面最具特点，粗犷的竖向石墙与白色光洁的横墙形成强烈对比。各层的悬挑水平阳台前后纵横交错，垂直向的粗石烟囱高出屋面，使整个构图非常完整、均衡。

建筑物结合自然，融于自然。流水别墅给人回味无穷的魅力还在于它与周围自然环境的密切结合。它的形体变化比较大，与山、形、山石、树丛、流水关系密切，互相渗透。设计一方面把室外的天然景色引入室内，另一方面又使建筑空间穿插在大自然之中，建筑与自然互不对立，相互补充，真不知道是建筑为自然而建，还是自然为建筑而生。

约翰逊制蜡公司总部办公楼(Johnson Wax Hdqtrs ，1936 年，图 13-23)，1936 年赖特为约翰逊制蜡公司设计了总部办公楼。办公大厅 69m×69m，纵横排列的柱子做成蘑菇形，格外引人注目。蘑菇顶的空隙，铺上了玻璃管，自然光弥漫大厅。这座建筑设计手法新奇，构思独特，仿佛是未来世界的建筑。

图 13-22　流水别墅内景

图 13-23　约翰逊制蜡公司总部办公楼

1943 年，收藏家古根海姆委托赖特设计一座收藏艺术品的博物馆，地点在纽约市的第五街上。

古根海姆博物馆(Solomon R. Guggenheim Museum，1943 年，图 13-24)，占地面积 50m×70m，主要建筑部分是一个很大的螺旋形建筑，里面是一个高约 30m 的圆筒形的空间，周围有盘旋而上的螺旋形坡道，美术作品沿坡道陈列，观众循坡道观看展品。此设计弥补了多层展览馆在展出中层层为交通厅所间断的缺陷，获得了连续不断的展出墙面。但是这要解决好斜坡的倾斜度与展品的关系。整个大厅靠玻璃圆顶采光。博物馆的办公部分放在另一个体量较小的圆形建筑中，同展览建筑并联在一起。圆形建筑是赖特一直想尝试的设计形式，在这里，赖特终于实现了。但博物馆直到 1959 年 10 月才建成，开幕时，赖特已经去世了。

图 13-24　古根海姆博物馆

建筑大师赖特一生建筑思想活跃，设计手法灵活，善于运用材料，能够创造同大自然融合一体或形体独特的作品。他给自己的建筑起了一个富有哲理的名字——“有机建筑”。赖特的解释是：有机表示是内在的哲学意义上的整体性。有机建筑是一种由内在而外的建筑，它的目标是整体性。“有机建筑”便是那按着事物内在的自然本性创造出来的建筑。

纵观赖特的建筑作品，可以看到他是非常注意建筑整体性的。他的建筑往往与自然景色密切相连，彼此相互交错，形成一种不可分割的整体感。其次，赖特重视空间设计，但他的重点不在建筑的使用功能上，而是比较强调它的造型效果。再次，赖特善于利用材料的性能去设计建筑。在他的作品中，各种不同的材料丰富的色彩、纹理和质感，均得以充分地表现，它们为建筑的整体性起到非常重要的作用。

13.3 两次世界大战之间的主要建筑活动

第一次世界大战以后，欧洲各国都面临着住房短缺问题。当时在英国和德国居住在城市而无家可归者约达百万户以上。所以，住宅建筑就成为突出的问题，尤以大量的普通住宅居多。在20世纪30年代以后，独建的高质量花园住宅越来越多了起来。

在住宅设计与施工方面做得比较好的首推德国。它利用原来工业生产与科技的实力，积极推进住宅建筑。具体的实施方案是：通过总体布局上的规划使人们拥有享受阳光和空气的权利；通过内部空间的合理组合来提高空间使用率：通过采用新的材料与新技术来降低建筑造价；通过自身而不是外加装饰来形成悦目的建筑形体。

德国从城市规划到建筑内部空间布局积极探索，勇于实践，提出了包括建筑阳台、壁橱、家具、厨房和浴室等的革新改进方案，并尝试使用新材料、新结构。1927年由德意志制造联盟主办的住宅展览会在斯图加特展出，使住宅建设达到了一个高潮，会上确定了居住建筑的方向。

在住宅建筑发展到一定程度时，一些中产阶级也开始积极为自己营造私人别墅，它们的规模、形式随着业主的差异不同而各异。当时这也包括了设计者的设计意图及表达艺术的方式。20世纪30年代后的十多年里，一批非常有艺术表现力的别墅建筑不断出现，如德国格罗皮乌斯在德绍为他自己设计的住宅，勒·柯布西耶的萨伏伊别墅，密斯的图根德哈特住宅及赖特的流水别墅等。

大工业的生产使得工业厂房要有足够的空间，这样可以集中设备，自由调整装备，变换工艺过程等。早期的工业建筑较为理性主义，认为工业建筑既为生产的一部分，它的艺术以表现高效能为目的，应该把厂房造得像机器一样。随着建筑理论的发展，在20世纪30年代以后，认为工业建筑应体现功能并以促成这些功能的物质技术为表现，但在建筑的个体与群体的构图上组合上应作美的推敲。在这种建筑中有荷兰鹿特丹的凡纳尔烟草厂和瑞典斯德哥尔摩近郊的路马灯泡厂。

在公共建筑方面，由于牵涉面比较广，很难将其完全概括，但其中的市政厅、学校、图书馆建筑还是颇有发展。

市政厅一般位于城市的中心，是城市外交与社交活动的中心。但随着社会的发展，其社交活动中心的地位开始动摇。原来的传统布局有些落伍，但由于它在城市中的精神地位很高，所以它的设计比一般建筑要来得保守。这时兴建的市政厅如荷兰希尔佛苏姆市政厅，瑞典的斯德哥尔摩市政厅，后者在造型中采用了折中主义的手法。

20世纪20年代以后的图书馆，在如何满足新的功能要求方面有了很大的提高。现代图书馆活动比较多样，使图书馆成为一种功能复杂的建筑物。瑞典斯德哥尔摩的市立图书馆，功能处理较为合理，但造型比较生硬。英国剑桥大学图书馆是一个讲究对称布局的建筑，但解决大量藏书问题却没有什么好办法。

学校建筑则以包豪斯校舍为这一时期的典型代表，设计者格罗皮乌斯将功能、材料等多方面灵活运用，为学校建筑的设计带来了深远的影响。

摩天大楼在这个时期中蓬勃发展。芝加哥学派的成立为美国的高层建筑发展创造了良好的条件。这时的摩天楼形体呈塔形，垂直向上的线条是构图的主要特征。20世纪30年代以后，随着悬臂楼板的应用，促成了层层叠叠的以水平向带形窗为特征的水平向构图。

思　考　题

1. 试述一战前后的建筑思潮。
2. 举例说明格罗皮乌斯的建筑思想及风格。
3. 举例说明勒·柯布西耶的建筑思想及风格。
4. 举例说明密斯·凡·德·罗的建筑思想及风格。
5. 举例说明赖特的建筑思想及风格。

第 14 章　20 世纪 40～70 年代建筑活动与建筑思潮

第二次世界大战结束于 1945 年。在这之后的发展过程中，建筑的发展是多方面的。建筑材料工业、建筑设备工业、建筑机械工业与建筑运输工业的不断发展，带动了许多国家经济。如美国就把建筑工业列为国家经济的三大支柱之一。另一方面，二战后国外的建筑活动和建筑思潮也非常活跃，现代建筑的设计原则得以普及，各种建筑思潮五花八门，建筑设计的理念呈现出多元化的趋势。

14.1　战后各国建筑概况

第二次世界大战持续 7 年时间。7 年的战争给世界各国人民带来了灾难，战争的结束意味着重建家园的建设开始。在此后的三四十年中，各国大力发展经济，从而带动了建筑业的迅猛发展。这其中，美国成为资本主义国家经济发展的带头人，建筑业也成为本国的支柱产业；西欧各国建筑现代化发展非常迅速；日本则由一个战败国发展成为一个经济大国，其现代建筑也不断崛起，为建筑业的发展作出了贡献。

第二次世界大战后，各国的发展不论在经济上还是建筑上步伐都是很大的，建筑材料和科学技术的发展带动了建筑业的发展，同时也为建筑思想的活跃开阔了空间。当然，这种发展也不是平衡的，它大致可分为三个阶段：一是 20 世纪 40 年代后半期的恢复时期；二是 20 世纪 50 年代到 70 年代后半期，这时期一些发达国家建筑发展空前兴旺，第三世界国家包括中国则是发展时期；三是 20 世纪 70 年代中期至今，这时期发达国家建筑平稳发展，发展中国家尤其亚洲国家建筑发展进入兴旺时期。

14.1.1　西欧

战后初期的恢复阶段，是以重建被战争破坏的城镇开始的。许多国家开始着手各城市的规划及建筑设计工作，在这方面，尤以英国与荷兰做得比较出色。在英国，城市人口膨胀严重，控制大城市的人口问题成了当务之急。因此，英国作了大量的卫星城镇的规划，卫星城镇以工业的重新分布来解决大城市无限膨胀的问题。它与大城市的关系有独立式的，如英国伦敦周围的 8 个，其中以哈罗新镇最为著名；也有半独立式的，如瑞典斯德哥尔摩附近的凡林贝。卫星城镇的规划实施，在世界各国影响较大，很多国家包括中国予以效仿。在建筑设计方面，以英国青年建筑师史密森夫妇(A and P. Smithson)为代表的新粗野主义和 20 世纪 60 年代以柯克(Peter Cook)为代表的阿基格拉姆派对建筑设计影响较大。前者以钢或钢筋混凝土营建巨型结构，后者提出未来乌托邦城市的设想。面对日益严重的交通堵塞问题，英国建造架空的“新陆地”。“新陆地”的上面是房屋，下面是机动车交通等，这样的设计已被应用到一些大型的建筑群中，如伦敦的南岸艺术中心。另外，英国作为一个工业发展较早的国家，在建筑工业化方面，如钢筋混凝土墙板系统；在建筑材料的开发方面，如抗碱玻璃的研制成功，都在当时居世界领先地位。

法国在二次大战期间，也遭受到很大的损失，但它在战后经济恢复是比较快的，随后其建筑活动也相当活跃。在巴黎，为限制城市无限的膨胀，在巴黎四郊建设了 5 个卫星城镇，目前都已形成相当的规模，如在巴黎西郊的德方斯卫星城。

德方斯卫星城(The Grand Arch of da Defence，1958～1964 年，图 14-1)，该城从 1958 年开始到 1964 年完成规划，新的城市面貌建筑风格同巴黎老区截然不同，它有最先进的技术设施，高层和超高层建筑林立，全城有完善的交通组织系统，整个城市分区明确，井然有序。在建筑设计方面，战后“现代建筑”派取代了学院派成为法国的主要风格。现代建筑大师勒·柯布西耶的一些建筑设计思想及建筑作品，如马赛公寓、朗香教堂都给法国建筑界以深刻影响，尤其对青年建筑师影响颇大。在建筑工业化体系上，法国大力发展大板建筑，技术比较成熟。战后法国需要大量建造住宅，为了快速建设，减少投资，所以早在 1948 年即开始应用大板结构体系。在 20 世纪 60 年代末，法国又以大模板现浇工艺代替了预制大板建筑体系。法国在建筑技术上也不断创新，壳体结构方面处于领先地位，如在 1958 年建成的巴黎西郊国立工业技术中心陈列大厅，采用了三角形壳体结构，整个大厅覆盖面积达 9 万 m^2，采用了预制双曲薄壳，至今仍然是世界上跨度最大的壳体结构。法国在高层建筑方面也走在欧洲前列，如 1973 年在巴黎建成的曼思·蒙帕纳斯大厦高 229m，地上 58 层，地下 6 层，总建筑面积为 11.6 万 m^2。

图 14 1　德方斯卫星城大门

蓬皮杜国家艺术与文化中心(Le Centre Nationale d'art et de Culture Georges Pompidou，1972～1977 年，图 14-2)，设计者为 Renzo Piano、Richard Rogers 与 Gianfranco Franchini。这座通过设计方案竞赛建成的文化中心占地 7500m^2，建筑面积共 10 万 m^2，地上 6 层，建筑物最大的特色，就是外露的钢骨结构以及复杂的管线，并且根据不同功能分别漆上红、黄、蓝、绿、白等颜色。使这座现代化的建筑外观看上去极像一座工厂。

图 14-2　蓬皮杜国家艺术与文化中心

德国在第二次世界大战中损失最为严重，战争期间，约有500万户住宅被破坏。战后德国的经济恢复很快，1970年时位于美、日后居第三位。战后德国首先着手住宅建设，建筑设计以现代建筑为主要潮流，受现代建筑师巴特宁(O. Bartning)、夏隆(H. Schatoun)等一些人的影响，德国的建筑趋向现代化，出现了不少具有国际水平的现代建筑。如在柏林的爱乐音乐厅、在斯图加特的罗密欧与朱丽叶公寓、柏林国际会议大厦等建筑。

柏林爱乐音乐厅(1956～1963年，图14-3)，设计者为夏隆，整个建筑物的内外形都极不规则，整个外形由内部的空间形状决定，周围墙体曲折多变，而大弧度的屋顶让人联想起游牧民族的帐篷。

此外，德国在建筑材料方面，尤其在预应力轻骨料混凝土、玻璃纤维水泥、保温墙板等方面取得的成果引起世界建筑界的广泛重视。德国在空间网架结构的理论研究与应用上也取得了很大的成就，如杜塞尔多夫新博览会的展览大厅，采用了庞大的空间网架结构，其空间面积达122600m²，位居世界前列。

意大利在二次大战中的损失要比德国轻一些，加上原来的工业基础比较好，到1970年其工业总产值已上升到世界的第七位。

意大利的战后重建也是从住宅建筑入手的，住宅以多层为主，20世纪60年代以前的住宅以解困为主，20世纪70年代以后，住宅建设质量有了明显的提高。意大利是一个文明古国，其建筑风格也是多样的，在继承古典建筑的传统的同时，现代建筑风格也给予它很大影响。意大利在近现代曾创作了不少享有盛名的建筑。如1950年建造的都灵展览馆，这是一座波形装配式薄壳屋顶。米兰体育馆为圆形双曲抛物面鞍形屋面，其直径140m，为当时世界第一。另外，罗马火车站候车大厅也都是技术和艺术有机结合的成功作品。

意大利还是较早发展高层建筑的国家，在20世纪50年代就已出现了高层建筑，如1958年建成的皮瑞利大厦。

皮瑞利大厦(Pirelli Tower，1958年，图14-4)，设计师是奈尔维(Pier Luigi Nervi)，庞蒂(Gio Ponti)，平面为梭形，结构采用四排钢筋混凝土墙，因其结构体系的特殊而享有盛名。

图14-3 柏林爱乐音乐厅

图14-4 皮瑞利大厦

1957年建成的罗马小体育馆，其网格穹隆薄壳屋顶也是享誉国际的杰作。

14.1.2 美国

从1890年起，美国一直保持世界头号经济强国的称号。在20世纪以来，美国参与了两次世界大战，但在两次世界大战中都没有受到什么损失，而且还在一战中大发战争财，使其经济实力猛增。美国的建筑业也随着经济状况的上升而上升，其建筑业的生产总值已成为美国经济的三大支柱之一。在二战后，美国无论在建筑理论探索或建筑科学的研究等诸多建筑领域，都处于世界领先水平，这一切都与它坚实的经济基础与先进的科学技术分不开的。

由于没有受到战争的破坏，美国在居住建筑方面可以有选择地对多种建筑类型进行探索。居住建筑中有低、多、高层多种层数。住宅标准有低标准的活动房屋，也有豪华的别墅花园。随着私人汽车的普及，美国的郊区住宅建筑在 20 世纪 60 年代极为兴旺，这样可以解决城市中心过度拥挤环境污染的现状。在美国的大城市周围也搞过卫星城镇的建设，其特点是：建筑密度小，绿化空地多，建筑层数低，休闲场所多，生产性建筑少，适合富人居住。所以，美国的卫星城镇并不是为了控制人口膨胀、合理分布工业而设，它是为了满足富裕阶层消闲舒适生活而建设的。如位于华盛顿市以南 29km 的雷士顿新城。全城人口 7.5 万人，建成于 1980 年，城市有高速公路通过，高层旅馆，花园别墅，大片绿地，大型公共活动场所，生活条件相当完善，但这为少数人服务的城镇很难减轻华盛顿的人口压力。总之，美国在卫星城镇的建设方面并不成功。尽管这些新城条件很好、很美，但是起不到卫星城镇应有的作用，后来有的新城竟因居民过少，或因工厂不愿迁入而停止发展。自二战以后，美国一共兴建了 13 个新城，到 20 世纪 70 年代末只有 6 个新城较为成功。

发展高层建筑是美国战后建筑的一大特征。美国是高层建筑发源地，所以美国的高层建筑到处都是，这既节约土地又可炫耀财富。通过多年的实践，无论从建筑造型艺术、结构体系的变革，施工技术现代化等一系列领域，美国都居世界领先地位。美国的高层建筑到 20 世纪 70 年代中期达到顶峰，如 1968 年建成的 100 层、高 373m 的芝加哥汉考克大厦，1973 年建成的 110 层、高 411m 的纽约世界贸易中心(现已被毁)，1974 年建成的 110 层、高 443m 的芝加哥西尔斯大厦。钢筋混凝土结构造价低，防火性能好，在 1976 年建成的芝加哥水塔广场大厦，76 层，高 260m，是世界最高的钢筋混凝土建筑物。

联合国总部大楼(United Nations headquarters，1947～1952 年，图 14-5)，主任设计师由美国建筑师沃利斯·哈里森担任，是联合国总部所在地，在美国纽约东曼哈顿区，主要建筑物由大会场大楼、秘书处大楼和哈马舍图书馆三部分组成，秘书处大楼为大厦的主体建筑物，楼高 153.9m，共 39 层，立面为大片玻璃围护墙，大会场则是每年的联合国大会举办的地点。

图 14-5　联合国总部大楼

美国的建筑发展和建筑设计的不断探索息息相关。早在 19 世纪 70 年代，美国就出现了芝加哥学派，并为美国的现代建筑奠定了基础。首先它突出了功能在建筑中的地位，探讨了新技术在高层建筑中的应用，为美国高层建筑的发展开辟了新纪元。一些建筑大师也对美国的现代建筑发展有很大影响。如赖特、密斯、格罗皮乌斯等都在美国大学任教，或在美国从事建筑设计。此外，法国的勒·柯布西耶、芬兰的阿尔托和瑞士的吉迪安等也经常到美国讲学，这样也就奠定了欧洲的现代建筑派理论在美国的根基，从而逐渐形成了美国的现代建筑。20 世纪 50 年代以后，美国在现代派建筑基础上，出现了多种倾向，如雅典主义倾向，讲究技术精美的倾向，以及追求个性、注重理性、突出科技等倾向，并将这些建筑思潮影响到欧洲。到 20 世纪 70 年代以后，美国的建筑思潮已转入到多元化时期，尤以后现代主义建筑在美国的影响最大，后又流行折中主义思潮。总之，美国作为一个多民族、多文化的国家，各种建筑思潮同时流行也就不足为怪了。

14.1.3 日本

第二次世界大战使日本的经济遭到重创。但经过十几年的恢复，到 20 世纪 60 年代，不论是工业生产还是科学技术都迅速发展，工业产值以 13%的增长率逐年增长。现在的日本是除美国外的第二号经济强国。

二战后，日本首要解决的问题便是住房问题，当时的日本缺房户达 420 万户。在 1945 年战争结束后，日本政府便立即着手建造简易住宅 30 万户，以应急用。此后的 10 年间，住宅建设速度不快，直到 1955 年才开始了大规模的建设。20 世纪 60～70 年代的 10 年是日本经济大发展时期，建筑业也随之相应高速发展，其每年的住宅建筑量已达 100 万户。1980 年国家制定了最低居住水平和平均居住水平，规定最低限度每户建筑面积为 $59m^2$。此外，日本的住宅建设已全面走上工业化的道路，大为发展钢筋混凝土和预应力钢筋混凝土装配式结构体系，积极应用新型建筑材料，推行工业化生产等。

广岛和平纪念公园(Hiroshima Peace Memorial，1949 年，图 14-6)二战期间广岛市被原子弹破坏，为了纪念死难者和制止战争，决定在爆炸位置建筑和平中心。由丹下健三设计的原爆慰灵纪念碑和两层楼纪念馆，这个马鞍形纪念碑位于和平之池尽端。

图 14-6 广岛和平纪念公园原爆慰灵纪念碑

1954 年恢复日中友好后，在藤泽市建造了中国作曲家聂耳的纪念碑，设计者是山口文象，纪念碑造型平稳，象征着作曲家与人民融为一体。

日本城市人口增长很快，人口密度大，地价昂贵，所以日本大城市除向外部扩大外，只能向高空或地下发展。在 20 世纪 60 年代以后，日本的大型公共建筑、商业建筑、体育建筑、高层建筑等类型都有突出的发展，建筑的新结构与新技术的应用也取得了相当的成就。大型的商业建筑一般设计成多功能，把办公、旅馆、影剧院、停车场等结合在一起。大厦常和露天广场一起布置，为人们提供户外的休息场所，如东京新宿区的住友银行三角广场、三井大厦广场等。日本的商业建筑中，地下商业街所占的比重也很大，有的地下商业街规模很大，犹如地下城镇一般，如 1966 年建成的东京八重洲地下商业街，其面积达 $68468m^2$。

日本虽是东方国家，但受西方影响较大，西方的建筑思想也渗透进来。总的看来，日本战后的建筑发展，一直走着现代化建筑的道路，但在建筑创作与继承传统方面也出现争论。如日本建筑师丹下健三、武基雄等主张立足自身，发扬本国建筑传统；另一派是以前川国男、吉阪隆正等为代表的西洋派，他们多数留学欧美，主张全面继承西方建筑理论。

但在 20 世纪 60 年以黑川纪章为代表的青年建筑师则选择了另一条道路。他们吸收西方建筑理论的精髓，结合日本建筑的特点，走一条传统建筑与现代建筑相结合的道路。除探讨建筑理论问题外，他们还创作了不少很负盛名的建筑作品。

东京代代木国立室内综合体育馆（National Gymnasiums For Tokyo Olympics，1964 年，图 14-7），设计师丹下健三（Kenzo Tange），采用了先进的悬索结构，但建筑造型都有很浓郁的日本乡土风格，这真是一次现代与传统的有机结合，且是一个极富个性的综合体育馆。

日本的文化建筑很注意结合日本传统手法。如 1961 年建成的京都文化会馆和东京文化会馆，设计者是前川国男。1963 年由大谷幸夫设计的国立京都国际会馆，造型近似传统神社叉形架，既象征国际合作，又具有耐震稳定作用。

随着日本建筑技术的发展，20 世纪 60 年代后日本开始发展高层建筑，1968 年东京三井霞关大厦高 36 层，首次突破 30 层高度。1970 年建成高 47 层的东京新宿京王广场旅馆，1974 年的建成高 52 层的东京新宿住友大厦，同时竣工的还有 55 层高的新宿三井大厦。

日本筑波中心广场（Tsukuba Center Building，1983 年，图 14-8）设计师为矶崎新（Arata Isozaki），筑波中心广场是筑波科学城一个有机组成部分，科学城位于东京以外的一个新城市开发区。这个城区的城市空间与建筑是一个统一的综合体。

图 14-7　东京代代木国立室内综合体育馆

图 14-8　日本筑波中心广场

总之，日本的建筑发展同其经济发展一样，非常快速。在建筑设计思想等方面受西方影响较大，同时也有不少建筑师结合本民族传统文化手法在新建筑上应用。

14.1.4　前苏联

第二次世界大战后，前苏联开始在战争废区上重建家园。早在 20 世纪 30 年代初，前苏联就提出了“社会主义现实主义”的创作方针，并在二战后也把这个方针作为建筑方针的主导思想。前苏联提出的“社会主义现实主义”是指：“在建筑领域内，社会主义就意味着建筑的思想性与艺术形象真实性的结合，应当最充分地符合每个建筑物的技术、文化、生活要求，符合最高的经济性与建筑施工技术的完善性。”主张建筑形式的审美价值与实用价值的统一，反对形式主义，反对脱离实际盲目追求形式，一切都要从实际出发。

二战后初期，前苏联只片面强调重工业，对住宅建筑不重视，矛盾较突出。到20世纪60年代初，认识到了问题的严重性，并且开始了大规模的住宅建设，每年建设约1亿m^2，到20世纪70年代末，人均居住水平已达7.14m^2。在住宅建设中，大力推行大型预制构件，实行住宅建筑工业化。总之，前苏联住宅建设尽管起步较晚，但是其建设速度与数量还是相当可观的。

前苏联在20世纪50年代开始建造高层建筑。1950年兴建了第一批高层建筑，其中包括26层的莫斯科大学和斯摩棱斯克广场上的高层行政大楼。

莫斯科大学主楼(Moscow State University，1953年，图14-9)，是莫斯科市极具代表性的高层建筑物之一。36层的主楼包括55m的尖顶在内，总高240m，顶端是五角星徽标，两侧为18层的副楼。

斯摩棱斯克广场上的高层行政大楼(noinclude，图14-10)，该大厦同莫斯科大学主楼同属水平五段划分，垂直三段划分，典型的前苏联建筑。立面多以垂直线条为主，神似哥特风格，建筑高耸、挺拔。

图14-9 莫斯科大学主楼

图14-10 斯摩棱斯克广场的高层行政大楼

20世纪70年代初，前苏联在莫斯科加里宁大街规划兴建了一批高层建筑，其造型是现代建筑风格的。前苏联一直重视纪念性建筑物的建设，二战后，一批纪念二战胜利、怀念英雄的纪念性建筑遍及全国各地，而且构思新颖，寓意深远。

14.1.5 巴西

在巴西，由于工业基础较差，建筑技术相对落后，在设计中主要追求一些形体变化和局部构件的变化。到20世纪50年代，以尼迈耶尔为代表的建筑师，领导着拉丁美洲现代主义建筑的实践。具体表现在巴西教育卫生部大楼和纽约世界博览会巴西馆等重要建筑的设计工作。并在1956～1961年完成了巴西利亚的建设工作，建成了三权广场、总统府、巴西国会大厦、大教堂、巴西利亚宫等主要建筑，从城市规划到建筑设计都出现了一批影响世界的作品。

巴西国会大厦(Brazilian Parliament，1956～1961年，图14-11)，印象比较深的有巴西国会大厦的建筑，其高度经法定为全市最高的建筑，在城市规划上要求任何建筑都不得超过其高度。设计简洁，双塔相连，左右两个碗形会议厅的屋顶，一个向上，一个向下，意味着民意上传和政府的决议下达。

图14-11　巴西国会大厦

14.2　战后各国建筑工业化的发展

自第二次世界大战以后，随着整个科学的发展以及工业技术的不断前进，人们对物质和文化生活的不断提高，相应的对于建筑科学提出了更新、更高、更广的要求。建筑工业化问题就是各国亟待解决的建筑发展问题之一。由于许多国家遭到战争的破坏，因而住房极度困难，此外随着各国经济建设的发展，城市人口猛增，住房就更成为一个急需解决的大问题。为了加快建设速度，减轻劳动强度，节约投资，只有走建筑工业化的道路。

建筑工业化的发展，首先得益于新型建筑材料的研制与发展。这样不但可以节约地球上的材料资源，还拓宽了建筑工业化应用范围。如合成材料塑料、合成树脂、铝合金、玻璃等的生产及应用，高强混凝土、轻骨料混凝土、纤维混凝土等的研制与应用，都大大地促进了建筑工业化的发展。纵观各国的建筑工业化方法，基本有以下几种。

14.2.1　发展预制装配式结构建筑

预制装配式结构建筑的特点是将建筑主要构件在工厂加工制作，然后达到现场进行装配，如大板建筑。大板建筑是住宅建筑工业的主要发展趋势，许多国家都推广这种建筑体系。在前苏联，大板住宅建筑占57%左右，法国的大板建筑技术也比较成熟，而且采用大板建造高层建筑。大板建筑是建筑围护材料采用预制混凝土墙板，为了适应高层建筑，有的国家又采用了预应力钢筋混凝土作骨架，然后再挂夹有泡沫的镀锌薄钢板或铝板的预制墙板作围护结构。这种板式体系与常用的梁、板、柱结构体系相比，具有很多优点，如空间整体刚度大，抗震性能好，构件类型少，施工简便，经济效果明显等。第一个主要用预制混凝土外墙板的大型建筑物是20世纪50年代柯布西耶设计的马赛公寓、英国的哈爱特公寓(1961年)大板建筑更加简化了构件及装配，使造型更加简洁，为英国的大板建筑起到了示范作用。

盒子结构建筑也是预制装配式结构采用的方法之一，它是近几十年来新发展出来的一种独特建筑形式，也是当今装配式程度最高的一种建筑形式。它与大板建筑相比更为先进，它是把一个房间连同设备装修，按照定型模式，在工厂中依照盒子形式完全做好，然后运送到现场一次吊装完毕。它属于一种立面预制构件，其工厂预制程度可达70%～80%，施工现场的工作只需吊装，这样施工周期可大大缩短。此外，盒子建筑在节约用料上，比其他类型建筑都要节省；与传统建筑相比它还有自重轻的特点，所以盒子建筑也是一个很有发展前途的建筑工业化方法之一。

14.2.2 发展工业化建造体系

通过20世纪50年代以后十几年的发展，各国将工厂预制构件和施工现场有效地结合起来，形成最理想的施工方式，从而形成了各自完整的建造体系。这些体系从专用到通用体系发展，使建筑工业化程度越来越高。在英国有轻钢构架CLASP学校建造体系。在美国有SCSD学校建造体系、Techcrete住宅体系，法国有凯默斯(Camus)住宅体系，都是经过多年研究，发展起来的严密的建筑体系。

14.3 高层及大跨度建筑

高层及大跨度建筑的发展和一个国家的经济、科学技术水平等有直接的关系。如果没有先进的物质、技术手段作保证，是不可能发展高层建筑的。在一些国家里，为了应付日益上涨的土地成本，积极发展高层建筑或超高层建筑，同时开展大跨度建筑的研究和设计，从而也加快了高层及大跨度建筑的发展。

14.3.1 高层建筑发展简介

高层建筑最早出现是在19世纪末，但得到广泛推广与发展是在本世纪，尤其是在二战之后。这是由于二战后，在一些资本主义国家里，城市人口高度集中，如纽约、芝加哥、东京、香港、新加坡等城市用地十分紧张，地价昂贵。在有限的土地上能最大限度地增加使用面积，可以解决住房缺乏以及城市规划等一系列问题；发展高层建筑还可以扩大市区空地，有利城市绿化，改善环境卫生；在建筑群布局上，可以改善城市面貌，丰富城市景观。特别是现代建筑结构、材料及施工技术的发展，电子计算机的应用等，为高层建筑的发展提供了物质及科学基础。

高层建筑发展到目前为止有100多年的历史。纵观高层建筑的发展历史，可以看到垂直交通问题的解决与否，左右着高层建筑的发展。19世纪中叶以前，欧美城市的建筑都在6层以内，随着1853年奥蒂斯在美国发明载重升降机后，高层建筑的发展才有了质的飞跃。这以后的高层建筑的发展大致分为二个阶段：

第一阶段：从19世纪中叶到20世纪中叶，由于电梯的发明使用，城市高层建筑不断出现。19世纪末，在美国有建筑29层，118m高；到1913年，纽约建成了渥尔华斯大厦，57层，高234m；到1931年，纽约帝国大厦建成，102层，高380m。

第二阶段：20世纪中叶以后，资本主义国家的经济逐渐好转，在建筑结构中已发展出一系列的先进结构体系，使高层建筑的发展又出现了高潮，在20世纪六七十年代的美国，高层建筑相当普遍，从40～60层到100层以上，高度不断增加。在近20年左右，随着亚、非经济的发展，在这些国家高层建筑的发展同样也很快。

14.3.2 高层建筑的划分

1972年国际高层建筑会议规定，高层建筑的划分一般以层数多少划分为四类：

第一类高层：9～16层(最高到50m)；

第二类高层：17～25层(最高到70m)；

第三类高层：26～40 层(最高到 100m)；

第四类高层：超高层建筑，40 层以上(100m 以上)。

国际会议的规定具有普遍的意义，但不少国家都有自己的划分，如美国的高层定为 30～40层，在欧洲 20 层即定为高层。

高层建筑在各国的发展，由于世界各国的经济实力不平衡，以及对高层建筑的认识有差异，所有各国发展高层建筑的政策也不尽相同。

在欧洲，法国是工业化程度很高的国家，但城市规划中为了保护古建筑，城市中心是看不到高层建筑的，高层建筑多建在市郊。

曼恩·蒙帕纳斯大厦(Maine Montparnasse，1973 年，图 14-12)，58 层，高 229m，采用内筒加外钢柱结构体系。

在意大利，高层建筑发展较早，早在 20 世纪 50 年代，米兰就已建成了 30 层的皮瑞利大厦。意大利的高层建筑的发展多集中在写字楼、办公楼上，居住建筑中的高层建筑数量不多。

在俄罗斯，20 世纪 50 年代后曾出现过高层建筑热，20 世纪 60 年代有 26 层的莫斯科大学建筑。此外，1962 年建成了 532m 高的电视塔。

莫斯科奥斯坦丁电视塔(The Ostankino Tower，1967 年，图 14-13)，结构师是 N·尼基金，建筑师是布尔金，电视塔高 533m。电视塔下半部为钢筋混凝土结构，上半部为钢结构。在距地面 337m 处，有一观览室，可以俯视莫斯科全市。

在北欧及英国等国家，高层建筑修建的不多，这和这些地区人口较少，用地不紧张有关。

M. L. C 大楼(M. L. C Centre，1973 年，图 14-14)在澳大利亚墨尔本，该大楼共 65 层，高 226m，采用钢筋混凝土筒体加剪力墙结构体系。

图 14-12　曼恩·蒙帕纳斯大厦

图 14-13　莫斯科奥斯坦丁电视塔

图 14-14　M. L. C 大楼

在南美洲，哥伦比亚波哥大的马祖拉大厦，70 层，高 248m，是当时南美最高的建筑。

在亚洲，多地震国家在日本 1960 年代后废除以前的 30m 高度的限制，开始了兴建高层建筑。20 世纪 60 年代建成新大谷饭店，17 层。20 世纪 70 年代建成京王广场旅馆，47 层，高 169 m，为钢结构，以后日本又陆续建成了住友大厦，52 层，阳光大厦，60 层，高 240m，结构为筒中筒体系。

新宿三井大厦(Shinjuku Mitsui Building，1974 年，图 14-15)，设计师是 Nihon Sekkei，建筑共有 55 层，高 228m。

在亚洲其他国家和地区，如马来西亚、新加坡、台湾地区、香港地区以及中国内地，都有一些超高层建筑，并且随着经济实力的逐渐增强，高层建筑的发展将是前途光明。现世界上最高的摩天大楼由中国台北 101 大厦(Taipei 101)保持，原名台北国际金融中心(Taipei Financial Center)，楼高 508m，地上 101 层，地下 5 层。

吉隆坡双子塔(Petronas Towers，1998 年，图 14-16)，吉隆坡双子塔是马来西亚石油公司的综合办公大楼。高 452m，88 层，是当时世界上最高的双子楼。它是两个独立的塔楼并由裙房相连。独立塔楼外形像两个巨大的玉米，故又名双峰大厦。

图 14-15　新宿三井大厦

图 14-16　吉隆坡双子塔

在北美洲，加拿大的高层建筑物发展非常突出。如 20 世纪 60 年代中叶建成的 31 层多伦多市政厅大厦。20 世纪 70 年代建成的多伦多市第一银行大厦，72 层，高 285m。1976 年建成的多伦多电视塔，高达 553.2 m，是目前世界上最高的钢筋混凝土构筑物。

多伦多市政厅大厦(The New City Hall，1968 年，图 14-17)，它由三部分组成：两座高度不一的弧形办公大楼相对而立，两幢高楼分别为 31 层，88.4m，25 层，68.6m，中间是一个蘑菇状的多功能活动大厅，创造了曲面板型高层建筑的新形式。

加拿大国家电视塔(Canada's National Tower，1973～1976 年，图 14-18)，是多伦多的标志，高 553m。塔身断面呈 Y 形，基部每翼宽 30.48m，厚 6.7m，逐渐向上收缩成单一的柱，335m 处有一个圆形天空仓，最上面 102m 是发射天线钢塔。

图 14-17　多伦多市政厅大厦

图 14-18　加拿大国家电视塔

美国是高层建筑的发源地，发展高层建筑的历史已有100多年，其高层建筑不论在数量上、质量上、施工经验上都称第一。它在每个时期的代表作品都在同时期世界范围内处于领先地位。下面就是每个时期的美国高层建筑代表作品。

1879年，芝加哥学派的创始人詹尼设计的第一拉埃特大厦，它是一座7层砖墙与铁梁柱的混合结构。

1892年，伯纳姆与鲁特设计的卡匹托大厦，22层，高91.5 m，钢框架，是19世纪美国最高建筑，此建筑有一个东方庙宇式的屋顶，是折中主义设计手法的体现。

1903年，伊格尔斯大楼，高16层，这是世界上第一座钢筋混凝土结构的高层建筑。

大都会人寿保险公司大楼(Metropolitan Life Tower，1909年，图14-19)，坐落在纽约的大楼是当时世界上第一幢高度超过200m的摩天大楼，大楼高50层，206m，是人类有史以来，第一座超过古代埃及金字塔和乌尔姆教堂塔楼的实用性建筑物。

渥尔华斯大厦(Woolworth Building，1913年，图14-20)，由吉勃特设计，57层，高234m，外形采用的是哥特复兴式手法，建筑随着高度的上升而逐渐后退，这对以后的高层建筑的造型影响较大。

克莱斯勒大楼(Chrysler Building，1929年，图14-21)，这座建在纽约的大厦高77层，319m，成为超过300m的建筑。

图14-19　大都会人寿保险公司大楼

图14-20　渥尔华斯大厦

图14-21　克莱斯勒大楼

纽约帝国大厦(Empire State Building，1929～1931年，图14-22)，大厦底部面积为130m×60m，向上逐渐收缩，建筑高度102层，381m，其中包括61m高的尖塔。超过了埃菲尔铁塔成为世界第一高楼，是当时世界上最高的建筑物。

这以后到二战时期，高层建筑发展滞缓，二战后，高层建筑又开始随经济复苏而发展。

1950年纽约联合国秘书处大厦建成，造型呈板式，为今后发展板式高层建筑奠定基础。

利华大厦(Lever House，1951～1952年，图14-23)，由SOM建筑设计事务所设计，在纽约建立，是世界上第一座玻璃幕墙高层建筑，作为纽约利华公司的办公大厦。共24层，上部22层为板式建筑，下部2层呈正方形基座形式，全部用浅蓝色玻璃幕墙。

图 14-22　纽约帝国大厦

图 14-23　利华大厦

马利纳城大厦(Marina City，1965 年，图 14-24)，设计师为戈德贝瑞(Bertrand Goldbery)，该双塔式大厦建成在芝加哥，由于板式建筑风阻大，所以塔式高层建筑又开始流行，这座大厦 60 层，高 177m。

汉考克大厦(John Hancock Center，1970 年，图 14-25)，SOM 建筑事务所设计的芝加哥汉考克大厦共 100 层，高 337m，矩形平面，在四个立面上，突出的是五个十字交叉的巨大钢桁架风撑，再加上四角垂直钢柱以及水平的钢横梁，从而构成了桁架式筒壁，使大厦造型独特。

纽约世界贸易中心大厦(World Trade Center，1966～1973 年，图 14-26)大厦由两座完全一致的双塔建筑组成，110 层，高 411m，另有地下 7 层。设计者是雅马萨奇(Minoru Yamnsali 山崎实)。两座高塔平面为正方形，每层边长为 63m，外观为方柱体，为筒中筒体结构体系。两座建筑物全部采用钢结构，共用去 19.2 万 t 钢材。外墙面用铝材饰面，用量达 20 万 m^2。每座大厦设有快速分段(分三段)电梯 23 部，速度为 486.5m/min，分层电梯 85 部，每部可乘 55 人。地下有商场、地铁车站，并有四层汽车库，可停车 2000 辆。

图 14-24　马利纳城大厦

图 14-25　汉考克大厦

图 14-26　纽约世界贸易中心大厦

其设备层分别设在第 7、8、41、42、75、108、109 层上。第 110 层为屋面桁架层。大厦下部为商业区，在第 44 层及 78 层中设有银行、邮政、公共食堂等服务设施，107 层为营业餐厅，其中一座大厦屋顶设 100.6m 的电视塔，另一座大厦屋顶开放，供人游览。大厦其他层为办公屋，每天可供 5 万人办公。大厦投入使用后，由于人流拥挤，分段分层电梯系统复杂，窗户窄小，使用不够方便。世界贸易中心大厦于 2001 年 9 月 11 日被恐怖袭击后倒塌。

芝加哥西尔斯大厦(Sears Tower，1974 年，图 14-27)，由 SOM 建筑事务所设计的芝加哥西尔斯大厦共 110 层，高 443m，是世界最高建筑物之一，建筑总面积为 40.5 万 m^2，总投资为 1.8 亿美元。大厦结构采用筒束体系，建筑平面为 69m×69m 的正方形，由 9 个 23m×23m 的单元构成，每个单元即为一个筒体。这 9 个竖筒分别在不同层数上截止，从底部到 52 层便开始去掉两个竖筒，到 67 层时再去掉两个，到 92 层又去掉 3 个，竖筒削减都是按对角线削减的，以上由两个竖筒直升到顶，这样既在造型上可以变化，又可减小风速。大厦顶部允许位移 900mm。大厦内部设有高速电梯 102 部，有 5 个设备层，建筑用钢量为 7.6 万 t，混凝土 5.57 万 m^2，每天在大楼内的办公人数可达 1.6 万人次。

1976 年，芝加哥水塔广场大厦建成。这是一幢 76 层的钢筋混凝土结构大楼，高 260m，是世界上最高的钢筋混凝土建筑，结构也采用套筒式，地下 4 层是车库，地面以上 1～7 层为旅馆，设有 450 套客房，33～73 层为公寓。

共和银行中心大厦(Republic Bank-NCNB Center，1984 年，图 14-28)，共和银行中心大厦是著名建筑师菲利普·约翰逊的设计作品，大厦位于得克萨斯州的休斯敦市中心，银行的营业大厅高达 24m。大厦是由高塔和一低层建筑组合而成，高塔 238m，高塔的外部设计在体型、材料和细部处理上都注意与低层建筑相协调，高塔顶由南向北逐渐跌落，形成三段台阶式山墙屋面，造型别致、优雅。

图 14-27　芝加哥西尔斯大厦

图 14-28　共和银行中心大厦

另外，这期间建造的超高层建筑也不少，如休斯敦贝壳广场大厦、波特兰的太平洋公司大厦、纽约奥林匹克大厦、纽约世界金融中心等，但高度和层数上都没有超过西尔斯大厦，都是在质量上深下功夫。

14.3.3 高层建筑结构体系的变革

高层建筑的结构体系是发展高层建筑非常关键的技术。多层及高层、超高层建筑结构体系的变革情况如下：

(1) 砖石结构体系：其优点是取材容易，耐久性、防火性好，缺点是自重大，强度很低。它适合6～8层的建筑，如加强一些技术处理，可达到20层。

(2) 框架结构体系：这种体系建筑布置上较灵活，适应性较强，用料省，缺点是对抗水平荷载的刚度和强度较差。钢筋混凝土框架结构以不超过20层为宜，钢框架以不超过30层为宜。

(3) 剪力墙结构体系：剪力墙一般为钢筋混凝土墙，它可以抵抗水平外力。这种结构体系弥补了框架结构体系的抗水平荷载能力差的缺点。工程实践中，一般多采用框架—剪力墙体系，使结构更为合理。钢筋混凝土框架—剪力墙体系可建到35层，钢结构框架—剪力墙体系最高可建60～70层。

(4) 筒体体系：它是目前用于高层建筑与超高层建筑的最先进结构体系之一。它的特点是由一个或几个筒体作为竖向承重结构，加强了整个建筑的刚度，平面布置灵活，节约材料。按筒的布置方式不同，可分为内筒式、框架筒式、筒中筒式及筒束式等。各种筒体结构不同，适应层数也不一样，一般在30～140层之间。

纵观高层建筑的发展，可以看到它和一个国家的经济实力、科技实力等有着密不可分的关系。在20世纪六七十年代，随着美国为代表的国家经济实力的猛增，从发展高层建筑的发展趋势看，随着各国经济的发展，高层建筑还会向更高、更精的方向发展，而且质量上更为讲究，并探索更先进的结构体系。

14.3.4 大跨度建筑

大跨度建筑从19世纪末开始发展，1889年巴黎世界博览会上展出的法国机械馆，采用了当时先进的结构体系——三铰拱，跨度达115m。进入20世纪以后，一些大型公共建筑，又促使大跨度建筑结构向前探索。各种高强、轻质新材料的出现，以及结构理论的进步，都为大跨度结构的发展创造了充分的条件，并在探索大跨度结构体系方面，积累了不少经验。纵观大跨度建筑的结构形式，除了传统的梁架或桁架屋盖外，比较创新的结构有各种钢筋混凝土薄壳与折板、悬索结构、网架结构、钢管结构、张力结构、悬挂结构、充气结构等。

(1) 薄壁壳体空间结构。早期的薄壳结构可以追溯到古罗马的万神庙，那时的壳顶为球壳，是最原始的一种，从那以后，人们不断地进行大空间的探索，特别是在本世纪以来，在壳顶造型上加以改进，设计出了双曲壳、扭壳、双曲抛物线扭壳、折板壳等。

(2) 壳体结构。是根据动物的卵壳仿生发展起来的，它的特点是用最少的材料，获得最大的效果，有的百米大跨度壳厚仅需几厘米。现在世界上采用薄壳结构的大型建筑很多，如1950年建造的意大利都灵展览馆。

罗马奥运会的小体育馆(Palazzetto dello Sport，1957年，图14-29)，P.L奈尔维设计(Pier Luigi Nervi)，为网格穹窿形薄壳结构。

1959年建造的罗马奥运会大体育馆的屋盖是采用波形钢丝网水泥的圆顶薄壳。

(3) 折板结构。也属薄壁空间体系，它施工简便，常采用的是预应力 V 形折板，在大跨度建筑也有应用，如 1958 年建成的巴黎联合国教科文组织的会议大厅的屋盖，便是实例。

(4) 悬索结构。悬索结构是用悬挂的绳索来承受荷载的一种结构体系。它是受悬索桥的启发加以改进，并应用于建筑上面的。现在各国对悬索结构的研究日益成熟，通过对新材料的研制，特别是高强钢丝的出现，对于悬索结构的发展，提供了良好的条件。悬索结构多用于 60～150m 左右的大跨度建筑物上，并且它有自重轻、节约钢材等优点。但它也有不足之处，即在强风引力下，容易丧失稳定。在实际应用时要求技术较高。

悬索结构的类型很多，一般可分为单曲面和双曲面两大类，如 1951 年建成的美国罗利市牲畜展馆，

美国罗利市牲畜展馆(Dorton Arena Raleigh，NC，1951，图 14-30)，是马鞍形悬索结构，也是双曲面的一种，为今后采用这种新结构形式建造大跨度建筑做出了尝试。

图 14-29　罗马奥运会的小体育馆

图 14-30　美国罗利市牲畜展馆

1957 年西柏林世界博览会上，美国建造的牡蛎形的会堂都是马鞍形悬索结构的代表。1964 年日本建筑师丹下健三设计的东京奥运会大小两个体育馆更使悬索结构在技术上、造型上有所创新。

(5) 悬挂结构。悬挂结构体系与悬索桥的基本原理相同。1971 年美国在明尼苏达州建造的联邦储备银行，即采用了这种悬挂结构体系。

明尼苏达州联邦储备银行(Federal Reserve Bank of Minneapolis，1971～1973 年，图 14-31)，把 11 层的办公楼悬挂在 84m 跨度的空中。

(6) 张力结构。这是在悬索结构的基础上发展起来的。它是一种超轻结构，用钢索或玻璃纤维织品用为张力结构部件，其最大特别就是覆盖面积特别大，是一般的结构体系难以达到的。另外，它还有施工简便，速度快等特点。

图 14-31　明尼苏达州联邦储备银行

蒙特利尔世界博览会德国馆(Pavilion of Germany，1967 年，图 14-32)，由古德伯罗(Rolf Gutbrod)和奥托(Frei Otto)设计的德国馆采用钢索网状的张力结构。另外，沙特阿

拉伯也修建了一座张力结构的国际体育馆，跨度为288m，是目前世界上跨度最大的此类结构建筑。

（7）空间网架结构体系。这是一种目前比较先进的结构体系，近30年来发展较快。它是用许多杆件组成的网状结构。特点是重量轻，整体性好，刚度大，适应性强。其跨度可达200m，其形式可分为平板型、曲面型两种。目前，各国已经广泛应用在大型体育馆、飞机库等建筑中。

休斯敦市圆顶体育馆(Reliant Astrodome，1966年，图14-33)，坐落在美国得克萨斯州休斯敦市的这座体育馆，采用曲面网架，直径193m。1976年美国新奥尔良建造的大体育馆直径达207.3m，也是世界上特大型体育馆之一。

图14-32 蒙特利尔世界博览会德国馆

图14-33 休斯敦市圆顶体育馆

（8）充气结构。它是20世纪40年代发展起来的一种新式大跨屋盖结构体系，多用于临时性工程或大跨度建筑。充气结构材料一般用尼龙薄膜、竹纤维或金属薄片等，将其制成封闭型袋状，然后充气膨胀而成。较有名气的此类建筑是1970年日本大阪举行的世界博览会中美国馆的充气建筑；1975年建的美国密歇根州亚克体育馆，其跨度达168m，都是大型号充气建筑的代表作品。

思 考 题

1. 二战后法国在城市规划和建筑发展方面的概况。
2. 二战后巴西在城市规划和建筑发展方面的概况。
3. 二战后日本建筑发展概况。
4. 简述高层建筑的沿革过程及主要结构体系。
5. 简述大跨度建筑的主要结构体系。
6. 结合本章谈谈今后建筑工业化的发展趋势是什么。

第 15 章　当代建筑活动与建筑思潮

第二次世界大战后，现代建筑设计的思想、原则广泛被人们接受，此时期的建筑思潮与建筑活动与战前相比有很大的变化。建筑理论的探索特别活跃，但它们都以现代建筑为主导，总的原则是主张创新，建筑要有新的功能，新的形式；强调应该与新技术、新材料相结合；认为建筑空间是建筑的主体；建筑的美是通过建筑空间的多种组合表现出来。纵观二战后的建筑思潮，大致可分为三个阶段：

第一阶段是 20 世纪 40 年代末至 50 年代下半叶。这个时期是建筑理性主义倾向发展、成长时期。另外，以阿尔托为代表的"人情化"的地方性建筑也有较大影响。

第二阶段是 20 世纪 50 年代末至 60 年代末。现代建筑开始进入多元化时期，表现为粗野主义倾向、典雅主义倾向、技术精美的倾向、高度工业技术的倾向及讲究"个性"的倾向。

第三阶段是 20 世纪 60 年代末以后，现代建筑沿着多元化道路发展，但表现出了将现代建筑理论和风格推向极端，由此可称之为后现代主义时期，它包含了现代主义之后的各种建筑活动，包括后现代主义(Post Modernism)、高科技风格、解构主义风格、新现代主义风格等建筑风格。

15.1　后现代主义

后现代主义(Post Modernism)起源于 20 世纪 60 年代中期的美国，活跃在 20 世纪 70 年代。后现代主义的理论在世界各国的建筑界影响较大。后现代主义的建筑理论可以说是当代西方建筑思潮向多元化方向发展的一个重要流派，它不同于其他建筑倾向的地方在于：①它有较完整的建筑理论及实践；②在建筑设计思想上同现代建筑的各种主张相反。也就是说，它是一个企图全盘否定现代建筑理论的派别。

后现代主义的产生是和 20 世纪 60～70 年代现代建筑的发展状况分不开的。现代建筑的美学法则，主要是建立在理性与纯净的基础上，如现代派代表人物密斯就曾提出"少就是多"的理论。他追求简洁与超脱，但是这种纯净的理论难免产生单一形式的后果，使不少建筑师对此有反感，并对现代建筑的理论提出了挑战。首先对现代建筑观念进行发难的是来自美国费城的建筑兼理论家罗伯特·文丘里(Robert Venturi)。他在 1966 年写了一本书，名为《建筑的复杂性和矛盾性》。他在书中说："建筑师再也不能被正统的现代建筑的那种清教徒式的语言吓唬住了，我赞成混杂的因素而不赞成'纯粹的'；赞成折中的而不赞成'洁净的'；赞成牵强附会而不赞成直截了当；赞成含混的暧昧而不赞成直接的明确的；我主张凌乱的活力而不强求统一。我要意义上的丰富而不要意义上的简洁。"文丘里还针对密斯的名言"少就是多"，突出了相反的论点："少就是厌烦"，主张建筑就是要装饰，因为有了装饰才使建筑有个性，有象征，才能不同与构筑物。

1977年，查尔斯·詹克斯在他的《后现代建筑语言》一书中，对后现代主义建筑的理论系统地进行了阐述。他认为现代建筑已经死亡，现在是后现代建筑发展的时候，同时也为后现代建筑下了定义。他说："一座后现代建筑至少同时在两个层次上表达自己，一层是对其他建筑师以及一小批对特定的建筑艺术语言很关心的人；另一层是对广大公众，当地的居民，他们对舒适、传统房屋形式以及某种生活方式等问题很有兴趣。"同时，他为了使后现代建筑有更明确的概念，将其归纳提出六方面的内容：①历史主义。倾向于借鉴历史遗产，作为新建筑设计的参考。②复古派。大众化与传统化，要求再现古代建筑。③新方言派。要求现代有地方乡土特色，有当地居民的生活气息；④个性化＋都市化＝文脉主义。文脉主义的意思是建筑要求与环境有机结合，要成为建筑群中的一个有机组成部分。⑤隐喻＋玄学。意为用象征主义的手法暗示建筑的内容或表达某种艺术意境。⑥后现代空间。采用复杂的、含混的空间组合，它没有明确的界限，内外空间互相渗透。

在这之后，美国的建筑师罗伯特·斯特恩(Robert A. M. Stern)将后现代建筑归纳为三点特征：①文脉主义；②隐喻主义；③装饰主义。可以看出后现代主义抓住了当今人们要求从自己的周围环境中获得感情上满足的心理状态，主张装饰性、地方性、识别性等，但它与折中主义的复古、集仿主义有根本的区别。它是把古典建筑中有价值的东西加以消化或给以夸张，使其成为新建筑中的有机部分。后现代主义建筑派自身有白色派和灰色派之分。白色派注意地方传统，灰色派强调借鉴历史，但他们都对装饰感兴趣。

后现代主义建筑的作品很多，其中文丘里在1962年为他母亲设计的母亲住宅可以称得上后现代主义建筑的经典之作。

母亲住宅(Vanna Venturi House，1962年，图15-1)，文丘里(Robert Venturi)设计，该建筑建在美国的宾夕法尼亚费城栗子山处，建筑中复杂及富有内涵之处主要在建筑立面上。整个立面以一个大的山墙面为主，可以看出来自于美国式住宅的构思。山墙中间断裂，出自巴洛克建筑的手法。这种手法一方面表明自己是高贵府邸，另一方面是突出山墙尺寸和力度。另外，他较好地运用了烟囱、门廊、窗子等建筑要素，使整个立面让人感到含混不清，增加了建筑的艺术趣味。

图15-1 母亲住宅

文丘里在介绍这个建筑时写道："这是一座承认建筑复杂性与矛盾性的建筑，它既复杂又简单，既开敞又封闭，既大又小，某些构件在这一层次上是好的在另一层次上不好……住宅采用坡顶，它是传统概念可以遮风挡雨的符号。主立面总体上是对称的，细部处理则是不对称的，窗孔的大小和位置是根据内部功能的需要。山墙的正中央留有阴影缺口，似乎将建筑分为两半，而入口门洞上方又装饰弧线似乎有意将左右两部分连为整体，成为互相矛盾的处理手法。"

在后代建筑作品中，另一个很有影响力的作品是查尔斯·穆尔设计的美国新奥尔良的意大利喷泉广场。

圣·约瑟夫喷泉广场(Piazza d'Italia in New Orleans，1975～1978年，图15-2)，查尔斯·穆尔设计，这个坐落在美国新奥尔良的广场是当地意大利团体举行庆典的地方，所以又称意大利喷泉广场，广场的特别之处在于，设计师将各种古典柱式加以引用和变形，它在中间作了一系列的弧形墙面，采用了后现代主义代表的“拼贴”手法，包括一排古典柱头、拱券、柱顶、柱楣，全都漆上光彩的赭色、黄色、橙色。喷泉的水在周围上下各处喷射，发出响声。水池中有一个由石材砌成的岛屿，这个小岛的形状很明显是一幅意大利地图。整个广场除借鉴历史及采用象征的手法外，在空间处理上，还具有含混、渗透等后现代建筑的空间特点。

后现代建筑在大型公共建筑上的作品较少，但值得一提的是菲利普·约翰逊在1978年设计的纽约美国电报电话公司大厦和格雷夫斯1980年设计的俄勒冈波特兰市市政厅。

美国电报电话公司大楼(AT & T Building，1978～1983年，图15-3)，该大楼是美国现代主义建筑大师菲利普·约翰逊(Johnson Philip)的作品。这座大厦套用了欧洲文艺复兴建筑的某些样式，使这座20世纪80年代的商业大厦具有古典的装束。大楼基部设计参考了意大利文艺复兴时期伯齐小教堂的构图，顶部则冠以巴洛克式的断裂山花，看上去更像一个古老的时钟顶。

图15-2 圣·约瑟夫喷泉广场

图15-3 美国电报电话公司大楼

这个转变说明约翰逊加入到后现代主义建筑的行列之中，同时他也为高层建筑的发展开辟了新的天地。

俄勒冈波特兰市市政厅(The Portland Building，Oregon，USA，1980～1982年，图15-4)，由格雷夫斯(Michael Graves)设计，平面呈方形，立面进行了多种划分，并加上色彩和装饰。建筑的底部是3层厚实的基座，其上12层高的主体，大面积的墙面是象牙白的色泽，上面开着深蓝色的方窗，正立面中央11层至14层是一个巨大的楔形。可以看到格雷夫斯用他的设计思想，为后现代建筑树立起了一种后现代古典主义风格。

图15-4 俄勒冈波特兰市市政厅

迪斯尼世界天鹅旅馆和海豚旅馆(Swan Hotel and Dauphin Hotel，Walt Disnes World，Florida，1987～1991年，图15-5)，由M. 格雷夫斯设计，建在美国佛罗里达的这座旅馆，该旅馆围绕着一片新月形的湖水，一条分割湖面的散步道连接着两个旅馆的门厅，它可以用作通往其他的景区的航运码头。占地 57134m² 的天鹅旅馆(图15-6)由拥有 758 套客房的旅馆部和会议中心组成。海豚旅馆有客房 1510 套，占地 130060m²。格雷夫斯为两座旅馆都设计了舞厅，会议室和零售商店，旅馆的色彩和装饰暗示了佛罗里达州的文化，并在文脉上传承了迪斯尼的娱乐建筑风格。

图 15-5 迪斯尼世界天鹅旅馆和海豚旅馆

图 15-6 迪斯尼世界天鹅旅馆

辛辛那提宝洁公司总部大楼(Procter & Gamble's Twin Towers，1985 年，图 15-7)，由科恩·佩德森·福克斯(Kohn Pedersen Fox)设计，建筑群是由两个塔楼为中心，作为后现代建筑的成功代表，隐喻了古典宗教建筑的集中式构图。

图 15-7 辛辛那提宝洁公司总部大楼

从后现代建筑的建筑作品中可以看到，其建筑形式涵盖了住宅和公共建筑，建筑设计形式多种多样。后现代建筑批判现代建筑的僵化模式，也促使现代建筑不断摸索，这无疑对建筑的发展起了推动作用。

15.2 新现代主义

在建筑领域，新现代主义(New Modern)这一说法也还没有得到人们的普遍认同，也没有明显统一的学说理论。虽然算不上是一种全新的建筑思潮，但从实践上看，新现代作为一种新的建筑美学现象，确乎是一个不容忽视的存在。通常新现代建筑也可以泛指，包括 20 世纪 70 年代以后绝大部分与历史主义倾向的各种后现代思潮截然不同的当代建筑实践作品。

在 20 世纪 70 年代，当一部分建筑师走向后现代主义的时候，就有一部分建筑师走向晚期现代主义(Late-Modern architecture)或新现代主义。詹克斯曾说：在 70 年代，当后现代主义正挑战现代主义的正统地位的时候，我杜撰了晚期现代建筑一词，以区别那些也从现代主义转变过来但对后现代主义所关心的都市文脉、装饰与象征并无兴趣的人，比如迈耶、罗杰斯、福斯特等人。

新现代的提法虽曾遭到一些人的反对，但不久之后，在西方人宽容的理论氛围中，大多数人对它采取了谨慎的欢迎或默认态度，如亚当·路易斯·霍克斯泰伯、道格拉斯·戴维斯、保尔·奥尔博格尔、里查德·迈耶等。从宏观上说，新现代是由当代这个追求时尚的时代创造的，但是，就个体而言，那些真正创造了新现代作品的建筑师，却并没有有意要成为新现代主义者，他们是被新现代的潮流裹挟进来的。

那么，到底哪些人属于新现代派？对这个问题，理论家虽然难免各持一端，但总的来讲，看法基本一致。一般认为迈耶、筱原一男、桢文彦、埃森曼、库哈斯、海扎克、盖里、屈米、摩弗西斯事务所、赫迪克、李伯斯金、蓝天组、皮特·威尔逊等人，是新现代的核心成员。而在詹克斯的著作《新现代》中，他选入了更多的建筑师。大致上看，上述建筑师属于三大类，即解构主义、日本的新表现主义和以迈耶为首的白色派。

1969 年在纽约现代艺术博物馆举办是建筑展被认为是现代主义建筑的开始。当时 5 名名气不是很大的美国建筑师，格雷夫斯（Michael Graves）、彼得·埃森曼（Peter Eisenman）、查尔斯·格瓦斯梅（Charles Gwathmey）、约翰·海杜克（John Hejduk）、理查德·迈耶（Richard Meier）。作品为清一色的独立式住宅设计。住宅呈简单的几何形体，与柯布西耶早期的建筑风格以及风格派的作品有相似之处。这次建筑设计展出，引起了建筑界的关注，由于这 5 人都生活在纽约，因此也被人称之为“纽约五”（New York Five）。

墙宅 2（Wall House 2，USA，2001 年，图 15-8），由海杜克设计，海杜克早期住宅研究可以分为三个阶段：1954～1962 年，得克萨斯州住宅；1962～1968 年，菱形住宅；1964～1970 年，墙宅。“墙宅 2 号”是在海杜克去世之后，在荷兰的格龙林根（Netherlands）建起并且掀起了一股不小的研究风潮。海杜克将对墙的穿越这个平凡的行为抽离出，置于住宅这一最低最基本的（建筑）物质形态中，使它在一系列对立状态之中：公共和私人，服务和被服务，过去和将来，固体和流体，功能和形态，引起某种改变。

住宅Ⅱ（HouseⅡ，USA，1969 年，图 15-9），由埃森曼设计，埃森曼从 20 世纪 60 年代末开始设计一系列住宅（House of Cards），作为他对当时现代主义建筑（主要是功能主义）批判的实践。他的住宅设计强调建筑形式的独立性，结构的关联性和立面的完整性。

图 15-8　墙宅 2

图 15-9　住宅Ⅱ

史密斯住宅（Smith House，Darien，Conn. USA，1965 年，图 15-10），迈耶设计，他认为白色是纯洁、透明和完美的象征。所以他的设计作品表面材料常用白色，以绿色的自然景物衬托，使人觉得清新脱俗，他还善于利用白色表达建筑本身与周围环境的和谐关系。史密斯住宅就是他这类作品最早成功的一例。在建筑内部，他运用垂直空间和天然光线在建筑上的反射达到富于光影的效果，他以新的观点解释旧的建筑，并重新组合几何空间。

汉索曼住宅(Hanse 1 mann House，Wayne，Indianna，USA，1967 年，图 15-11)，格雷夫斯设计，汉索曼住宅是为一对夫妇和四个孩子设计的住宅，旁有一条小溪斜对角穿过这块方形用地。住宅没有按惯例被放置在基地一角。从平面上看，住宅由两个正方形组成，从空间上看，住宅有两个立方体。通常要经过三个层次进入该住宅。首先遇到的是一个强化了的入口，一个钢管弯成的门架。由门架的二楼向前直伸出一条楼梯，人们上了楼梯在二层的高度上穿过门架进入第二个层次。人们行走在天桥上，天桥突然由直线变成曲线，栏杆由白色转为金黄，头顶上也出现一个由阳台形成的雨棚。第三个层次才是真正意义的家。双层高的起居室和楼梯，大空间的上下穿插，表现了“纽约五”所共有的符号学含义。

图 15-10 史密斯住宅

图 15-11 汉索曼住宅

螺旋大厦(Spiral Building，Tokyo，Japan，1985 年，图 15-12)，桢文彦设计，在设计中采用了多种几何元素的拼贴和混合。桢文彦显然想以建筑自身的复杂性和多元性来构拟社会形态的复杂性和多元性，将建筑设计成一种具有深奥、张力、隐喻的境界。

透明金字塔(Grang Louvre，Paris，1981～1989 年，图 15-13)，由美籍华裔建筑师贝

图 15-12 螺旋大厦

图 15-13 透明金字塔

聿铭(Ieoh Ming Pei)设计。贝聿铭认为一座透明金字塔可以通过反映周围那座建筑物褐色的石头，而对旧皇宫沉重的存在表示足够的敬意。建成的玻璃金字塔，高 21m，底宽 30m，耸立在庭院中央。它的四个侧面由 673 块菱形玻璃拼组而成。总平面面积约有 $2000m^2$。塔身总重量为 200t，其中玻璃净重 105t，金属支架仅有 95t。支架的负荷超过了它自身的重量。这座玻璃金字塔不仅是体现现代艺术风格的佳作，也是运用现代科学技术的独特尝试。

安藤忠雄(Tadao Ando)，是当今最为活跃、最具影响的世界建筑大师之一，1941 年出生于日本大阪，1957 年参与职业拳击，1959 年起考察日本、美国、欧洲建筑，1969 年，在大阪成立安藤忠雄建筑研究所，设计了许多个人住宅。并确立了以清水混凝土和几何形状为主的个人风格，得到世界的良好评价。作为一个从未接受正统的科班教育、完全依靠本人的才华禀赋和刻苦自学而成才的设计大师，创作了近 150 项国际著名的建筑作品和方案。他的设计遵循以人为本的设计理念，提出"情感本位空间"的概念；注重人、建筑、自然的内在联系，多方面发展和深化了既有的建筑几何学理论和空间概念。安藤忠雄是哈佛大学、哥伦比亚大学、耶鲁大学的客座教授和东京大学教授。

光的教堂(Church of the Light，1989 年，图 15-14、图 15-15)，安藤忠雄(Tadao Ando)设计，材料、几何与自然是构成他的设计的三大要素，教堂位于大阪郊外。建筑物由一个混凝土长方体和一道与之成 15°横贯的墙体构成，长方体中嵌入三个直径 5.9m 的球体。这道独立的墙把空间分割成礼拜堂和入口部分。廊道两侧为清水混凝土墙，顶部由玻璃拱与 H 型横梁构成。教堂内部的光线是定向性的，而不同于廊道中均匀分布的光线。教堂内部的地面愈往牧师讲台方向愈呈阶梯状下降。前方是一面十字形分割的墙壁，嵌入了玻璃，以这里射入的光线显现出光的十字架。

图 15-14　光的教堂

图 15-15　光的教堂室内

15.3　解构主义

建筑是文化的载体，让文化、思想表现在建筑上，使建筑体现永恒的主题，这些都只能通过建筑师的思想来实现。解构主义建筑也许正是基于此社会因素而产生的。而我们在说解构主义建筑之前，必须先要了解一下解构主义。一些建筑师从结构主义中看到了建筑的不足，但并不全面否定结构主义，他们在找结构主义丢失的东西，所以产生了“后结构主义”。在后结构主义之后，又出现了一批理论家，他们即不认为自己是“结构”，也不把自己视为“后结构”，他们把他们自己完全置于“结构”之外，而去推动结构主义革新，发展的一批思想理论家。他们所倡导的理论，被称为“解构主义”。其中最有名的就是法国后结构主义哲学家J·德里达。另外，解构主义还受到20世纪20年代前苏联的先锋派构成主义与未来主义思想的影响。其有些作品可以看到构成主义的理念。

1988年6月到8月期间，纽约现代艺术博物馆举办了由7位建筑师参加的“解构主义建筑”作品展。7位建筑师分别是美国的埃森曼和盖里、荷兰的库哈斯、英国的哈迪德、法国的屈米、德国的李伯斯金(Daniel Liberskind)、奥地利的蓝天组(Coop Himmelblau)。

这些作品对传统古典、构图规律等均采取了否定的态度，强调不受传统文化和传统建筑理性的约束。主张以粗犷的用材，大胆运用空间和几何结构等不规则形与面突破传统的四平八稳的构图模式。

解构主义建筑理论的代表人物法国建筑师屈米说过：“今天的文化环境提示我们有必要抛弃已经确立的意义和文脉史的原则。”另一位解构主义建筑代表人物美国建筑师埃森曼认为解构思想的精华是“绝对的取消体系”，倡导运用解构主义建筑中表现“无”、“不在”、“不在的存在”等。从解构主义的作品可以看出，解构主义建筑的最突出的特点是在失稳的状态，然而所谓“解构”并非把建筑结构、设备管道、实用功能加以消解，而是打破、消解传统的构图法则，提倡分裂、片断、不完整、无中心、不稳定和持续变化的构图手法。其基本原则是提倡偏移、参差、重叠、扭曲、扩散、裂变等全新的解构空间。

伯纳德·屈米(Bernard Tschumi)，法国人，1944年出生于瑞士洛桑。1969年毕业于苏黎世联邦工科大学。1970～1980年在伦敦AA建筑学院任教，1976年在普林斯顿大学建筑城市研究所，1980～1983年在Cooper union任教。1988～2003年他一直担任纽约哥伦比亚大学建筑规划保护研究院的院长职务。他在纽约和巴黎都设有事务所，经常参加各国设计竞赛并多次获奖，其新鲜的设计理念给世界各地带来强大冲击。1983年赢得的巴黎拉·维莱特公园国际设计竞赛，是他最早实现的作品。另外，屈米有很多的理论著作，评论并举办过多次展览。他鲜明独特的建筑理念对新一代的建筑师产生了极大的影响。

巴黎拉维莱特公园(Parc La Villette, Paris, France，1982～1989年，图15-16、图15-17)占地面积33ha，是巴黎市区内最大的公园之一。包括公园北面的国家科学、技术和工业展览馆以及南面的钢架玻璃大厅和音乐城，总占地面积达到55ha。在交通上以环城公路和两条地铁线与巴黎相联系。园址上有两条开挖于19世纪初期的运河区，东西向的乌尔克运河主要为巴黎的输水和排水需要修建的，它将全园一分为二：南北向的圣德尼运河是园址上已有的最重要的景观构成要素，而且运河本身就是人、自然与技术相结合的产物，与公园的主题十分贴切，所以参赛的许多方案都是由此作为设计的出发点。在公园的总体设计，屈米强调了变化统一的原则。虽然各体系、各建筑要素和植物要素之间存在着很大的反差，却完全统一在建筑式的处理手法和红色的“游乐亭”的控制之下。而对于10个主题花园的设计却风格迥异，毫不重复，彼此之间有很大的差异感和断裂感。因此，拉维莱特公园的多样性更多的是体现在各个主题花园的处理上，主题花园是拉维莱特公园中最有趣和吸引人的地方，它满足了不同文化层次及年龄游人的需要。

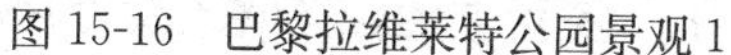

图 15-16 巴黎拉维莱特公园景观 1

图 15-17 巴黎拉维莱特公园景观 2

弗兰克·盖里(Frank Gehry)，1929 年生于加拿大多伦多，1947 年随家人移居美国洛杉矶。20 世纪 50 年代在南加州大学攻读建筑，此时正值战后现代主义的革新风气与影响力到达巅峰期，南加州现代派先锋理查德·纽特拉和鲁道夫·申德勒当时仍然活跃，盖里 1954 年尚未毕业便被征入伍。退役后他在哈佛大学设计研究院待了一年，钻研城市设计。1961 年与家人迁居巴黎，这时深入研究了 20 世纪建筑泰斗勒·柯布西耶的朗香教堂。1962 年回到洛杉矶，开始开设自己的设计事务所，并在多所大学建筑系任教。

盖里探索一条突破当时居于主导的包豪斯和勒·柯布西耶的单一的建筑语言，“独立宣言”当数盖里自建住宅，他把那些传统建筑所不屑的普通建筑材料引入建筑中，盖里的登峰造极之作当数西班牙毕尔巴鄂古根海姆博物馆和刚刚落成的迪斯尼音乐厅，而这些设计和实践都是与最新的技术和材料最敏锐的发现和合作。

盖里的设计范围相当广泛，包括购物中心、住宅、公园、博物馆、银行、饭店、胶合板家具以及曲状的椅子等，他使用的材料从公众接受的木材到始料不及的金属铁丝网。

加州圣莫尼卡自建住宅(Frank Gehry's first deconstructivist building，1978 年，图 15-18、图 15-19)，这是一座二层老住宅，盖里为住宅进行了增建设计，一层增加 $74m^2$，二层增加 $63m^2$ 平台。由于既是设计师又是业主，所以建筑外形、施工材料都在自己的支配之下。在造型上，扩建的厨房和餐厅与众不同，一个翻转的正方体，厨房的窗户变斜放，为厨房带来采光及全新的空间感；在材料使用上，盖里采用金属围墙网、金属浪板，还有不加任何表面处理的三夹板等。总之，盖里把自己的住宅当成一个实验性作品，为他今后用自己的设计理念设计大型建筑打下了坚实的基础。

图 15-18 加州圣莫尼卡自建住宅

图 15-19 自建住宅内景

布拉格尼德兰大厦(National-Nederlanden Building，Prague，Czech Republic，1994～1996年，图15-20)，弗兰克·盖里设计，尼德兰大厦位于布拉格绝对历史文化保护区内，是由许多造型怪异的几何体块随意堆积拼凑在一起的巨大积木，设计师用自己对建筑的理解，创造了近似疯狂的有着强烈视觉冲击的解构主义建筑。

西班牙毕尔巴鄂的古根海姆博物馆(Guggenheim Museum in Bilbao，1993～1997年，图15-21)，弗兰克·盖里设计，坐落于毕尔巴鄂市市中心诺温河畔的古根海姆博物馆，是盖里曲线建筑的登峰造极之作。他的设计理念是要创造一个既适应这个城市，又具有强烈生命力的标志性建筑。整个建筑由一组状若盛开的玫瑰花瓣的曲线形体组成的爆炸物和一组肆意歪斜的曲线形体遥遥相对而成，一座干道桥梁从两组形体之间横跨而过，使得该建筑充分地融入了城市的脉络，成为不可分割的一部分。整个建筑由光滑的钛金属板覆盖，在西班牙最潮湿地带的阳光下熠熠生辉。

图15-20 布拉格尼德兰大厦

图15-21 西班牙毕尔巴鄂的古根海姆博物馆

德国维特拉家具设计博物馆(Vitra Design Museum in Weil am Rhein，Germany，1987～1988年，图15-22)，弗兰克·盖里设计，维特拉家具设计博物馆的外观，像是由许多小型建筑或不同建筑元素随意拼合的即兴表演。看似自由到极致的造型实际上脱胎于一个很常规的平面，各房间在空间上彼此联系，使室内空间能彼此渗透交流。盖里采用便宜的材料，如白色抹灰的墙面、金属板的屋顶等，结合看似残破、片断、舞动的形体塑造了一个雕塑般的建筑。

美国洛杉矶迪斯尼音乐厅(Walt Disney Concert Hall，1988～2003年，图15-23)，弗兰克·盖里设计，这座坐落在洛杉矶市的建筑，有着银色不锈钢外表，像大海上扬帆破浪

图15-22 德国维特拉家具设计博物馆

图15-23 美国洛杉矶迪斯尼音乐厅

的帆船。其设计目的就是要把这座建筑“建造成为一个让人们欣赏音乐的美丽处所，他们将以过去所没有体会过的感觉来欣赏洛杉矶爱乐乐团的演奏”。通过正门的圆形小广场，就可进入迪斯尼音乐厅，这里可容纳 2265 名听众。盖里运用丰富的波浪线条设计了天花板，并营造了一个华丽的环形音乐殿堂。

雷姆·库哈斯(Rem Koolhass)，荷兰人，1944 年生于荷兰鹿特丹，早年担任荷兰《海牙邮报》的记者和电影剧作者。1968～1972 年在伦敦的建筑协会学院(AA School)学习建筑。近 30 岁才从事建筑设计工作。1975 年跟随德国现代主义大师翁格尔斯工作过，学到了将建筑理论与建筑实践相结合的方法，最终发展成为自己的建筑设计体系。创作早期受到荷兰风格派的影响，爱用施德罗住宅一样的穿插方式。他与艾利娅·曾格荷里斯、扎哈·哈迪德创立了大都会建筑事务所(OMA)。OMA 在国际上取得很大影响之后，库哈斯返回荷兰鹿特丹设立总部。1978 年出版了第一部专著，1995 年出版了《小、中、大、超大(SMLXL)》的著作。

库哈斯的建筑创作首先是现代主义的，然后以此为基础加入了造型上与社会意义中的若干内涵，并以此作为其建筑创作的显著特征。从深层次讲，库哈斯受到超现实主义艺术很深的影响，希望通过建筑来传达下意识，传达人类的各种思想动机。建筑具有某些解构主义的特征，同时也具有通俗文化的色彩。他的重要建筑作品包括中央电视台新台址方案，以及法国图书馆、纽约现代美术馆等建筑。

艾瓦别墅(Villa dall Ava，1991 年，图 15-24)，雷姆·库哈斯设计，坐落在巴黎郊区圣克劳德。其外表材质是波形钢板的结构，周边建筑均是抹灰的。以埃菲尔铁塔为远景，和它对齐的还有一个水池。在内部，库哈斯避免使用传统的建筑空间语言。艾瓦别墅的起居空间边缘是模糊的，安排在一个以坡道串联的八个对象组成的有力组合当中，而不是传统的走廊式或串联式的组织，首层的主要起居空间位于花园，被屏风和竹子隔开。

西雅图公共图书馆(Seattle Public Library，1991 年，图 15-25)，雷姆·库哈斯设计，这幢钢、玻璃、铝构成的图书馆具有解构主义特征。奇异的建筑造型，大面积的铝网夹层玻璃可以给室内降温、减少眩光，还增加抗震性。

图 15-24　艾瓦别墅

图 15-25　西雅图公共图书馆

扎哈·哈迪德(Zaha Hadid)，1950 年出生于巴格达，在黎巴嫩就读过数学系，1972 年进入伦敦的建筑联盟学院(AA，Architectural Association)学习建筑学，1977 年毕业获得伦敦建筑联盟硕士学位。此后加入大都会建筑事务所，与雷姆·库哈斯(Rem Koolhaas)

和埃利亚·增西利斯(Elia Zenghelis)一道执教于AA建筑学院，后来在AA成立了自己的工作室，直到1987年。哈迪德至今一直从事学术研究，曾在哥伦比亚大学和哈佛大学任访问教授，在世界各地教授硕士研究生班和各种讲座。1994年在哈佛大学设计研究生院执掌丹下健三(Kenzo Tange)教席。

哈迪德的设计一向以大胆的造型出名，被称为建筑界的“解构主义大师”。这一光环主要源于她独特的创作方式。她的作品看似平凡，却大胆运用空间和几何结构，反映出都市建筑繁复的特质，哈迪德也是迄今为止赢得普里茨克建筑奖唯一的女性。

德国魏尔维特拉家具厂消防站(Vitra Fire Station，1993年，图15-26)，扎哈·哈迪德设计，设计师用一种“动态构成”设计手法，创造出了全新的建筑形式和空间体验，更为现代主义建筑开辟了一条全新的探索道路。通过这次尝试，扎哈·哈迪德的作品开始向随机、流动自由非标准、不规则的非线性、动态建筑方向转变，更加注重对建筑复杂性的关注，通过整体控制反映建筑与场所的共生、对话，体现为“非线性流体式整体设计”。

美国辛辛那提罗森塔尔现代艺术中心(Rosenthal Centre for Contemporary Art，Cincinnati，图15-27)，扎哈·哈迪德设计，这幢八层高的大楼是由混凝土、钢和玻璃材料组成，几何形体穿插在建筑立面上，底层大玻璃窗将建筑漂浮在空中。

图15-26 德国魏尔维特拉家具厂消防站

图15-27 美国辛辛那提罗森塔尔现代艺术中心

彼得·埃森曼(Peter Eisenman)，美国人，他在康奈尔大学获建筑学学士学位，在哥伦比亚大学获建筑学硕士学位，在剑桥大学获博士学位。1957年加入格罗皮乌斯的建筑设计事务所，在这位现代主义大师领导下工作，对于现代主义具有直接和深刻的认识。1967年，他在纽约成立著名的“建筑与都市研究所”，成为新现代主义理论和后现代主义理论的研究中心。他在这个研究中心担任负责人直到1982年。多年来，他曾先后在剑桥大学、普林斯顿大学、耶鲁大学、哈佛大学等校任教。

彼得·埃森曼是“纽约白色派”(New York Five)五人之一，是当今国际上著名的前卫派建筑师，美国建筑界对他的作品评价很高。他设计了大量的原型项目，其中包括住宅、公共建筑、城市设计规划等。

彼得·埃森曼的建筑思想可以分为两大部分。一部分是将哲学和语言学的理论引入建筑，为解构建筑提供了理论的依据；另一部分则是把数学等其他领域的知识作为自己某个作品设计的引发点。

美国俄亥俄州立大学韦克斯纳视觉艺术中心(the Wexner Center for the Visual Arts,

Columbus，Ohio，USA，1985～1989 年，图 15-28)，彼得・埃森曼设计，该艺术中心是由两幢风格不同的会堂建筑构成周围环境，金属架成了中心最引人注目的部分，它笔直贯穿两座会堂建筑，覆盖在中央步行道上，且南高北低，呈现出解构主义的不稳定特征。

哥伦布会议中心(Columbus Convention Center，Ohio，USA，1989～1992 年，图 15-29)，彼得・埃森曼设计，哥伦布会议中心是一座紧靠商业中心的建筑。设计师把建筑分成条条弧线的束状体，犹如光纤电缆的形状，彩色的金属板壁和任意并置的条状形式，对旁观者有一种强烈的视觉冲击力，具有很强的视觉识别性。

图 15-28 美国俄亥俄州立大学韦克斯纳视觉艺术中心

图 15-29 哥伦布会议中心

解构主义最初是一种关于语言学的哲学，思想核心是反中心，反秩序，反权威，反二元对抗，这一哲学思考在建筑领域中催生了解构主义建筑。其特征是无绝对权威，设计思路从个人出发，没有明确的秩序，没有预先的设计，没有固定的形态，讲究多元化，非统一性化，而其建筑形象往往是破碎零乱的，这种建筑是在现代主义面临危机，后现代主义又在某些方面为建筑师厌烦时，作为一种现代主义建筑之后的设计探索形式所形成的一种风格。

15.4 新地域主义

新地域主义是相对于传统的地域主义而言的。新地域主义是对全球化趋势的一种反思设计。它着眼于特定的地域和文化，关注日常生活与真实亲近熟悉的生活轨迹，提取文化中更本质的东西，致力于把当地文化用先进的理念、技术表达出来，使建筑和其所处的当地社会维持一种紧密与持续性的关系。

有关建筑地域性的表达，在建筑历史的各个阶段都有所体现。因为建筑体现了不同地区人们对生存方式的不同选择，因而它就必然表现出各地的地域特征。

传统的地域主义在设计中，只强调纯符号性、图案化的东西，没有深入挖掘文脉和文化特征。

新地域主义建筑强调了建筑地域性的特殊性，同时也体现了地域性的生态特征和文化特征。对于自然的生态环境，要给予最大限度的保护，要使人工环境与自然环境协调起来，以形成生态的、文明的、可持续发展的高质量人居环境。

阿尔瓦罗・西扎(Alvaro Siza)，葡萄牙著名建筑师，被认为是当代最重要的建筑师之一。他的作品注重在现代设计与历史环境之间建立深刻的联系，并因其个性化的品质和对现代社会文化变迁的敏锐捕捉，而受到普遍关注和承认。

圣玛利亚教堂(Santa Maria Church in Marco de Canavezes，1990～1996 年，图 15-30)，阿尔瓦罗·西扎设计，这是传统的教堂模式，但其造型却是现代手法。教堂的入口凹陷于两个高耸的简洁建筑体量之间，超高尺度的门扇便使得身临其下的人们顿时感受到了教堂的庄严肃穆。教堂采用了厚重墙体的塑性来引导光线，一侧的墙体呈弧形突出，倾斜地伸向圣徒们的头顶上方，而紧靠着天棚的三个大窗，则将圣洁而神秘的光线也由此从头顶播撒下来。

图 15-30 圣玛利亚教堂

芝柏文化中心(Tjibaou Cultural Centre，Noumea，New Caledonia，1995～1998 年，图 15-31、图 15-32)，意大利建筑师 R·皮亚诺设计，地点在西南太平洋新喀里多尼亚的努美阿半岛上，设计师把娴熟掌握现代技术的经验大大倾注到了对这个文明尚在形成的岛屿的自然环境与民间文化的现代诠释之中，艺术中心以一条与半岛地形呼应的弧线道路组织空间，两侧分别坐落着不同性质的公共建筑，高耸、独到的圆形体构成了建筑形象的主体。

图 15-31 芝柏文化中心全景

图 15-32 芝柏文化中心近景

15.5 高技派风格

高技派 (High-Tech)，亦称“重技派”。这种建筑倾向主要活跃在 20 世纪 60 年代以后的欧美，在建筑表现上坚决采用新技术，并在建筑美学上力求表现现代结构、现代设备等现代科技成果。

这种风格提倡建筑应有适应性，主张用最新的材料，如钢、硬铝、塑料和各种化学制品，来制造体量轻，用料少，能够快速与灵活地装配、拆卸与改建的结构与房屋。对于结构构件以及设备管道，从不加掩饰，尽情暴露于外。这种风格的建筑打破了人们对于建筑的固有形式的习惯观念，把技术置于至高无上的地位。但这种风格同样注意尽量接近于人们所习惯的生活方式与美学观，以迎合人们的审美要求。

高技派的建筑作品，其代表作品首推 1976 年由第三代建筑师皮亚诺(Reuzo Piano)

和罗杰斯(Richard Rogers)设计的巴黎蓬皮杜国家艺术与文化中心，在德国的柏林，1979 年建成的柏林国际会议中心也是一个以技术美学思想为构思的著名建筑物。该建筑的设计者为建筑师阿尔弗·舒勒和 U·舒勒·维特，这个庞大的建筑物长 313m，宽 85m，高 40m。该建筑物内部功能复杂，大会议厅可容纳 5000 人开会。大宴会厅可同时容纳 4000 人就餐，整个中心可同时容纳 2 万人。因为内部有许多大跨度厅堂，采用了特殊的结构体系，从外部可见巨大的钢架。内部机电设备先进完善。整个建筑被当作一个庞大复杂的机器来处理，体现了 20 世纪未来派的建筑主张和技术美学思想。

在同一时期的日本，著名日本建筑师黑川纪章、丹下健三等同样主张建筑应遵循事物的生长、变化与衰亡的原则，极力主张采用最新的技术来解决新形式，认为建筑不应该是一成不变的，不应该是静止的而应该是像生物的新陈代谢那样，具有一种动态过程，所以人们称之为新陈代谢派。新陈代谢派的基本立场同重技派的观点基本相仿。因为他们都认同高度工业技术在建筑中的主导地位。丹下健三设计的山梨文化馆就是一座以新型的工业技术革命为特征的建筑。

高技派在理论上极力宣扬机器美学和新技术的美感，它主要表现在三个方面：①提倡采用最新的材料，如高强钢、硬铝、塑料和各种化学制品来制造体量轻、用料少，能够快速与灵活装配的建筑；强调系统设计，主张采用与表现预制装配化标准构件。②认为功能可变，结构不变。表现技术的合理性和空间的灵活性，既能适应多功能需要又能达到机器美学效果。③强调新时代的审美观应该考虑技术的决定因素，力求使高度工业技术接近人们习惯的生活方式和传统的美学观。

伦敦劳埃德大厦(Lloyds Building，1979～1986 年，图 15-33)，由设计过巴黎蓬皮杜中心的英国建筑师理查德·罗杰斯设计，位于伦敦金融区，长方形的主体中间是很高的大厅，四周是大玻璃墙，周围有 6 个塔楼，其中安置步梯，电梯和各种管线，主体的办公间没有固定的隔断，可以灵活使用。大楼一部分为 12 层，一部分为 6 层，看起来像复杂的工业建筑。

图 15-33 伦敦劳埃德大厦

图 15-34 波士顿美术馆西厅

关西国际机场候机楼(Kansai International Airport Passenger Terminal Building，1994 年，图 15-35)，由伦佐·皮亚诺(Renzo Piano)建筑事务所设计，建在日本大阪人工岛上的机场。关西新机场是 20 世纪工程和建筑上罕见的奇迹，作为一位高技派建筑师皮亚诺充分运用现代科技手段，对这个巨型结构的每个细部都作了精巧细致的处理。建筑师对整个航站楼的功能分区考虑得无微不至，但是，建筑的外观没有显出特定的类型特征。

美国联合银行大楼(Allied Bank Tower，Dallas，1995年，图15-36)，由贝聿铭事务所设计，是一幢60层高的玻璃塔楼，建筑形体主要是由简单的几何形体构成。建筑整体线条简洁、干练，代表着今后高技派建筑发展的方向。

图15-35　关西国际机场候机楼

图15-36　美国联合银行大楼

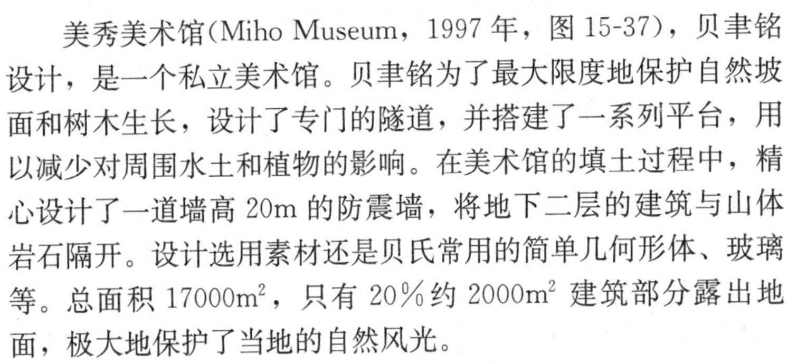

美秀美术馆(Miho Museum，1997年，图15-37)，贝聿铭设计，是一个私立美术馆。贝聿铭为了最大限度地保护自然坡面和树木生长，设计了专门的隧道，并搭建了一系列平台，用以减少对周围水土和植物的影响。在美术馆的填土过程中，精心设计了一道墙高20m的防震墙，将地下二层的建筑与山体岩石隔开。设计选用素材还是贝氏常用的简单几何形体、玻璃等。总面积17000m²，只有20%约2000m²建筑部分露出地面，极大地保护了当地的自然风光。

图15-37　美秀美术馆

德国柏林国会大厦扩建(Germany parliamentary building，1994～1999年，图15-38、图15-39)，诺曼·福斯特设计，由他设计的香港汇丰银行早已为我国建筑师所熟知。这是一幢需要再改造的建筑，最终设计的穹顶除了通风、采光、象征性作用外，在它下面还有一个向游人开放的屋顶餐厅，中央有一个360面镜子组成的倒置圆锥体，把目光折射到会议厅。参观者沿着螺旋形天桥一直走到47m高的观光台，可以俯瞰周围景色，穹顶象征着透明与坦诚。

图15-38　德国柏林国会大厦扩建

图15-39　德国柏林国会大厦穹顶

福斯特在这个工程中应用了熟练的生态设计技术手段，穹顶的通风采光性能非常好，大厦中的夏季热量、冬季冷气都有贮存设备，以便根据需要补充热量或冷气。

英国康沃尔伊甸园（Eden Project，2000 年，图 15-40），位于英格兰的康沃尔，建成于 2001 年，是世界上最大的温室，也是当时世界上上最大的使用 ETFE 材料的建筑物。“伊甸园”占地 32100m^2。由格里姆肖建筑事务所设计（Grimshaw Architects）。

图 15-40　英国康沃尔伊甸园

15.6　现代科学技术对建筑的影响

随着各国经济的迅速发展，人们对建筑的要求也就越来越高。随之环境科学也就被提到了建筑的首要地位。它要求建筑师、规划师等从科学的角度来考虑环境中的各种因素。诸如要考虑生态平衡、环境保护、环境心理、环境生态以及能源节约等一系列问题。这些因素便是现代建筑设计方法中所积极探索、研究的目标。

15.6.1　研究环境科学与建筑的关系

近些年来，建筑本身分化出很多新的学科，如环境心理学、行为工程学、形态构成学、建筑仿生学、建筑符号学、节能建筑学、系统工程学、行为建筑学、电子计算机等。这些新的学科的崛起，已引起了很多建筑学家的广泛重视。

系统理论作为一种新的科学方法，成为推动各种学科向前发展的必要手段，建筑师们也开始运用系统论方法去研究建筑，从而把建筑又推向一个新的领域。

宏观建筑学的出现，使建筑师在考虑建筑的同时，还立足于整个环境、整个城市及区域，最后把“建筑·人·环境”形成一个整体的大系统。这个系统可包括国土整治、城市规划、小区规划和建筑群体。单体建筑作为环境中的一个单元部分，不可能脱离环境，脱离大系统去孤立地考虑设计，这样迟早是要失败的。

行为建筑学也是一门研究人与环境之间关系的学科。它是建筑学、心理学、行为科学的交叉学科。它主要研究建筑、环境对人的思想、情绪、欲望以及需求的影响，即如何能通过建筑的外在形象及内在精神来满足人们的行为及心理需求。行为建筑学的研究，可以让建筑师在设计阶段了解人的心理因素，判断将来人在这类建筑中的行为特点、心理状态以及各种反应，从而作最符合人类需求的建筑设计。

环境心理学是将心理学与环境学结合在一起，形成的一门交叉新学科。它从环境社会的动态着手，来研究人的心理与环境社会之间的关系，以及人们在社会活动中的交往、工作、学习等一切行动与环境社会的关系。

建筑符号学的研究最初在 20 世纪 50 年代的意大利开始，20 世纪 60 年代在世界各地展开。建筑符号学最初由研究符号学开始，然后又用符号学概念研究建筑，从而形成了建筑符号学。一个建筑给人的感受，是因时、因地等诸多因素而有所不同，有的建筑能被广大群众接受，这是因为它发出的信息符号，早已与人的思想中已存的“信码”发生联想，于是很快便被欣然接受。由此可见，任何建筑要想被人乐于接受，首先应被接受者所了解。

否则，设计者感觉再好也难以被人接受。

节能建筑学的研究已成为各国建筑师极为关切的问题。目前，世界上的能源消耗是相当可观的。所以，许可国家都投入了很大精力进行节能建筑的研究。从现在研究的成果看，有如下的特点：①制定建筑节能立法及政策；②制定建筑节能措施，改进建筑设计方法，发展节能型建筑，改善建筑物的隔热保温性能；③在建筑中开发利用太阳能。

15.6.2 计算机辅助设计

电子计算机作为建筑的辅助设计工具，已有40年的历史。目前世界上在建筑上运用电子计算机取得巨大成就的国家当属美国和日本。美国在20世纪50年代末就已尝试着在建筑设计中运用电子计算机。这以后电子计算机在建筑设计的信息检索、可行性研究、最优化设计、综合效益分析以及绘图等方面均已进入使用阶段，并已取得了实质性的成果。

利用电子计算机进行信息检索，可以使建筑师在瞬息之间从全世界的通信检索网络系统中，获取大量的设计资料。如法国已建立了自动化建筑情报化处理系统，可随时为设计人员提供信息资料。

利用电子计算机提供设计前期的可行性研究，进行设计的预测，完全可代替传统的模型研究方案的做法，并能事先对结构的可靠性提出论据。对一切声、光、电、热的物理性能做出模拟，从而可使设计人员及时获得方案效果的评价。

利用电子计算机进行最优化设计，对功能、技术、经济等方面分析比较，随时提供可行性方案，为获得最佳的综合效益提供可靠的信息。如美国SOM事务所对于芝加哥三幢高层塔式高层，在其规划设计阶段，曾利用电子计算机对于日照、投资、合理用地、环境因素等进行综合分析，提供了参考方案。

另外，电子计算机参与了传统的人工绘图工作，把设计人员从繁琐的绘图工作中解放出来。还可以利用三维动画对建筑进行观察，并能对图像进行分解、组合、缩放、移动或更换，以求达到最佳方案。

现在的时代是计算机的时代，相信随着电子计算机的不断更新换代，计算机软件的不断改进，计算机还会在更多的建筑领域为人类服务。

思 考 题

1. 简述后现代主义的建筑思想及代表作品。
2. 简述新现代主义的建筑思想及代表作品。
3. 简述解构主义的建筑思想及代表作品。
4. 简述新地域主义的建筑思想及代表作品。
5. 简述高技派风格的建筑思想及代表作品。
6. 简述建筑师弗兰克·盖里的设计风格和主要作品。
7. 简述建筑师安藤忠雄的设计风格和主要作品。
8. 简述建筑师扎哈·哈迪德的设计风格和主要作品。
9. 简述建筑师彼得·埃森曼的设计风格和主要作品。

10. 简述建筑师雷姆·库哈斯的设计风格和主要作品。

11. 简述建筑师阿尔瓦罗·西扎的设计风格和主要作品。

12. 简述建筑师贝聿铭的设计风格和主要作品。

13. 通过对诺曼·福斯特、理查德·罗杰斯、伦佐·皮亚诺、格雷夫斯的建筑设计作品介绍，进一步拓展学习其经典的设计作品及个人设计经历。

主要参考文献

[1] 潘谷西. 中国建筑史(第五版). 北京：中国建筑工业出版社，2004.

[2] 中国古建筑大系：宫殿建筑、帝王陵寝建筑、佛教建筑、园林、住宅、城池、礼制建筑、伊斯兰教建筑、道观、宫苑等10分册. 北京：中国建筑工业出版社，1993.

[3] 中国古代建筑技术史. 北京：科学出版社，1985.

[4] 罗小未、蔡琬英. 外国建筑历史图说·古代——十八世纪. 上海：同济大学出版社.

[5] 罗小未. 外国近现代建筑史(第二版). 北京：中国建筑工业出版社，2004.

[6] 王受之. 世界现代建筑史. 北京：中国建筑工业出版社，1999.

[7] 世界建筑导报社编译. 大师足迹. 北京：中国建筑工业出版社，1998.